U0313054

内容提要

本书由西北农林科技大学张和义教授等人编著。本书对50种特菜的生产现状、最新品种、栽培、贮藏、加工、留种、病虫害防治作了介绍。内容全面系统，资料新颖，数据可靠，而且文字简练、通俗易懂，并附有插图，可供广大农民、农技员、商贸人员、农业院校师生及军队两用人材参考使用。

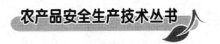

农产品安全生产技术丛书

特菜

安全生产技术指南

张和义　胡萌潮　编著

中国农业出版社

图书在版编目（CIP）数据

特菜安全生产技术指南/张和义，胡萌潮编著 . —
北京：中国农业出版社，2011.10
（农产品安全生产技术丛书）
ISBN 978 - 7 - 109 - 16119 - 1

Ⅰ . ①特…　Ⅱ . ①张…②胡…　Ⅲ . ①蔬菜园艺－指
南　Ⅳ . ①S63 - 62

中国版本图书馆 CIP 数据核字（2011）第 197200 号

中国农业出版社出版
（北京市朝阳区农展馆北路 2 号）
（邮政编码 100125）
责任编辑　徐建华

北京通州皇家印刷厂印刷　新华书店北京发行所发行
2012 年 1 月第 1 版　2012 年 1 月北京第 1 次印刷

开本：850mm×1168mm 1/32　印张：10.375　插页：2
字数：254 千字
定价：23.00 元
（凡本版图书出现印刷、装订错误，请向出版社发行部调换）

前 言

　　特种蔬菜是指当地种植面积小、区域性强、新颖的蔬菜的总称。特菜市场供应量不太大，但一般价格较高，具有独特的风味、营养价值和保健作用。这类蔬菜是市场上的高档蔬菜，也是各大饭店和宾馆的抢手蔬菜。特种蔬菜除国内市场外，国外的需求量也较大。但因特种蔬菜季节性较强，采收较为集中，而目前我国在加工保鲜方面技术比较落后，如果销售不及时，大量种植会因加工能力不足而引起腐烂。另外也有消费群体相对较小，国外市场的不确定性等原因，因此种植特种蔬菜属中等风险、收益较高的项目。所以要正确引导消费，先小批量生产，均衡上市，避免盲目种植。特别重视采后处理，提高档次，建立起特菜优质高档声誉，特编本书，期望对特种蔬菜的发展起到一定的作用。

张和义

2011 年 4 月

目 录

第一章
绿叶类特菜

一、蒌蒿

蒌蒿《尔雅》上记为"蒿蒌"、"由胡",《千金食治》呼为"白蒿",《救荒本草》上称"藜蒿"。又名蒌蒿薹、芦蒿、水蒿、柳蒿、狭蒿、香艾蒿、小艾、水艾、驴蒿、藜蒿,菊科蒿属多年生草本植物。我国东北、华北和中南地区及日本、朝鲜等地均有,野生于荒滩、路边、山坡等湿润处,是一种古老的野生蔬菜。早在明朝朱元璋南京称帝时,蒌蒿就由江苏高邮县年年在清明节作为贡品进贡。江西南昌蒌蒿被誉为"鄱阳湖的草,南昌人的宝",现在蒌蒿炒腊肉还成为江西特色名菜,已被北京人民大会堂列为国宴菜。鄱阳湖滩涂是蒌蒿的自然生长区,面积约4万～7万公顷,每年可提供蒌蒿嫩茎约1.8亿～2.5亿千克。现在云南、湖北、江苏及安徽等地已开始较大面积的人工栽培(图1)。

藜蒿按叶型可分为大叶蒿

图1 蒌 蒿

（即柳叶蒿）、碎叶蒿（即鸡抓蒿）和复合型蒿（嵌叶型蒿，即同一植株上，有两种以上叶型）。大叶蒿叶片羽状 3 裂，耐寒，萌发早；碎叶蒿叶片羽状 5 裂，耐寒力弱，萌发迟。蒌蒿按嫩茎的颜色可分为白藜蒿（属大叶蒿）、青藜蒿（属碎叶蒿）和红藜蒿。其中青蒿是蒌蒿中的珍品。蒌蒿在古代已成为人们食用之菜，在北魏《齐民要术》及明代《本草纲目》中就有记载。古代墨客文人对它也有较高的评价：宋苏轼《惠崇春江晚景》诗："蒌蒿满地芦芽短，正是河豚欲上时"。将蒌蒿与河豚媲美，可见蒌蒿的身价之高。

目前有许多学者开始对蒌蒿进行系统研究，奥地利维也纳大学的毕尔涅克博士研究发现，蒌蒿中含有挥发性油、维生素、甙类、鞣质、生物碱、矿物质、碳水化合物等。冯孝等从蒌蒿地上部分中分离得到二十九烷醇、二十九烷基正丁酯、6，7-二羟基香豆素、东莨菪素、β-谷甾醇、胡萝卜素等 12 个化合物。张健等从蒌蒿叶中分离得到伞形花内酯、芹菜素、木犀草素 7-O-β-D-葡萄糖苷、芦丁、东莨菪素和 β-谷甾醇 6 个化合物。

蒌蒿以地下根茎和地上嫩茎供食。根茎肥大，富含淀粉，可作蔬菜、酿酒原料或饲料，含侧柏透酮（$C_{10}H_{16}O$）芳香油，可作香料。蒌蒿中含有多种矿质元素和维生素，具有抗氧化、防衰老、增强免疫力等功效。药理试验表明，蒌蒿能显著延长小鼠耐缺氧时间，提高抗疲劳能力；能增强小鼠耐高温，耐低温能力，增强 RES（网状内皮系统）的吞噬功能。通过深加工制成蒌蒿饮料、蒌蒿茶、蒌蒿粑粑、蒌蒿饼干等等，长期食用蒌蒿可以延年益寿。

蒌蒿全草亦可入药，清凉、味甘，有止血消炎、镇咳化痰、开胃健脾、散寒除湿等功效。可治疗胃气虚弱、纳呆、浮肿、牙病、喉病、便秘及河豚中毒等症，近年来发现对治疗肝炎作用良好。另外，它对降血压、降血脂、缓解心血管疾病均有较好的食疗作用。

江西汉邦生物研究所，2002年采用亚临界水萃取技术，从鄱阳湖的天然无污染野生蒌蒿中提取出了蒌蒿黄酮，能有效地调节人体血压、降低血脂，被列入国家863重点科研项目，并研制成了新一代的降压高科技保健食品——蒂豪舒压片。每片蒂豪舒压片含蒌蒿黄酮12毫克。蒌蒿药用价值的市场开发前景广阔，江西余干县和生物有限公司合作对蒌蒿的有效成分进行检测，然后进行科学提炼，制成降压片、脑心舒片、脑心舒胶囊等5个系列100多个产品。这项技术已通过江西省科委鉴定和国家卫生部检测批准，并获得国家专利局受理认可。

（一）生物学性状

蒌蒿系多年生草本。地下茎形似根，呈棕色，新鲜时柔嫩多汁，长30~70厘米，粗0.6~1.2厘米。节上有潜伏芽，并能萌生不定根。地上茎从地下茎上抽生，直立，高1~1.5米。早春上部青绿色，下部青白色。无毛，紫红色，上部有直立的花枝。叶羽状深裂，叶面无毛，叶背被白色绒毛。头状花序，直立或向下。9~10月份开花，花黄色。瘦果小，具冠毛，成熟后随风飞散。

蒌蒿耐热，耐湿，耐肥，不耐旱。在排水不良的黏重土壤中根系大，且生长不良，长期渍水根系变黑死亡。根茎在水淹的泥土中存活5~6个月以上。冬季-5℃时，茎叶不至枯萎，夏天40℃以上的高温，仍能生长。早春外界气温回升到5℃以上时，地下茎的潜伏芽开始萌动，15~25℃时茎叶生长很快。对土壤要求不严，但潮湿、肥沃的沙壤土最好，适宜沟边、河滩沼泽地生长。对光照条件要求严格，基叶生长时阳光要充足。

（二）栽培要点

湖北武汉市蔡甸区冬春蒌蒿栽培的主要技术是利用塑料大棚等多层覆盖，保暖防寒，采用扦插繁殖，多次采收，每667

平方米产量高达 3 400 千克。供应期从当年 8 月中旬一直到翌年 3 月中旬，成为元旦和春节等重要节假日以及早春市场的特色蔬菜。

蒌蒿的繁殖方法有茎秆压条，扦插，分株和种子播种育苗等。茎秆压条时，于 7～8 月份按 45 厘米行距开沟，深约 6 厘米。将蒌蒿齐地割下，去顶，选中段茎，头尾相连平铺沟中，覆土浇水，当年即可新芽出土。扦插时，可于 5～7 月份剪取健壮枝条，除去上部嫩梢和下部已木质化的部分，剪成长 15 厘米左右的段，上部留 2～3 片叶，下端切成斜面。扦插前用 100～150 毫克/千克 ABT6 号生根粉溶液浸插条基部 4 小时，然后开沟，灌水，扦插，培土，培土厚达插条长 2/3 处，保持湿润。蒌蒿嫩梢因失水萎蔫，扦插成活率很低。如果扦插，需用 500 毫克/升 NAA 溶液处理 0.5 小时，在水中扦插，扦插后 3～4 天开始生根，成活率可达到 100%。蒌蒿扦插适逢夏季高温，需覆盖遮阳网，搭高 0.8～1.0 米的架、上盖遮阳网，将网四周扎紧防风。盖网时间晴天 10～16 时，早晚揭开，9 月中旬撤架。主要上市期处于冬季，需保温覆盖促进生长，一般在 11 月下旬或 12 月上旬气温降至 10℃ 以前，扣大棚覆盖防霜冻，棚内晴天白天保持 18～23℃，阴雨天 5～7℃。如果土壤湿度过大，晴天中午要在背风处通风换气，以免因湿度过大，造成植株腐烂或变黑。在严冬时节用地膜直接浮面覆盖在植株上或用草木灰在地表护茎覆盖，以防冰冻产生空心蒿，降低品质。待 3 月中旬气温上升时及时揭除棚膜。分株繁殖时，四季均可进行，先从距地面 5～6 厘米处剪去地上部，然后连根挖起，分成单株，带根直接栽植。播种育苗者，多在 2～3 月份利用棚室播种，约经 10 天出苗，生长至 10～15 厘米高时定植。

蒌蒿是多年生植物，种植前要把种植地的杂草除净。每 667 平方米施有机肥 3 000 千克，或饼肥 50 千克，过磷酸钙 25 千克，再耕翻、碎土、耙平、做畦，畦宽 2～3 米，再栽植。生长期间勤浇水。一般是采收后追肥，再浇透水。冬季最好盖层河泥，防寒，增肥。蒌蒿抗病力极强，病虫发生较少。但近年发现美洲斑潜蝇和蚜虫为害较重，可用1.8%爱福丁（阿维菌素）乳油2 000倍液防治斑潜蝇。蚜虫用10%四季红（吡虫啉）可湿性粉剂2 000倍液防治。

有时还有菊天牛为害。菊天牛别名菊小筒天牛、菊虎等，成虫啃食、产卵及幼虫钻蛀为害，成虫为害嫩茎表皮，形成长条状斑纹，最显著的特征是成虫产卵前咬破嫩茎上部皮层，呈近杯状刻槽，然后产卵于刻槽前端内部。伤口不久变黑，上部茎梢萎蔫枯死，并易从伤口处折断。卵孵化后幼虫沿茎秆向下钻蛀取食，茎内充满虫屎，被害株不能开花或整株枯死（图2、图3）。

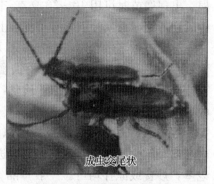

成虫交尾状

图2　蒌蒿菊天牛的形状

菊天牛成虫体长11～12毫米，圆筒形，头、胸、鞘翅黑色，前胸背板中央有1橙红色盾形斑，腹部及足腿节以上呈橙红色。1年1代，以幼虫、成虫或蛹在根

产卵为害中期

图3　蒌蒿菊天牛为害状况

茎内越冬。翌年5～6月成虫从根部钻出产卵。可于成虫发生期用4.5%高效氯氰菊酯乳油1 000倍液，90%晶体敌百虫1 500倍液，48%毒死蜱乳油1 500倍液，7天喷1次，连喷2次。病害主要是白绢病，发病初期可用90%地菌净粉剂350克，加干

细土 40 千克，混匀撒施于茎基部，或喷 20％粉锈宁（三唑酮）乳油 2 000 倍液，7～10 天一次，连防 2～3 次。

在莴蒿生长过程中，可用植物激素调控生长速度。如植株出现徒长或需延迟上市时，用 1 000 毫克/千克的 15％多效唑可湿性粉剂叶面喷雾，或用 250 毫克/千克的 50％矮壮素水剂地面浇根。出现僵苗时可用 10～20 毫克/千克赤霉素叶面喷雾。在生长中后期，用赤霉素叶面喷雾可提前上市增加产量。

莴蒿以嫩茎供食用，南方多于 12 月份至翌年 1 月份采掘地下茎食用，2～4 月份收割嫩梢供食。一般当苗高 8～15 厘米，顶端心叶尚未展开，茎秆未木质化，颜色白绿时从地表割收。割收后的茎秆仅留上部少数心叶，其余叶片全部摘除。按粗细分类，捆成把，用水清洗后码放阴凉处，湿布盖好，经 8～10 小时，略经软化即可上市。食用时再进一步摘除嫩茎上所有叶片及老茎，炒食或凉拌均可。一般每隔 1 个月收 1 次，1 年可收 3～4 次。

莴蒿的食用方法，春季采嫩茎去叶，用开水烫后与肉、香肠炒食，味美可口；或取嫩茎叶，先用开水烫过清水漂洗，挤去汁水，炒食或掺入米粉蒸食。莴蒿除鲜菜外，还可开发成饮料、酒等高等产品，如以莴蒿嫩芽制作的保健蒿珍王茶，市场售价高达 60 元/千克。

二、蒲公英

蒲公英（*Taraxacum mongotlicum*）为菊科蒲公英属多年生草本植物，别名婆婆丁，黄花地丁，尿床草，奶汁草，黄花苗，蒲公草，黄花三七等（图 4），我国东北、华北、西北、西南、华中等省区均有野生。长期以来一直是人们普遍食用的野菜。近年来，随着对蒲公英医疗保健功能的深入研究，蒲公英被视为药食两用营养全面的"绿色食品"和"营养保健品"，由野菜变为美蔬佳肴，并且最近还以芽菜的形式出现在大众的餐桌。

蒲公英除蘸酱生食外，还可凉拌。将嫩叶洗净，用沸水焯1小时左右，捞出用冷水冲一下，加辣椒油、味精、香油、盐、醋、蒜泥、姜末等，根据个人口味拌成各异小菜。做馅：将嫩叶洗净，用沸水焯后，稍撺一下，剁碎，加佐料调成馅，做包子和饺子。蒲公英粥：取蒲公英30克、粳米100克，熬

图4　蒲公英

煮成粥，可清热解毒、消肿散结。蒲公英茵陈红枣汤：蒲公英50克、茵陈50克、大枣10枚、白糖50克，熬制成汤，是治疗黄疸型肝炎的上等辅疗药物。蒲公英茶：将嫩叶洗净，放锅中加水淹没，用大火煮沸后盖上锅盖，再用小火熬煮1小时，滤后晾凉饮用可防病除疾，促进健康。蒲公英咸菜：嫩苗去杂洗净，晒至半干，加20％食盐，白糖及花椒等佐料，揉搓，搅匀，入坛封藏，10天后食用。蒲公英绿色饮料：采未开花的鲜蒲公英，洗净洒干水分，入榨汁机中榨汁滤渣，倾入饮料杯中，另可根据饮者喜好投入小樱桃，番茄片或其他水果片作配料，然后加入蜂蜜、糖、冰块、适量水，搅匀而成。

蒲公英的全草含甾醇、胆碱、菊糖、果胶等物质及维生素、胡萝卜素，以及各种微量元素；至少含有17种氨基酸，其中7种为人体必需的氨基酸。蒲公英全草中甾醇、三萜类、倍半萜内酯类、黄酮类、酚酸类等活性物质含量也相当丰富。同时又是含钙较高的蔬菜。蒲公英中还富含对人体有很强生理活化物质硒元素。嫩叶质脆、味清香、微甘微苦，是一种很有开发利用价值的

医疗保健型蔬菜。同时还是制作饮料罐头，保健茶和化妆品的良好原料。

据《本草纲目》记载，蒲公英性平味甘微苦，有清热解毒、消肿散结及催乳作用，对治疗乳腺炎十分有效；还有利尿、缓泻、退黄疸、消炎利胆等功效，有非常好的利尿效果。"蒲公英嫩苗可食，生食治感染性疾病尤佳。"主治上呼吸道感染、眼结膜炎、流行性腮腺炎、乳肿痛、胃炎、痢疾、肝炎、急性阑尾炎、泌尿系统感染、盆腔炎、痈疖疔疮、咽炎、急性扁桃体炎、急性支气管炎、感冒发烧等症。据美国研究，蒲公英是天然利尿剂和助消化圣品，除含有丰富的矿物质，还能预防缺铁性贫血；蒲公英中的钾和钠共同调节人体内水盐平衡，使心率正常。还含有丰富的蛋黄素，可预防肝硬化，增强肝胆功能。加拿大将蒲公英正式注册为利尿、解水肿的中药。

（一）生物学性状

蒲公英株型肥大，株高 45～60 厘米。主根生长迅速、粗壮，入土深达 1～3 米。叶面肥大，狭倒披针形，长 20～65 厘米，宽 10～65 厘米，大头羽状深裂或浅裂，顶端裂片长三角形，全缘，先端圆钝。每侧裂片 4～7 片，裂片三角形至三角状线形，叶基显红紫色，沿主脉被稀疏蛛丝状短柔毛。花多数，高 10～60 厘米，基部常显红紫色。头状花序，长 25～40 毫米；总苞宽钟状，绿色，长 13～25 毫米。舌状花，亮黄色，舌片长 7～8 毫米，宽 1～1.5 毫米，基部筒长 3～4 毫米，柱头暗黄色。蒴果浅黄褐色，长 3～4 毫米，中部以上有大量小尖刺，其余部分具小瘤状突起。顶端缢缩为长 0.4～0.6 毫米的喙基，喙纤细，长 7～12 毫米；冠毛白色，长 6～8 毫米，千粒重 0.68 克。花果期 6～8 月，少量 9～10 月。

蒲公英适应性广，既耐寒又耐热。可耐 −30℃ 低温，适宜温度为 10～25℃，同时也耐旱、耐酸碱、抗湿、耐荫。早春地温

1～2℃时可萌发，种子发芽最适温为 15～25℃，30℃以上发芽缓慢，叶生长最适温度 20～22℃。既耐旱又耐碱，也抗湿，且耐阴。可在各种类型的土壤下生长，但最适在肥沃、湿润、疏松、有机质含量高的土壤上栽培。蒲公英属短日照植物，高温短日照下有利抽薹开花。较耐荫，但光照条件好，有利于茎叶生长。一般从播种至出苗 6～10 天，出苗至团棵 20～25 天，团棵至开花 60 天左右。条件好时可多次开花，开花至结果需 5～6天，结果至种子成熟需 10～15 天。多在 3～5 月份开花结实，4～5 月种子成熟。每株平均结果约 800 粒，自然萌发率 10%～20%。种子休眠 1 周后萌发，当年长出 5～7 片叶，越冬后再萌发、抽薹、开花、结实。

（二）品种

蒲公英是复合种，各地不同种类的植株叶的大小及形状变化很大，在我国约有 22 个品种，3 个变种，多为野生状态。近来已由药蒲公英野生群体中经系统选育而成的大型多倍体蒲公英新品种，我国西南和西北栽培较多。另外，法国原叶蒲公英，由法国育成，我国已有部分地区引进栽培。本品种品质优良，适合人工栽培，具有叶多叶厚，产量较高，每株有百个叶片，上百个花蕾，每 667 平方米年生鲜叶 3 500～5 000 千克，采摘种子 50～60 千克，产量是野生蒲公英品种的 8～10 倍。

最近由山西农业大学赵晓明教授选育的铭贤 1 号蒲公英，叶狭倒披针形，边缘有倒向羽状缺裂，长 20～65 厘米，最长可达 80厘米以上，宽 50～100 毫米。头状花序，直径 25～40 毫米。总苞宽钟状，长 13～25 毫米，总苞片绿色。舌状花，亮黄色；花葶可达百余枝，高 20～70 厘米；瘦果浅黄褐色，长 3～4 毫米。喙长7～12 厘米，冠毛白色，长 6～8 厘米，种子千粒重 0.68 克；花期始于 4 月上旬，5 月上旬进入盛果期，盛果期延续 15 天左右，全年均有零星开花，在 9～10 月间也有一次较集中的果期。

（三）栽培方式

蒲公英的栽培方式可以用育苗移栽法、母根移栽法、种子直播法。

育苗移栽法：选择土质疏松、排灌方便的地块做育苗床，9~12月间育苗。苗床施腐熟有机肥3~4千克/平方米，过磷酸钙80克/平方米。深翻25厘米，使肥料与土壤混匀，畦宽1~1.2米，埂宽0.3米，成畦后搂平，然后浇水，水落后播种。播种量为5克/平方米左右，播种时将种子与适量细沙混匀，撒播于苗床上，然后覆2毫米的细土或细沙，7~15天出苗。育苗期要求温度控制在20℃左右，育苗床要保持湿润。幼苗期注意及时拔除杂草并及时间苗，保持苗距3~4厘米。当苗长到10~15厘米高时挖出，大小分级，剪掉3/4长度的叶片，将苗垂直栽入，土不埋心，要求行距15厘米，株距10厘米。浇水1~2次。

母根移栽法是在土地将封冻时进行，将生长于大田的母根挖出，按25厘米×25厘米栽于大棚内，667平方米栽10 000株左右，栽后1个月可采割叶片。

种子直播法的生产周期短，见效快，且蒲公英的品质较好。现在多采用这种繁殖方法。播后70天即可采收上市。因此，北方大棚一般在前1年的8~10月左右种植。

（四）种子直播法的栽培技术

播种前先施磷酸二铵，2.5千克/平方米左右，然后浇水。一般播前2~3天，浇足底墒水。水渗后均匀撒种，条播、平播均可。蒲公英种子小，播种时要拌沙。播完后浇水，浇水要采取喷淋，喷头向上，呈牛毛细雨状均匀下落。往返喷洒，畦面水量不要太多，避免种子在地表不固定而漂移。浇水3天后畦面撒过筛细土0.3厘米厚，再喷洒少量水。苗出土前不能浇大水。温度保持15～30℃，从播种至出苗约10天。

出苗后因秋季大棚内温度高，要大量通风。通常是把大棚向阳面的塑料膜全部吊起来。蒲公英长到一叶一心时第1次施磷酸二铵与尿素按3∶1混合肥，每100平方米用肥2.5千克。施肥后浇水。浇水用喷壶，浇透为止。三叶一心时第2次施肥。

大棚种植大叶蒲公英主要是为了春节上市，因此，管理主要是使肉质根粗壮，积蓄营养，保证冬季上市时叶大而鲜嫩。因此，夏秋季节一般不采割，要为来年优质高产奠定基础。在10月下旬要把蒲公英的叶全部割掉，确保蒲公英的根贮藏营养、积蓄能量，为冬季收获品质好的蒲公英打下基础。

为了赶在春节期间上市，一般在距春节前50～60天开始给大棚加温。一般200平方米用2个炉子，有条件的地方可以用暖气取暖，早晚盖草帘保温。

大棚蒲公英盖膜时间在土壤结冻后，盖塑膜前10天，要追肥浇水，667平方米施尿素20千克。将萎蔫叶片割掉，可用做优质饲料添加剂或中药材。1～10天为解冻萌芽期，表土5厘米深处地温达1～2℃时，开始萌发长出新芽。清明节前新芽露出地面。此时土里的"白芽"部分长度有3～4厘米，将温度控制在20～35℃，此期萌发大量叶芽，10～25天为叶片速长期，温度控制在15～30℃，光线不要太强，尽量降低湿度。此期间叶片可达30厘米以上，单株可采割叶片200～300克，大株可超过600克。

越冬栽培时选择保温性能良好的日光温室，早霜来临前10～20天扣好薄膜，7～8月中下旬露地播种，播后加设小拱棚，上覆草帘，9月份后撤去覆盖物。9月下旬至10月上中旬定植。采挖时选叶片肥大根系粗壮的主根作母根，开沟定植，行距20厘米，株距10厘米，将母根在沟内沿沟壁向前倾斜摆放，或稍用力向定植沟底下摁，覆土盖住根头1.5～2厘米，入冬后温室保持10℃以上，即可正常生长，植株长到适宜大小时采收上市。

遮雨栽培时,利用棚室骨架,顶部覆盖薄膜和遮阳网,夏季高温多雨季节进行栽培,防止大雨拍苗,病害严重,日照过强等问题。管理与露地基本相同,唯应加大通风面积,还可用黑色薄膜覆盖,增强降温效果。棚周应挖排水沟,严防积水浸入棚内。

(五)软化栽培

为了增强可食性,常对大叶蒲公英采用软化栽培,方法是蒲公英萌发后,进行沙培,每次铺1厘米厚的细沙,待叶片露出地面1厘米后,再次进行沙培,依次进行4～5次,于叶片长出沙面8～10厘米,连根挖出、洗净,去掉须根,即可上市。通过软化栽培后的蒲公英,苦味降低,纤维减少,脆嫩质优。

(六)立体栽培要点

要长年将蒲公英投放市场,北方做好日光温室大棚蒲公英的反季节生产是很重要的。用三角钢焊架,尺寸要根据日光温室大棚具体情况,靠北墙、东西走向焊斜面架,充分利用光照。也可焊成移动的小铁架,长、宽尺寸要稍大于托盘尺寸,便于摆放。可设计摆放3～4层。托盘以长、宽各100厘米,高20厘米的木质材料,可移动的托盘为好。

播种育苗:7月份将托盘放光照充足处,装入基质。基质要求高腐熟的秸秆肥与土1:1混合均匀,搂平压实,将采集的新蒲公英种子撒播在托盘表面,每盘(1平方米)播种量控制在2克左右。覆土0.5厘米,稍压实后喷透水,保持湿润,一周后出苗。

出苗后注意清除杂草,过密的要稀疏一下,株间保持2～3厘米。要经常淋施些沼气池的沼水肥,或"果蔬鲜"等冲施肥,加强管理,培育壮苗。

9月15日以后将托盘移入日光温室内,要经常进行松土除草,喷施叶面肥,淋浇沼水肥,油渣液体肥等,也可将少量磷酸二铵或氮、磷、钾复合肥溶水后浇入托盘，保证蒲公英旺盛生长。日光温室内以北半部分架式生产蒲公英，南半部生产其他蔬菜。立冬后可采收蒲公英上市。

（七）黄化绿化交替栽培

山西农业大学生命科学院乔永刚、宋芸进行了蒲公英的黄化绿化交替栽培技术。蒲公英播种第 2 年 3 月下旬出苗，4 月初，苗高已达 20 厘米。刈割后第 2 天，每个畦搭小拱棚架，架的高度应以拱棚距最靠畦垄的一行蒲公英达 35 厘米以上，并用黑色塑料薄膜覆盖。覆盖 10 天后蒲公英黄化叶片已长 20 厘米以上，较长的可达 30 厘米，此时就可以收割上市了。收割后揭去覆盖物进行绿化栽培。当茬口愈合后及时浇水追肥，20 天后，地上部分已长到 20 厘米以上，这时蒲公英叶片纤维含量少，口感较好，可以收获。绿化结束后即完成了一个蒲公英黄化绿化交替栽培的周期，可以紧接着进行下一轮的黄化处理。

蒲公英黄化绿化交替栽培时，处理时间可以灵活安排，保证每天均可供应黄化苗与绿色叶片。当覆盖物内最高气温达 40℃以上时，不宜再用塑料膜作覆盖材料，可改用透气的覆盖物，如多层遮阳网等。用此方法每年可进行黄化绿化交替栽培 3～5 轮，最后一轮结束后可掰取幼嫩叶片上市，不宜再刈割全株。如果是保护地栽培可增加轮作次数，周年生产，但同时也应增加绿化处理的时间，保证根部积累有足够量的养分。

收割选晴天的早晨，有利于伤口的愈合。收割后按长度分级，去掉损烂叶片，包装上市。蒲公英黄化苗为乳黄色，色泽鲜亮，纤维含量低，口感极佳。

（八）蒲公英苗钵冻贮温室栽培

黑龙江省大庆市让胡路区喇嘛镇农业中心刘春发等人经多年试验，总结出蒲公英苗钵冻贮温室栽培技术：6 月中旬至 7 月下旬播种，先在畦内开沟，深1.5厘米，在沟内撒种，播后10天出苗，3片真叶时间苗，每平方米留苗1 500株左右。苗高4～5厘米时分苗于8×8厘米的营养钵内，每钵1～2株，封冻前浇透水，封冻后将植株干枯的叶片剪去，码放在房后或太阳晒不到的地方冻藏。根据需要提前30天将冻藏的蒲公英移入温室，放在地面上，还可在温室后边搭两层架，在架上生产：第一层架高1.9米，宽2米，紧靠后墙；第二层架高0.9米，宽1米，距后墙0.5米（图5）。蒲公英进入温室解冻后要及时浇水。返青后结合浇水追肥，先用喷壶喷300倍尿素，随后喷清水。当蒲公英长到10～12厘米，显花蕾时可采收。采收时带老叶老根割下，捆成小把上市。每个营养钵可产18～20克，每平方米可产4千克以上。如果温室温度保持在10～25℃，一栋333平方米温室一冬可生产5茬，产量在10 000千克以上。

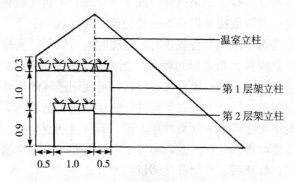

图5　蒲公英温室搭架栽培示意图（单位：米）

（九）大棚上茬甜瓜，下茬蒲公英栽培

甜瓜2月中下旬育苗，3月下旬定植大棚内，5月中下旬采收上市。蒲公英6月末～7月初播种。做腌渍菜用的蒲公英生长期为70～80天，9月上中旬采收；做药材用的蒲公英不受生长时间的限制。

蒲公英用种子繁殖。甜瓜采收后，可不施农家肥。直接在甜瓜畦面上按行距25～30厘米开浅横沟。将种子与细沙按1：3的比例拌种后，均匀播种。播种后覆土1厘米，然后稍加镇压。苗出土后，及时间苗。10天左右进行1次中耕除草，以后每10天中耕除草1次，连续3～4次。结合中耕除草进行间苗定苗，株距5厘米左右。蒲公英生长期间追1～2次肥，保证生长收获。

（十）病虫害防治

大叶蒲公英抗病力强，虫害主要是蚜虫、地老虎、蛴螬、潜叶蝇等。如有蚜虫危害，可用40％乐果乳剂1 000倍液，或21％灭杀毙乳油3 000倍液，或10％灭蚜松可湿性粉剂2 500倍液喷雾防治。蚜虫对银灰色有负驱性，可在田间铺银灰色地膜，挂银灰色塑料条等。或利用蚜虫对黄色有强烈的趋性，在田间插些木板，上涂黄油，粘杀蚜虫。地老虎、蛴螬，采用杀虫剂喷雾效果非常好。潜叶蝇，可用1.8％虫螨克1 500～2 000倍液进行防治。

蒲公英的病者主要是叶枯病，俗称烂叶病。其发病原因是土壤水分过大，通风不好。病害还有霜霉病，发病初期每667平方米用45％百菌清烟剂250克熏烟，也可用25％百菌清可湿性粉剂500倍液或40％乙磷铝可湿性粉剂200～250倍液喷雾，5～7天喷1次，连防2～3次。

（十一）采收、加工

蒲公英播种当年一般不采叶，促进繁茂生长，使下年早春植株新芽粗壮，品质好、产量高。第一年可收割1次（或不收割），可在幼苗期分批采摘外层大叶，或用刀割取心叶以外的叶片。自第二年春季开始每隔15～20天割1次，当叶片长10～15厘米时，最迟在现蕾以前，从叶基部下约3厘米处割断，捆扎上市。

整株割取后，根部受损流出白浆，此时2～3天不宜浇水以免烂根。最好收单叶，不可将生长点割下。一般可收 5 茬，每 667 平方米可产嫩叶 3 000～4 000 千克。采下后抖掉黄叶、小叶，按 250 克一把扎紧，整齐排放于 50 厘米×30 厘米×20 厘米，铺有保鲜膜的泡沫箱内，每箱净重 5 千克，压紧盖严，用胶条封闭，在冬季常温下整箱保鲜期可达 10 天以上。

采收后加强肥水管理，以后可连续采收。作蔬菜使用的嫩苗或嫩叶，可在早春萌动后沙培 4～5 次，待叶长出沙面 5 厘米以上时，连根挖出洗净，去掉须根和叉根，捆成 0.5 千克的小捆上市。供腌渍的蒲公英，收购后整枝成把地放在腌渍池中，加盐。盐的浓度达到 20％以上，腌渍 20 天后，取出清洗、整理，即可包装出口。

还可加工成蒲公英素：取蒲公英 1 千克（干品），拣净杂质、洗净、切碎，置大锅中，加清水 10 千克，煮 1.5 小时，倒出煮液；再加清水 7 千克，煮 1 小时，再倒出煮液。两次煮液合并，静置 24 小时，抽取上清液，用石灰水处理：生石灰块 100～200 克，加水浸没，放出热量后再加水，不断搅动，使石灰成乳状。稍停，待石灰小颗下沉后，取上层石灰乳慢慢倒入蒲公英煮液中，边倒边搅，当 pH 值达 11～12 时，停止加石灰乳，继续搅拌 20 分钟，煮液中即可析出大量黄绿色沉淀物。再静置 24 小时，待沉淀物沉到缸底后，抽去上清液，将沉淀物取出过滤、干燥后，得灰绿色块状物。将块状物粉碎，过 80 目筛，即得蒲公英素粉（约 50～60 克）。可装入胶囊或散剂服用，成年人每次 0.5～1 克，1 日 3 次，可治疗乳腺炎、淋巴腺炎、支气管炎、扁桃体炎、感冒发烧等多种疾病。

（十二）采种

2 年生植株可开花、结实。授粉后，经 15 天左右果实成熟。6 月下旬至 8 月下旬，花托由绿变黄，每天上午 8～9 时，将花盘剪下，放室内后熟 1 天，待花序全部散开，再阴干 1～2 天至种子半干时，用手搓掉寇毛，晒干即可。一般每个头状花序种子数都在 100 粒以上。种子几乎没有休眠期，采收后几天就可播种。野生资源丰富处也可挖根栽培，挖根后按 10 厘米×15 厘米定植大棚，至次年 2 月即可萌发新叶。

三、枸杞

枸杞俗称甜甜芽、甜菜头、野辣椒、枸杞头、枸继子、枸杞子、狗芽菜。中医称地骨皮，天精。为茄科枸杞属多年生灌木植物，在蔬菜上多作 2 年生栽培。原产我国，栽培历史悠久。做菜、做汤，更是涮火锅的上佳菜品。枸杞全株皆可利用，自古作为药材和野生蔬菜。近年来开发出枸杞茶、枸杞可乐、速溶枸杞等系列产品。根据明代著名药学家李时珍《本草纲目》记载："春采枸杞叶，名天精草；夏采花，名长生草；秋采子，名枸杞子；冬采根，名地骨皮。"枸杞嫩叶亦称枸杞头，可食用或作枸杞茶。枸杞子为枸杞之成熟果实，别名西枸杞、白刺、山枸杞、白疙针等，有降低血糖、抗脂肪肝作用，并能抗动脉硬化。常吃有明目、养肾、去热之功效，是一种优质保健蔬菜。在南方产区，枸杞以秋冬季露地生产为主，采收期从 10 月延续至翌年 4 月，夏季为越夏休眠期。而北方冬季寒冷、夏季炎热，都不适合露地生产。

（一）生物学性状

枸杞为落叶小灌木，株高 60～70 厘米。水平根发达，直根弱。枝条软弱，常弯曲下垂，小枝淡黄灰色，茎节具针刺，节间短，叶互生或簇生于短枝上。叶形有披针形，长披针形或卵形等。柄短，色淡绿或绿色，叶肉肥厚或柔薄。花 2～8 朵腋生于叶腋，完全花，花冠筒状，紫红色，花萼钟状，绿色，浆果，卵形，成熟时色红艳丽，果肉味甘甜。种子黄白或黄褐色，细小而扁平。

适应性较强，耐寒，喜冷凉，适宜生长的日温度白天 20～25℃，夜间 10℃ 左右，白天在 35℃ 以上，10℃ 以下生长不良，有时会落叶。喜光照，尤其采后茎部重萌腋芽和伸长枝条时，要求较多的光照。根系发达，吸收力强，耐寒耐旱，但不耐涝，抗风雨。要求土壤湿润、肥沃、疏松。

（二）品种

我国枸杞属植物，经中国科学院植物研究所专题研究，分为 7 种 3 变种，其中包括两个新种和两个变种。目前，我国栽培的枸杞有 4 种：

1. 大叶枸杞　主要分布在广东、广西两地。株高 75 厘米，开展度 5.5 厘米。茎长 70 厘米，横径 0.7 厘米，青色。叶互生、宽大卵形，长 8 厘米，宽 5 厘米，叶肉较薄、叶色淡，产量高。无刺或有小刺。定植至初收约 60 天，延续采收 5 个月左右。

2. 细叶枸杞　主要分布在广东、广西。株高 90 厘米，开展度 55 厘米，茎长 85 厘米，横径 0.6 厘米，嫩叶青色，收获时青褐色。叶片互生，呈卵状披针型，长 5 厘米，宽 3 厘米，细小，叶肉较厚，叶面绿色，背浅绿色，叶香浓、品质好、叶腋有硬刺。由定植至初收约 50～60 天，延续采收 5 个月左右。

3. 无果枸杞芽　是宁夏杞芽食品科技有限公司用野生植物根苗与枸杞枝条嫁接育出的新树种，不开花、不结果，绝大部分营养成份都囤积在嫩芽中。儿茶素类（俗称茶单宁）是占比例最高的多酚类，它以其化学结构中含有的氢氧基多，能阻止自由基在生物系统中造成的损害，抑制脂质过氧化反应，激活细胞内抗氧化防御系统，从而延缓身体器官老化。

4. 宁杞菜 1 号　宁夏枸杞研究所 2002 年培育的新品种，主作菜用。植株丛生，每丛 5～20 个枝条，枝长 50～100 厘米。叶单生，叶肉质地厚，平均叶长 6.10～6.90 厘米，宽 1.50～2.20

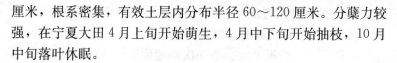

厘米，根系密集，有效土层内分布半径 60～120 厘米。分蘖力较强，在宁夏大田 4 月上旬开始萌生，4 月中下旬开始抽枝，10 月中旬落叶休眠。

（三）栽培方式

一般采收果实的枸杞，定植当年开花结果，能持续 50 年以上。作蔬菜栽培的叶用枸杞，通常不开花结籽，每年用插条繁殖，作一年生绿叶蔬菜栽培。华南地区冬季气候温和，一般可在 8～9 月扦插，当年 11 月至翌年 4 月分次收割。4 月以后气温较高，不利枝叶生长，可适时留种；长江流域和华北地区，冬季寒冷，多于每年 3 月扦插，直接扦插于大田或先集中扦插发根后再移植，5～6 月收割，7 月气候炎热，停止采收。为促进嫩茎叶提早上市，可以冬春季利用保护地设施栽培效果更好。

（四）栽培技术

1. 育苗　选择富含有机质的肥沃土壤，667 平方米施腐熟厩肥 2 000～3 000 千克，深翻耙平作畦。插条选自当年春季留种植株，宜用中下部半木质化粗壮枝条，截成长 13～15 厘米插条，上部不用。每个插条留 2～3 个芽，下部削成 45°的斜面，上部平削，然后用 50～100 毫克/千克的 ABT 1 号生根粉液浸泡插条下部 60～120 分钟，腋芽向上，斜插入土，留少许露出土面。插后可用稻草或塑料薄膜覆盖保墒。插后 10 天开始发出新根新芽，20 天左右可发生 6～7 条新根，2～3 条新梢，生根发新梢后，选留 3～5 条健壮新梢，多余的疏去。

2. 田间管理　地整平后作高畦，宽 1.3 米，株距 12～20 厘米定植，插条发生新根、新梢后即可追肥，每隔 10～15 天一次。以人粪尿为好，初期浓度较稀，以 10%～20% 为宜，生长盛期要施足施浓，促进枝叶生长。天气干旱，要注意灌水，及时中耕除草。

3. 采收及食用方法　一般扦插后 50~60 天，株高 50 厘米左右开始收获，先把生长最旺的枝条采收，留下其余的幼枝继续生长，以后分次分批采收。第一次距地面 25~30 厘米处剪下嫩梢，长 20 厘米左右，扎成小把出售。一般每隔 20 天收一次，7~8 月高温季节停止采收。每次收后进行追肥浇水及中耕除草。667 平方米产嫩茎叶 3 500~5 000 千克。

采收后经水清洗，在沸水中杀青 2~4 分钟，用冷水降温保护色泽。然后制作冷菜、热菜、饺子馅、包子馅或调羹做汤等。

4. 留种　采收后期，气温较高，不利枝叶生长，可原地留种或刈取粗枝条，成束贮藏在荫凉，潮湿的土中。

5. 病虫害的防治

(1) 枸杞木虱　以成虫及若虫刺吸口器刺入寄主叶片或嫩梢吸吮树液，造成早期落叶。成虫形如小蝉，黑褐色，有橙黄色斑纹，体长 2 毫米，翅展 6 毫米。卵橙黄色，长椭圆形，有一柄，细丝状，固着叶面或叶背。若虫扁平，形如盾牌。成虫多集中在嫩芽、新叶上为害，早春气温较低时常静伏下部枝条向阳处，白天、早晨日出后及下午日落前活动最盛。一年发生 3~4 代，末代成虫栖息树冠下土缝，树皮下，渣缝中和枯叶中越冬，翌年 3 月下旬成虫出茧繁殖，6~10 月严重为害，直至 10 月底以后才以末代成虫越冬。

防治方法：4 月份越冬成虫大量出茧，特别是 4 月上中旬越冬成虫尚未产卵，是防治的关键时间，可用 50％乐果乳剂 500 倍液进行树冠喷药，7~10 天一次，共 2~3 次。

5 月下旬到 6 月中旬第一代成虫，第一、二代卵和若虫发生盛期，用上述农药防治两次。

秋季于越冬前喷药杀死成虫，减少翌年虫口密度。

(2) 枸杞瘿螨　枸杞叶，花蕾，幼果，嫩茎，花瓣及花柄均可受害。被害部分变成蓝黑色痣状虫瘿，并隆起，造成弯曲、畸形、变色，花蕾被害后不能开花结实。瘿螨成虫体长 0.08~0.3

毫米，全体橙黄色，长圆锥形，略向下弯曲，前端粗，头胸宽而短，向前突出，构成喙状。足2对，卵圆球形，乳白色、透明。若虫与成虫相似，惟体形较小。以老熟雌虫在枸杞当年生枝条及二年生枝条的越冬芽、鳞芽及枝条的缝隙内越冬。翌年4月中下旬越冬芽开始展叶时，成虫从越冬处迁移至新叶上产卵，孵化后若虫侵入植物组织造成虫瘿。5月中、下旬新梢盛发时，二年生枝条上瘿螨从虫瘿内爬出，扩散到新梢为害，至6月上旬是第一代繁殖为害盛期，8月上旬为末期。8月中下旬秋梢开始生长，瘿螨又转移到秋梢上为害，此时有部分瘿螨为害越冬芽，9月达到第二次为害期，11月中旬全部进入休眠。一年可发生多代。

防治方法　春季枸杞展叶时，瘿螨从越冬场所出来活动扩散，5月下旬、6月上旬从老枝条上向新枝梢上扩散时，是虫体暴露于瘿外的两个时期，也是喷药防治的有利时机，可用0.5波美度石硫合剂每7～10天一次，共喷4次。也可用50%乐果乳剂1 500倍液，或马拉松等喷洒。

(3) 枸杞蚜虫　枸杞蚜虫又称绿蜜、蜜虫，是常发性害虫，受害叶片全被分泌物覆盖，起油发亮，使嫩芽、叶片、幼果呈褐色枯萎状直接影响光合作，植株早落叶，甚至枯死。分有翅蚜和无翅蚜两类。以卵在枸杞枝条缝隙内越冬，至翌年4月下旬孵化为干母，再繁殖2～3代即出现有翅迁移蚜虫扩散为害。此后都以孤雌胎生方式繁殖。喜欢密集在幼嫩的顶梢为害，吸吮嫩叶、嫩芽及幼果汁液。进入6月气温逐渐上升，大量繁殖。完成一代约需7～8天，估计一年约15代。能借风力传播外，还能从一株爬到另一株。

防治方法　4月下旬至5月上旬，枸杞芽放叶，春梢抽出时，正好蚜卵孵化终止至干母成熟，以及5月中旬至7月中下旬，都是该虫猖獗为害时期，可使用20%乐果乳剂2 000～4 000倍液喷洒，效果好，而且药效长。9月下旬开始产卵越冬，秋季防虫，可以降低越冬蚜虫卵的密度。另外，0.9%阿维菌素乳油、

4.5%高效氯氰菊酯水乳剂，40%毒死蜱乳油，30%乙酰甲胺磷乳油对枸杞蚜虫有较高毒力；40%毒死蜱乳油与4.5%高效氯氰菊酯水乳剂；40%毒死蜱乳油与0.9%阿维菌素乳油；30%乙酰甲胺磷乳油与4.5%高效氯氰菊酯水乳剂3种混剂，毒力较单剂有大幅度提高，增效明显。

（五）宁杞菜1号温棚生产

"宁杞菜1号"设施栽培对温棚的要求不高，简单的日光温室即可。一般选择有效利用面积在400～667平方米温棚较为适宜。温棚冬天只需草帘保温，不需要另置增温设施。

1. 育苗 3月初采集采穗圃里1年生种条，下端剪成斜口，每50根捆成1捆，用细绳扎住。如不能及时上床催根，就必须放在湿沙中贮藏。用50毫克/1升吲哚丁酸和50毫克/升萘乙酸混合溶液，把枸杞插条基部3～4厘米放入混合溶液中，浸泡12小时，当插条髓心出水后，放置电热苗床上催根：先在苗床下端铺上10厘米厚的麦汶隔热；接着铺1层聚乙烯薄膜保湿；在薄膜上铺1层厚为5厘米的黄土，主要用于平整、压实床面；然后在黄土上按5厘米的间距拉上电热丝，在电热丝上铺厚度5厘米的细沙保湿保温。电热苗床准备好后，用洒壶把苗床浇透，同时将温度调到26～28℃，让苗床升温。当温度升到26～28℃时，把泡好的插条依次摆好，注意每捆插条之间保持2～3厘米的间距。摆完后，在插捆与插条之间洒上细沙，保持插条顶端3～4厘米左右裸露在外面。最后用洒壶在插条上浇水，以便进一步的使细沙填充插条与插条之间的空隙。

催根期间苗床周围环境温度保持在0℃以下，防止插条上部由于温度过高而展芽，消耗枝条养分。苗床温度应一直控制在26～28℃，相对湿度70%～75%，平均每隔2～3天给苗床浇1次水，大约14天以后插条基部会形成愈伤组织，当产生细小乳根时，随即扦插。

2. 定植　按 667 平方米施入 4 500～5 500 千克腐熟好的有机肥料，使肥料和园土充分混合，整平地面，浇透水。待可以下地时，用 75% 辛硫磷乳剂，以 1：300 倍拌成毒土，按 667 平方米 40～50 千克撒于土壤，防治地下害虫。用小型旋耕机耕，深度 25 厘米左右，使肥土混合均匀。接着按行距 15 厘米起垄，做成垄底宽 25 厘米，上宽 20 厘米，高 10 厘米，南北延长的畦。

在垄上按株距 10 厘米进行扦插。扦插时先用直径 2 厘米的枝条，在垄中间插出 3～4 厘米深的小穴，然后在小穴内插 3～4 根插条，插深 8～10 厘米，插完后用手按实，并用洒壶浇透水，使插条与土壤的空隙填实。

温棚白天温度控制在 28～32℃，相对湿度 70% 左右。1 周后幼苗即可长出新芽，3 周后幼苗新梢生长长度可达到 15～20 厘米。这一时期不宜进行采菜，因为幼苗根系较少。当幼苗新生枝条长度达到 20 厘米以上时进行摘心，促使幼苗根系大量生长，产生分蘖。幼苗生长到 40 天后，即可采菜。每 15 天灌 1 次水，每隔 2 月追 1 次肥，每次追以氮肥为主的化学肥料 100～150 克。每年平茬后，按 5 000～5 500 千克/667 平方米施加腐熟的有机肥。

3. 温棚管护　春、秋季节只需开膜进行放风降温，保证白天温度在 28～32℃。但夏季由于温度很高，必须在温棚外面罩上 1 层遮阳网，一是控制温度，二是防治枸杞菜快速生长，保证质量。

普通温棚进入 11 月上旬，必须进行早晚拉苫和放苫，保证枸杞菜的正常生长，早晨拉苫的时间一般为 8：30，晚上放苫时间一般下午 5：30，温室白天温度应保持在 25℃ 左右，晚上保持在 10℃ 以上。

4. 修剪　温棚栽培枸杞芽菜每年可采摘 40 茬以上，随着枸杞树体的生长，基部枝条增粗，木质化程度也增重，对枸杞菜的产量会造成一定的影响。一般每年 7 月份进行 1 次枝的修剪：从基部平茬，平茬后 1 周会有新梢长出，20 天就可进行采收。

（六）温室水培枸杞芽营养液配方优选

宁夏大学农学院高艳明等人应用四元二次通用旋转组合设计，采用 DFT 无土栽培，在二代节能日光温室内研究了营养液配方中的硝态氮、磷、钾、钙 4 种元素的摩尔浓度对枸杞芽生长的影响，得到了二者之间的回归方程。结果表明，水培养液中，氮、磷、钾、钙 4 种元素对其产量影响的顺序为：氮＞钾＞磷＞钙。

4 种营养元素浓度对枸杞芽菜生长的影响为典型的抛物线型，即在一定范围内随营养元素浓度的提高，枸杞芽产量增加；而过高的浓度则造成枸杞芽菜减产。单施 4 种营养元素浓度分别达到氮 7.50 摩尔/升、磷 0.52 摩尔/升、钾 3.45 摩尔/升、钙 2.3 摩尔/升，枸杞芽菜单株最大产量分别可达到 53.41 克、52.23 克、53.01 克、52.23 克。

供试条件下氮与磷对枸杞芽产生正交互效应。

营养元素配合作用下，营养液 4 个因子硝态氮、磷、钾、钙的浓度分别为 9.0、0.5、3.0、2.0 摩尔/升时，枸杞芽单株产量达到最高的 51.96 克。由于配制营养液的原水中已有 2 摩尔/升的钙。因此，其硝态氮、磷、钾、钙 4 种元素在营养液中的最佳配方应调整为：9.0、0.5、3.0、4.0 摩尔/升。

经过田间试验校验证明，基于试验结果的最优组合（硝态氮、磷、钾、钙的浓度分别为 9.0、0.5、3.0、4.0 摩尔/升）不仅显著促进枸杞芽菜的生长发育，而且显著增加枸杞芽菜产量，且改善产品品质。

四、紫背天葵

紫背天葵又叫观音菜、红凤菜、水前寺菜、观音苋、地黄菜、脚目草、白皮菜、双色三七草、红背菜、紫背菜、红玉菜、为菊科土三七属多年生宿根草本植物。由于适应性强，生长健壮，栽培容易，在北方栽培病虫害少，基本不需要喷洒农药，是一种值得推广的经济效益好的高档保健蔬菜。富含铁、锰、锌微量元素及黄酮类化合物，具有补血、消炎、治疗经痛、血气亏等功效，炒食、做肉馅，涮火锅都可，做佐料更佳。另外因株型、叶色，盆栽作为观叶植物观赏。紫背天葵原产中国南方，尤以四川、重庆，广东、广西、云南、海南、福建、浙江、台湾一带广为栽培食用。

食用嫩梢嫩叶，营养丰富，每 100 克干物质中含钙 1.4～3.0 克、磷 0.17～0.39 克、铜 1.34～2.52 毫克、铁 20.97 毫克、锌 2.60～7.22 毫克，锰 0.477～14.87 毫克。鲜叶和嫩梢的维生素 C 含量较高，还含黄酮苷等，可延长维生素 C 的作用，减少血管紫癜，提高抗寄生虫和抗病毒病能力，并对肿瘤有一定抗效。还有治疗咳血、血崩、痛经、血气亏、支气管炎、盆腔炎、中暑和外用创伤止血等功效。

（一）生物学特性

根系发达，再生力强。株高约 45 厘米，分枝性强。茎近圆形，直立、绿色、带紫红、嫩茎紫红色，被绒毛。单叶互生，叶宽披针型，先端尖，长 6～18 厘米，宽 4～5 厘米，叶缘锯齿状，叶绿色，略带紫，叶背紫红色，表面蜡质有光泽。叶两面均被茸毛。头状花序，花筒状，黄色两性。瘦果，种子矩圆形，很少结籽。

耐旱，耐热，耐瘠薄。生长适温 20～25℃，可忍耐 3℃的低温，在 5℃以上不会受害。较耐阴，但阳光充足时，叶色较浓，生长健壮。

（二）栽培技术

紫背天葵适应性强，周年可生产，但以秋冬季春季生长旺盛。武汉市科技局还总结出一套合理安排茬口，露地栽培与塑料大棚栽培相结合的周年栽培技术：露地栽培，11月上中旬剪取插穗，扦插于育苗床后覆盖稻草保温，早春3月移栽至露地，4月中旬开始采收。为了保证品质优良，7月初进行重新扦插换茬，可采收至11月。塑料大棚栽培，于10月上旬进行大田直接扦插，并搭建塑料大棚，随着温度降低，需在大棚内架设小棚，覆地膜、加盖草帘保温，10月下旬开始采收，可收获至翌年4月。

1. 品种与地块的选择　紫背天葵有红叶种和紫茎绿叶种两大类。红叶种又有大叶和小叶种之分，大叶种叶细长，叶尖尖形，叶背和茎紫红色，节间长，黏液多，茎较长，耐热性和耐湿性较差。小叶种叶较小，黏液少，茎紫红色，节间长，较耐低温，适宜冬季较冷地区栽培。紫茎绿叶种的叶为椭圆形，叶小，浓绿色，有短茸毛，黏液少，质脆。茎部淡紫色，节间短，腋芽多，嫩茎分枝伸长能力差，产量较低，但耐热性、耐湿性强，一般地区均能安全越夏。

紫背天葵对土壤要求不严格，土质好有利于获得优质高产。宜选择排好良好、富含有机质、保土保肥力强的沙壤土，施入充分腐熟的农家肥与磷、钾肥。

2. 育苗　紫背天葵通常花而不实，收集种子较难，再者种子较小，易风干死亡。一般采用分株或扦插繁殖。繁殖一般在植株休眠期或恢复生长前进行，将地上部分剪掉，剩余5厘米左右。将宿根挖出，剔除不良根茎后切成数株。扦插时选择插条生长健壮无病的枝条，长约10厘米，留2～3片叶，按行距20厘米、株距10厘米，将插条插入土中，浇足水，覆盖塑料薄膜保湿。扦插后18～20天即可带土定植。

还可采用一叶一芽扦插法：在健壮母株上，选择枝条中上部的功能叶片，将其叶柄基部腋芽，用刀片将叶片及腋芽一同切下，每50～100片捆成把，将叶柄基部浸入100毫克/千克的

NAA溶液中15分钟。采用斜插法，用自行车条在扦插基质上打深1～2厘米孔，株行距以叶片不相互遮掩为宜，再把准备好的插穗插入孔中，用基质覆盖孔隙，然后用细眼喷壶浇透水。为保湿需搭建塑料小拱棚，夏季气温高时，应遮荫处理。

基质为草炭、蛭石与珍珠岩的复合基质（草炭∶蛭石∶珍珠岩＝1.5∶1∶1）。扦插前3天喷0.1%高锰酸钾，然后覆上塑料薄膜。先将苗床底部整平，铺一层塑料布，然后将处理好的基质铺在上面。

扦插盖棚后棚内温度稳定在20～25℃，高于35℃揭开棚的两头或敞开多处通风降温；若基质表面发白也可采用喷水（雾）的方式降温。

生根前插床的基质含水量控制在80%～90%；空气相对湿度保持80%以上。中午气温升高时若空气相对湿度下降到60%以下，应适当喷水（雾），这样既可加湿又可降温；若空气相对湿度大于90%，而气温高于35℃，应遮荫降温，同时打开风口降低湿度，以防真菌病害发生。生根后，空气相对湿度维持在60%～75%，基质含水量控制在60%～70%，以利根系生长。

腋芽萌发后每隔7～10天向叶面喷施0.1%的磷酸二氢钾或0.1%的尿素。二者同时使用其终浓度应低于0.3%。插后15天左右生根，20天腋芽萌发。幼苗长至10厘米，可移栽定植。

3. 露地栽培 春季晚霜过后，日温达15℃以上，夜温不低于10℃时定植。定植畦宽1.2～1.5米，平畦，株行距40×（25～30）厘米，每穴单株或双株。栽植成活后，为使其尽快分枝，株高15厘米时摘心，使主茎变粗，叶片变大，尽快分出侧枝。待分枝长出后，注意施肥浇水，随后采收嫩茎叶，使植株萌发更多侧枝。

整个生长期中对肥水的要求比较均匀。充足的水分供应有利于茎叶生长，保证产品脆嫩、产量高，但雨季要注意排水防涝。

除施足基肥外，还要及时进行追肥，每采收一次即追肥一次，可叶面追肥，也可土壤追肥。追肥应以有机肥或生物肥为主，辅施少量复合肥。苗小时，收获不可过度，以免影响生长速度。当植株分枝已经长成，营养叶多时，尽可随意采收，株高 15 厘米时可打顶。

紫背天葵耐荫，不耐霜冻，不耐炎热高温，夏季高温时植株生长减缓。为防高温，管理上不能受旱，注意遮荫降温。如果采用与高秆作物间作，既可避免过强阳光使叶片提早老化，可采收到鲜嫩茎叶，又可增加高秆作物的产量。及时中耕除草，适当打掉植株基部的老叶，以利通风透光和新枝萌发，延长采收期，提高产量。

4. 温室栽培 在秋季，当日温低于 15℃，夜温低于 10℃时，将露地紫背天葵挖出，采用分株方式，移栽到温室土壤中或装盆放在温室内生长。

5. 静止深液槽水培

(1) 设施建造 首先整平地面，沿大棚跨度方向挖成宽80～100 厘米、深 15～20 厘米的凹槽。槽四周用砖和泥砌好，在槽尾端的槽壁上预先埋设一根 Φ25 毫米、长 25 厘米的硬质塑料短管，将来更换槽内营养液用。槽底抄平，上铺 3～5 厘米厚的细砂，在砂中铺地热线，然后将砂层喷湿，让砂层沉实。1 天后再在其上铺双层黑色聚乙烯薄膜（0.2～0.4 毫米厚），四周以立砖支撑，并折叠压在槽间作业道（60～80 厘米宽）的水泥地砖下。在槽尾端挖一排液沟，方向与槽向垂直，作为将来排出槽内营养液的临时场所。

裁剪定植板时，将从市场购得的 2～3 厘米厚的苯板，按种植槽面积进行裁剪，但定植板的长和宽单侧都要大于种植槽 2 厘米。在定植板上按紫背天葵的 40～45 厘米×45～80 厘米的株行距打 2 排定植孔，盖在种植槽上。定植所用的定植杯，可选用廉价的塑料一次性饮料瓶，高度在 5～7.5 厘米左右，孔径与定植孔直径一致，为5～6厘米。定植杯口外沿，应有质地较硬的0.5厘米左右的唇，以便定植杯能嵌在定植板上。

（2）营养液配制　首先计算每个种植槽营养液浸设定植杯脚1～2厘米时所需的营养液体积，然后参照华南农业大学叶菜类营养液配方 [Ca（NO$_3$）$_2$4H$_2$O 472毫克/升；KNO$_3$ 267毫克/升；NH$_4$NO$_3$ 53毫克/升；KH$_2$PO$_4$ 100毫克/升；K$_2$SO$_4$ 116毫克/升；MgSO$_4$7H$_2$O 246毫克/升]，经计算所需用量后分别称取各种肥料，放置在不同容器中加少量水溶解。也可将彼此不发生反应的肥料称好后，放在一个塑料容器中溶解。然后向种植槽中注入相当于所需营养液体积1/3的水量，再将溶解好的各种肥料溶液依次倒入种植槽中，最后再向槽中加水达到所需营养液体积。配制结束后要测定营养液的pH值和电导率（EC）值，为下一步是否采取酸碱中和，调整pH值至无土栽培适宜范围内，以及为定植后应用电导率测定仪监控营养液浓度变化提供依据。

（3）定植　定植前，种植槽、定植杯用0.3%～0.5%的次氯酸钠（或次氯酸钙）溶液消毒，再用清水冲洗3次。定植板用0.3%～0.5%的次氯酸钠（或次氯酸钙）溶液喷湿后，叠放在一起，然后用塑料膜包上，闷30分钟，再用清水冲洗干净。定植时将紫背天葵幼苗根系所带基质在清水中洗净，并在0.5%～1%高锰酸钾溶液中浸泡5～10分钟后用清水冲洗3次，随后定植到定植杯中。具体方法：预先在定植杯杯身中部以下及杯底用烧红的、直径小于砂粒径的细铁丝烫出一个个小孔，并在定植杯底部先垫入少量1～2厘米的小石砾，然后将紫背天葵幼苗放在杯中，再向杯中加入2～3厘米粒径的砂粒，稳住幼苗。随后将定植杯连同移栽的幼苗一起定于定植板上。

（4）栽培管理　定植之初，营养液浸设定植杯脚1～2厘米，以后随根通过定植杯身及杯脚的小孔伸出杯外并逐渐向下生长，营养液面也逐渐调低，一直下降至距定植杯底4～6厘米时为止，以后维持此液面不变。液面降低应及时补液。当发现营养液混浊或有沉淀物产生或补液之后经一段时间测定，营养液电导率值仍居高不下时，则考虑将整个种植槽的营养液彻底更换。营养液更换时，可通过在槽尾预先设置的硬质塑料管，排出槽内所有营养液至排液沟中，再重新配液。冬季液温低时，可通过种植槽底的电热线加温，保持液温在15℃以上。

紫背天葵属于叶用特菜，其嫩梢和幼叶为食用器官。当嫩梢长10～15厘米时即可采收。第一次采收时基部留2～3个节位叶片，将来在叶腋处继续发出新的嫩梢，下次采收时，留基部1～2节位叶片。采收时要考虑剪取部位对腋芽萌发成枝方向的影响，防止将来枝条空间分布不合理，增加管理负担。一般在适宜条件下大约每隔半个月采收一次。采收次数越多，植株的分枝越多，枝条互相交叉，造成地上部郁闭，植株互相遮光。如不及时采收，不利于植株生长。因此，在管理上应注意及时去掉交叉枝和植株下部枯叶、老叶，并做到及时采收，促发侧枝，多发侧枝。

（5）病虫害防治　紫背天葵在北方地区栽培病虫害较少，需注意防治蚜虫、白粉虱。灭蚜及灭粉虱药剂可选用一遍净、万灵、特灭粉虱等药剂，每隔7天一次，连喷3～4次，防治效果较好，但注意采收前半个月停用。蚜虫及时防治，可减少病毒病的发生。一旦发现病株应及时拔除，在采收时防止接触传播。另外，注意定植板、定植杯、基质、盛装肥料溶液器皿及紫背天葵幼苗的彻底消毒，防止病菌侵染根系。

五、菜用黄麻

菜用黄麻即长蒴黄麻，学名（*Corchorus olitorius* L.），又称叶用黄麻、番麻叶、埃及锦葵、埃及帝王菜，阿拉伯人、日本人称莫洛海芽（Muludhiya），英文名称 Jews‐mallow，椴树科黄麻属一年生亚灌木状草本植物。食用嫩叶。原产地第一中心阿拉伯半岛、埃及、苏丹、利比亚、尼日利亚等地，第二中心可能为印度或缅甸。目前阿拉伯地区作为传统蔬菜广泛栽培。

菜黄麻是非洲人喜食的营养成分极高的蔬菜。我国华南地区有栽培，但不普遍。我国台湾省也正在研究发展这种蔬菜。日本作为一种高钙蔬菜进行栽培。

菜用黄麻的营养价值极高。每 100 克茎叶含水量 80.82 克，β-胡萝卜素 5.23 毫克，维生素 E0.03 毫克，维生素 B_2 24.95 毫克，钾 561.8 毫克，钙 397.8 毫克，磷 102.9 毫克，铁 4.14 毫克，锌 0.686 毫克。是一种高钙、钾、低钠的营养丰富且全面的补钙新兴蔬菜。

菜用黄麻的嫩茎叶可以凉拌、作汤、炒食、涮火锅或炸食。黄麻菜性凉，做火锅有消暑降火功效。鲜黄麻菜洗净后，可用油水调料炝锅后投入黄麻菜清炒，2～3 分钟即可出锅上盘。黄麻叶洗净后细切，放入高汤中煮开，再加些小鱼仔乾及甘薯小块为一道上品之乡土野菜。以猪肉、鸡肉切丝，高温煮开后再放入黄麻及面线，煮熟后加调味即成黄麻面线汤。将黄麻叶片洗净，开水汆烫，冷却后置于盘；起油锅爆姜片，再加调味料后淋在上面，另以蒜泥、辣椒、麻油，酱油等调味料淋在黄麻上，亦很可口。

（一）生物学特性

一年生草本植物。茎直立，株高约 150 厘米。茎部外皮厚约 0.15 厘米，纤维环抱，韧性强，中有木质部，色白质轻，多分枝。叶互生、卵状或披针形，长 7.5～11 厘米，宽 4.2～5.2 厘米。叶色深绿，端尖边缘有锯齿。叶柄长 4 厘米，绿色。托叶长 0.1～1.0 厘米，最下面的一对锯齿，长约 2 厘米，长而成钻形，向下弯曲，基出三大脉。叶下常开黄色小花，族生 1～2 朵，花径 0.5～0.7 厘米，单瓣。聚伞花序，顶生及腋生，有花数朵，花瓣黄色，5瓣，雌蕊1，雄蕊多数。完全花。花梗短约0.3厘米。蒴果长6～8厘米，宽0.3厘米，长圆筒形，皮粗，有纵裂凹沟。种子青绿至灰褐色或茶褐色。每荚果约150～250粒种子。种子8～10棱，无翅。种子小，千粒重1.6～1.8克。以种子繁殖。

热带及亚热带作物，需要在高温和多雨的环境中生长。要求较高的温度，生长期能耐38℃的高温，但不耐冷，15℃时停止生长，甚或生长点凋萎，遇霜即枯死。种子发芽适温20～25℃，生育期间气温须在20～30℃之间。高温高湿对生长有利，耐旱力强，不耐涝，雨水过多须注意排水。排水不良处易烂根。属短日照植物。低温短日促使提早开花，影响生长。收获期长达五个月，采收方便。宜栽植于含有多量有机质黏质壤土中。对土壤酸碱度适应范围颇广，但以微酸性为佳。

（二）类型与品种

菜用黄麻依茎部颜色不同，分为二个品系，即绿色品系和红色品系。植株性状无甚大差异。

福农1号品种，是福建农林大学作物遗传育种与综合利用教育部，采用长果种黄麻泰字4号，通过^{60}Coγ射线辐射诱变，经多代系谱选育成的新品种。茎、叶柄、托叶、花萼、蒴果，绿色、腋芽发达，群体整齐。单叶互生，叶片长卵圆形，平均叶长16.5厘米，叶宽7.8厘米；叶缘锯齿，叶基一对锯齿尖，延长成须状；叶缘绿色；托叶小，绿色。采摘嫩茎叶后株高可控制在130～160厘米，分枝数15个左右，茎粗1.6厘米。苗期生长慢，中后期生长快。全生育期170～184天。667平方米产量1 205.1～1 453.9千克。

（三）栽培季节与栽培方式

南北方均可露地栽培。南方温度高，湿度大，无霜期长或整年无霜，适合叶用黄麻生长，产量高，宜于4月上中旬播种。北方地区可在高温期种植，4月份育苗，5月10～20日前后定植，6～10月收获。为延长产品供应期，可以使用不同形式的保护地。

（四）栽培技术

菜用黄麻一般都作多次采收的长期栽培，故应施入充足的肥料，667平方米施腐熟有机肥3 000～5 000千克，与土壤充分混合，北方作成120厘米宽的平畦，灌溉、排水均要方便。

整地作畦后，种子直接播植于畦中，每畦两行，播后覆土厚1厘米。由于叶用黄麻有很强之丛生性，点播时每穴4～5粒，株距30～40厘米。小苗长至10～15厘米时间拔，保留1～2株。也可先行育苗，北方应于4月间开始育苗，营养钵育苗、穴盘育苗、平地育苗均可。苗龄30～40天。小苗长至10～15厘米，5～6片真叶，5月上旬气温在15℃以上时移植田间。

小苗长至15厘米时，应早期摘心，促进侧芽生长并随即追肥，667平方米施尿素5～10千克。小苗逐渐长大，形成3～5枝侧芽，长至30厘米高时，再行第二次摘心，并施追肥，667平方米用尿素10～15千克，采收期间每个星期追一次肥料。

生长前期应注意中耕除草。主要虫害有拟尺蠖、斜纹夜盗虫、红蜘蛛、蚜虫、线虫、象鼻虫等，病害主要有炭疽病，立枯病、白粉病等，由于叶用黄麻生长快速，经常收割，新叶不断长出，病虫害很少发生。

菜用黄麻第二次摘心后10～15天，嫩芽长至20厘米时就可开始收获。采摘长度约15厘米最佳，所采嫩梢以颜色淡绿，尚未变红，用手可轻易摘下程度。收获量依植株大小逐渐增加，定植60天，开始进入盛产期，每次每株收获量约620克，7、8月间气温高，生长快速，约10～15天收获一次。收获期很长，可陆续采收至10月底，北方不能采收种子。

六、番杏

番杏又叫新西兰菠菜、夏菠菜、洋菠菜、蔓菜、蔓菠菜。为番杏科番杏属，以肥厚多汁嫩茎叶为产品的一年生半蔓性草本植物。原产澳大利亚、东南亚和智利等地，所以又叫新西兰菠菜，洋菠菜。亚洲、美洲、欧洲都有分布，主要在热带、温带栽培。我国 1941 年前后引入，但未得到民众认可，逐渐逸为野生，或只作草药用，其中或许与烹饪方法有关。番杏的食用部分为嫩梢和叶片，可以炒食，做汤或凉拌，口感极似菠菜。由于茎叶中含有单宁，烹调时须先用开水烫漂，去除涩味。另外，可适当用湿淀粉勾芡，能使之滑嫩，口感更佳。

番杏营养价值较高，每 100 克可食部分含水 94 克，粗蛋白质 2.29 克，还原糖 0.68 克，脂肪 0.2 克，碳水化合物 0.6 克，胡萝卜素 2.6 毫克，硫胺素 0.04 毫克，核黄素 0.13 毫克，维生素 C 46.4 毫克，尼克酸 0.5 毫克，锶 0.43 毫克，锰 0.55 毫克，锌 0.33 毫克，铜 0.06 毫克，钾 221 毫克，钠 28 毫克，钙 97 毫克，铁 1.44 毫克，镁 44.4 毫克，磷 36.6 毫克。还含有抗菌素物质番杏素，抗酵母菌属。中医认为番杏有清热解毒、利尿、消肿、解蛇毒等功效，可治癌症，风热目赤，疔疮红肿等病症。

番杏适应性强，既耐热又较抗寒，栽培容易，生长旺盛。现在，我国广东、福建及北方各大城市都开始试种。采收期长，产量高，而且病虫害少，是一种很有发展前途的盛暑期淡季绿叶蔬菜。

（一）生物学性状

番杏为番杏科番杏属一年生草本植物。根系发达，茎横切面圆形，绿色，半蔓性，易分枝，匍匐丛生，可长达数米。叶片肥厚，三角形，互生，绿色，叶面密布银色细粉。夏秋间叶腋着生黄色花。花小，不具花瓣，花被钟状，4 裂。坚果，菱角形。成熟后褐色，有四五个棱。每果含种子数粒，果实千粒重 80～100克，使用年限约 4 年。

番杏对温度的适应范围较广，种子发芽适温为 25～28℃，适宜生长温度 15～25℃，在 30℃温度中可以正常生长，也可忍耐 1～2℃的低温，冬季无霜区可露地越冬。耐旱，忌涝，也较耐碱，在山东昌邑 0.128%全盐量的土壤种植并灌以 19 分西/米（约 1/3 海水）的盐胁迫条件，相对盐害率 30.1%，表现Ⅱ级耐盐；在河北省昌黎 0.814%全盐量的土壤种植，相对盐害率8.8%，表现Ⅰ级耐盐；在江苏赣榆近海滩涂种植成苗率在 96%以上，生长旺盛，表现高度耐盐。土壤过湿枝条容易腐烂。属长日照作物，春播后，于夏季开花结实。对光照强度要求不严，强光或较弱光照中均可生长。土壤要湿润，干旱会严重影响生长，降低产量和质量。最喜肥沃的壤土或沙壤土，对氮肥和钾肥要求较多。

（二）栽培要点

番杏用果实繁殖，露地直播或育苗移栽均可，以前者为主。

1. 露地直播 番杏生长期长，采收期也长，对土壤养分的消耗量大，应重施农家肥作基肥。整地前 667 平方米施腐熟有机肥 2 000 千克，尿素 10 千克，草木灰 50 千克。深翻耙平。多雨地区作高畦，畦宽约 60 厘米，于畦中央点播种子 1 行，株距30～40 厘米；少雨地区作平畦，畦宽 1.2～1.4 米，每畦点播两行，株距 30～40 厘米。每穴播种子 3～5 粒，667 平方米播种量8～10 千克。

露地直播的时期，依不同地区的气候条件决定，早者 2～3月间，迟者 4～5 月间。春季，当 10 厘米深土温达 15℃后尽量早播。

番杏果实皮厚，坚硬，吸水困难，发芽期长达 15 天以上才能出苗，所以播前应浸种催芽：用温水浸种 24 小时，取出置 25～30℃条件下催芽，等部分种子露出白色胚根后播种。播后 7～10 天便可出苗。也可将种子与细沙混合研磨，使果皮略受伤，然后再浸种催芽。撒播，条播，点播都可以，以点播为主。宜春播。少雨处用平畦，多雨低湿处用高畦。

出苗后中耕除草。以 4～5 片真叶时结合定苗，每穴留 1～2 株，拔除弱苗上市。生长期间，分次追施速效氮肥，并及时灌水，始终保持湿润状态，但勿积水，否则茎叶易烂。也可扦插无性繁殖。

番杏是多次采收嫩茎叶的蔬菜，一般当长出十几片真叶后可开始采收，将上部嫩梢摘断。第一次采收后，主茎上发生很多侧枝，可将细弱的侧枝疏去，保留几条健壮侧枝，使养分集中，促使茎叶肥大。以后陆续采摘新发侧枝的嫩梢，直至霜降。每次采摘后及时追肥灌水。

2. 育苗移栽　为提早上市，可用温床或棚室育苗。露地栽培者，定植前 50～60 天播种，塑料拱棚栽培的，定植前 40～50 天播种。播种前 7～10 天浸种催芽。培养土厚 8～10 厘米，稍加镇压，浇水后按 6～8 厘米见方距离点播 2 粒种子，覆土厚约 2 厘米。番杏根系再生力较弱，为了提高成活率，最好用切块育苗或营养钵育苗。这样，起苗时根系不受伤害，定植后能较快恢复生长。

番杏病虫害较少，夏季偶有条灯蛾（*Alphaea phasma*）的幼虫为害叶片，要注意及时防治。有菜青虫为害，可用 20％溴氰菊酯乳油 20～30 毫升加水 50～75 升喷雾防治。番杏枯萎病为菠菜尖镰刀菌（*Fusarium oxysporum*）所致，要及时拔除病株，在发病初期喷洒兑水 500 倍的 50％苯菌灵可湿性粉剂或其他杀菌剂。番杏的病毒病为甜菜黄化病毒（Beet yellows virus），应及时防治蚜虫，减少病毒的传播途径，并在发病初期配合施用

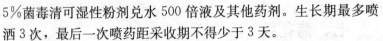

5％菌毒清可湿性粉剂兑水 500 倍液及其他药剂。生长期最多喷洒 3 次，最后一次喷药距采收期不得少于 3 天。

3. 留种　番杏一般以春播植株留种。在采摘嫩梢 2～3 次后，选择健壮植株作种株，任其生长，则各枝条的叶腋中，除基部 3～4 节处，都可着生花，而且大部分可以结实。果实呈褐色时采收。老熟果实易脱落，应分批采收，晒干后贮藏。

4. 烹饪方法

（1）**素炒番杏（或鱼片溜番杏）**　番杏茎叶 300 克，草鱼 1 尾，精盐、色拉油、淀粉、姜丝、味精适量。草鱼去鳞、内脏、鳃，洗净起出鱼脊肉，刀口与鱼脊成垂直方向切出薄片，盛碗中加少许盐、色拉油拌匀；番杏茎叶切段，炒锅放油烧热，放入番杏旺火炒熟，下盐，味精，炒翻均匀，盛盘中；炒锅放油，烧热，倒入用姜丝、精盐、味精、淀粉调好的芡汁，煮至半熟，把鱼片投入溜熟，倒入炒好的番杏即可。如素炒，不用鱼片，直接把芡汁煮熟与番杏拌匀即成。该菜颜色青绿，鱼片滑嫩，营养丰富，可用作肠炎、败血病及肠胃肿瘤的辅助食疗。

（2）**番杏粥**　番杏叶 150～200 克，粳米 50 克，精盐、葱花、色拉油适量。番杏嫩茎叶洗净、切碎；起锅放油、烧热、放入葱花炒香，投入香杏炒熟，下盐调味，出锅待用。粳米淘净，加水煮成粥，放入炒好的香杏煮至粘稠。该粥清香利口，有清热解毒，健脾胃，祛风消肿的作用，可作为脾胃虚弱、泄泻、痢疾、红眼睛、疔疮红肿等患者的食疗餐。

（3）**番杏蛋花汤**　番杏嫩茎梢 100 克，鸡蛋 2 只，葱花，精盐，味精，色拉油适量。番杏嫩茎梢洗净，切段。鸡蛋磕入碗，打散；锅内放油烧热，旺火将番杏炒至转色，加入精盐炒匀出锅；锅内放清水煮沸，将炒好的番杏倒入，煮沸，将蛋液慢慢倒入，使成蛋花，撒下葱花，放少许味精调味即可。该汤清淡味鲜，有清热解毒，养血息风功效，对咽痛，下痢，热毒肿痛等症有缓解作用。

七、菊花脑

菊花脑又叫路边黄、菊花叶、黄菊仔、草甘菊、菊花郎，原产于我国，湖南、贵州等省。江苏南京种植历史较长，现在苏南、苏北及沪、杭等大中城市菜区也开始种植。每 100 克菊花脑含蛋白质 3 克，脂肪 0.5 克，碳水化合物 6 克，粗纤维 3.4 克，钙 178 毫克，磷 41 毫克和铜、锰、锌等微量元素。此外还有多种氨基酸、维生素 B_1、黄酮类和挥发油等芳香物质。以嫩梢、嫩叶供食，可炒食、凉拌或做汤，具有菊花清香气味，有清凉解暑，润喉，平肝，明目，开胃，治便秘，降血压、头痛、目赤等作用。

（一）生物学性状

菊花脑为菊科草本野生菊花的近缘种。茎直立，高 25～100 厘米，茎细，直立或匍匐生长，分枝性强。叶卵圆形或椭圆形，绿色，叶缘具粗大复齿状或羽状深裂，先端尖，叶柄具窄翼。枝顶着生头状花序。舌状花，黄色。瘦果，灰褐色，可作种子。

耐寒，忌高温。冬季地上部枯死后，根系和地下匍匐茎仍然存活，越冬后翌年早春萌发新株。成株有一定耐热力，夏季可正常生长。耐干旱，耐瘠薄，对土壤适应性强，田边、地头都可种植。成片栽培时应选富含有机质，排好良好的肥沃地块，才能提高产量，增进品质。

种子在 4℃ 时萌发，适温 15～20℃，幼苗生长适温 12～20℃，成株在高温季节也能生长，但供食部分品质差。20℃ 时采的嫩茎嫩叶品质最好。5～6 月份和 9～10 月份为春秋采收的最佳季节。

（二）品种

菊花脑按叶片大小，分为大叶种和小叶种两类。大叶种又叫

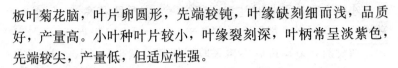

板叶菊花脑，叶片卵圆形，先端较钝，叶缘缺刻细而浅，品质好，产量高。小叶种叶片较小，叶缘裂刻深，叶柄常呈淡紫色，先端较尖，产量低，但适应性强。

（三）栽培技术

1. 播种与育苗　菊花脑可作为一年生栽培，也可作多年生栽培。一般用种子繁殖，也可用分株繁殖或扦插繁殖，一次栽培多次收获。种子小，千粒重仅 0.16 克，每 667 平方米用种量 0.5 千克。南方 2 月份播种，华北 4 月上旬播种。土壤要疏松、细碎、平整，趁墒播种或落水播种。出苗前保持土壤湿润，苗高 5 厘米时间苗，并随水追施速效氮肥。苗高 10～15 厘米时开始用剪刀剪收。收两次后，茎已粗壮，可用刀割取嫩梢。育苗移栽时，最好初春用阳畦或塑料拱棚播种，苗出齐后间苗，苗距 5 厘米。苗高 6～8 厘米时定植，穴距 10～15 厘米，每穴 4～5 株。4～10 月份采收，可连续采收 3～4 年，之后再行更新。

2. 扦插与分株　菊花脑在整个生长期内都可扦插繁殖，其中以 5～6 月份扦插的成活率最高。扦插育苗的方法是：用清洁的沙质壤土、河沙、泥炭各 1 份混匀，或直接用沙质壤土，浇透水。取菊花脑嫩枝，长 6～7 厘米，摘去基部 2～3 片叶，插入床土中，深 3～4 厘米。遮荫，保湿，约经 15 天即可成活，成活后移植大田。选择中下部插条，日光温室中一年四季均可进行，露地以 3～5 月份，春夏季为好。

分株繁殖大多在春季地已解冻，新芽刚长出时进行。将老桩菊花脑根际的土壤刨开，露出根颈，将部分老根连同其上的侧芽一起切下栽植。栽后及时浇水。分株繁殖的，植株生长快，但苗量小，适宜小面积繁殖用。

3. 适时采收与留种　菊花脑以嫩茎叶供食用，最早从 3 月份开始采收，一般从 5 月上旬开始采收。株高 10～15 厘米时剪收嫩梢，每 15 天 1 次，直至 9～10 月份现蕾开花时为止，采后扎成小捆上市。采收时注意留茬高度，春季留茬高 3～5 厘米，秋季 6～10 厘米，每 667 平方米产 4 000～5 000 千克。

留种时，夏季过后不再采收，任其自然生长。10～11 月份开花，12 月份种子成熟时剪收晒干脱粒，每 667 平方米收种子约 10 千克。

4. 病虫害防治　菊花脑病虫害较少，天旱时有蚜虫为害，可用 40%乐果乳油 1 000 倍液防治，最后一次用药距采收期不可少于 7 天。

多年生老桩菊花脑常有菟丝子危害，可用微生物除草剂鲁保 1 号喷洒防治。使用浓度一般要求每毫升菌液含活孢子 2 000 万～3 000 万个。最好在高湿天气或小雨天施药，以利于孢子萌动和侵入菟丝子，使之感病死亡。

八、孜然

孜然又叫安息茴香，1～2 年生草本植物，一般株高 30～40 厘米，单株分枝 6～9 个，生育期 80～90 天，具香味。籽色淡黄，千粒重 2 克以上。近年来托克逊县种植面积扩大，年产量达 1 300 吨以上，味香色艳，质量上乘。

（一）播前准备

孜然适应性强，耐旱怕涝，对土壤要求不严。一般选择脱盐彻底的沙壤土种植较好。前茬作物以小麦、蔬菜、瓜类或棉花等为宜，忌重茬迎茬。前茬作物收获后及时耕翻平整，灌足底墒水，来年早春土壤解冻 10 厘米后及时精细整地，做到齐、松、净、碎、墒、平，打成小畦，并在地边备细沙。孜然耐瘠薄，忌高水肥。播种前结合整地 667 平方米施优质有机肥 1 500～2 000 千克，磷酸二胺 10～15 千克，均匀混施于土壤中。春播前结合整地，667 平方米用 80～100 克氟乐灵乳油兑水 30 千克，在无风条件下均匀喷施地表，及时耙地，使土药均匀混合。耙地后及时耱平待播。

（二）播种技术

选择籽粒饱满，色泽黄亮无病虫种子进行人工精选，除去杂质。播前用"立克秀"拌种，3 月上旬用 1.5～2 千克精选处理的种子，在无风条件下，均匀交叉撒两遍，然后在种子表面覆盖 1～2 厘米沙子。也可将沙子散开，用播种机浅播，行距 15 厘米，播后拂平地表。

孜然生育期短，田间可套种棉花等秋作物。4 月中旬按行距 60 厘米，株距 20 厘米点种棉花。孜然收获后及时给套种作物追肥灌水，加强管理，使之生长良好。

（三）田间管理

孜然播种后及时灌水压沙。孜然喜旱怕湿，湿度过高可造成大面积死亡，采取少量多次的灌法，保持地块不干旱。抽薹后，灌苗水，开花期灌二水，灌浆期灌三水，全生育期灌水 2～3 次。灌水应在阴天或傍晚进行。深不过 3.3 厘米，浇灌不淹苗。田间积水须及时排除。

结合灌苗水，667 平方米施尿素 3～5 千克，抽薹后，叶面喷施磷酸二氢钾、喷施宝等叶面肥 2～3 次。

孜然幼苗顶土弱，播后灌水待地表发白及时用耙子松土，破除板结，助苗出土。幼苗出土后拔除杂草，保持田间干净无草。

孜然幼苗生长缓慢，幼苗出土显行后及时间苗，3 片真叶后定苗。要做到间苗狠，定苗早，保苗密度 4 万～5 万株，田间分布均匀。

（四）适时收获

6 月上旬，孜然大部分枝叶发黄，籽粒饱满成熟及早收获。

收获分批进行，随熟随收。收获时连根拔起，放在场地晾 2～3 天，进行后熟，然后脱粒，扬筛干净入库。

九、鱼腥草

鱼腥草又名蕺菜、蕺耳根、摘儿菜、赤耳根、猪鼻孔，为三白草科蕺菜属多年生草本植物。因其茎叶搓碎后有鱼腥味，故名鱼腥草。原产亚洲、北美。世界上分布较广，尤以尼泊尔为多。它常生长在背阴山坡、村边田埂、河畔溪边及湿地草丛中，广泛分布在我国南方各省区，尤以四川、云贵、湖北、浙江、福建地区较多，北方少有人知（图6）。

图6 鱼腥草

鱼腥草既是食品，又是药品，应用历史悠久。《吴越春秋》称其为岑草，《唐本草》称为菹菜，《救急易方》称紫蕺，都记载了其清热解毒、治疗疮疡的作用。李时珍《本草纲目》中首次使用鱼腥草之名。鱼腥草在民间食用已有数千年的历史，《本草纲目》记载："江左山南人好生食"。地下嫩茎和地上部分的嫩叶都可作为蔬菜食用，特别是地下茎洁白、粗壮、脆嫩、纤维少、辛香味浓，口感好。凉拌蕺儿根已是餐桌上的时兴冷菜。嫩叶可以做汤、煎炒、炖食、凉拌或者腌制加工。

鱼腥草营养十分丰富，每100克嫩叶含蛋白质 2.2 克、脂肪 0.4 克，碳水化合物 6 克，粗纤维 18.4 克，胡萝卜素 2.59 毫克、维生素 B_2 0.21 毫克、维生素 C 56 毫克、维生素 P 8.1 毫克、钾 36 毫克、钠 2.55 毫克、钙 123 毫克、镁 71.4 毫克、磷 38.3

毫克、铜 0.55 毫克、铁 9.8 毫克、锌 0.99 毫克、锰 1.71 毫克、挥发油 0.49 毫克，主要成分是甲基正壬酮、月桂烯、癸醛、癸酸、蕺菜碱、异槲皮素。还有抗菌素成分的鱼腥草素。鱼腥草辛、凉、气腥，可用于治疗肺脓溃疡、肺热咳喘、热痢热淋、水肿、脚气、尿路感染、痈肿疮毒等症。

鱼腥草素是鱼腥草的主要抗菌成分，对卡他球菌、流感杆菌、肺炎球菌、金黄色葡萄球菌等有明显抑制作用。此外，鱼腥草含有的槲皮甙等有效成分，具有抗病毒和利尿作用。临床证明，鱼腥草对上呼吸道感染、支气管炎、肺炎、慢性气管炎、慢性宫颈炎、百日咳等均有较好的疗效，对急性结膜炎等也有一定疗效。鱼腥草还能增强机体免疫功能，增加白细胞吞噬能力，具有镇痛、止咳、止血、促进组织再生、扩张毛细血管、增加血流量等方面的作用。

（一）生物学特性

鱼腥草性喜温暖湿润环境，能在多种土壤中生长，尤以疏松肥沃的中性或微酸性沙土生长最为旺盛；怕霜冻，不耐干旱和水涝，耐阴性强，一年中无霜期间均能生长，长江流域各省露地能正常越冬，12℃以上可发芽出苗。生长前期要求 16～20℃，地下茎成熟期要求 20～25℃，要求田间持水量 75%～80%，氮、磷、钾比例 1:1:5，钾肥要多，适宜的土壤 pH6.5～7.0。

鱼腥草茎细长，高 15～50 厘米，匍匐地下，上部直立，紫色；地下茎白色有节，粗 0.4～0.6 厘米，节间长 3.5～4.5 厘米，每节易生不定根。叶互生，心脏形或阔卵形，长 3～8 厘米，宽 4～6 厘米，先端渐尖，全缘，有细腺点，脉上稍被柔毛，下面紫红色；叶柄长 3～5 厘米，托叶膜质，条形，下半部与叶柄合生成鞘状。穗状花序生于茎顶，与叶对生，基部有白色花瓣状苞片 4 枚，花小，淡紫色，两性，无花被，有一线状小苞；雄蕊 3 枚，花丝下部与子房合生；雌蕊由 3 个下部合生的心皮组成，子房上位，花柱分离。蒴果卵圆形，开裂。种子球形有花纹。花期5～8月，果期7～10月。

鱼腥草按食用部分可分为食用嫩茎叶和食用浆果两大类，我国云贵、福建、湖北等地多栽培食用嫩茎的类型，尼泊尔等地栽培食用浆果的类型。

（二）栽培要点

1. 整地　选肥沃疏松、排灌方便、背风向阳的沙质壤土或富含有机质的地块，开沟，沟深50厘米、宽40厘米，沟与沟之间的距离30厘米，在沟内填入玉米秸秆或稻草，至沟深的三分之二止，然后在上面撒上农家肥或猪粪，667平方米施农家肥3 000～4 000千克作基肥，再盖上一点薄土，约3厘米厚。

2. 定植　栽培时间以1～3月为宜，一般采用分根繁殖。首先选取粗壮肥大、节间长、根系损伤小的老茎，剪成10厘米的短段，每段有2～3个节，平放栽植沟内的两侧，株距5～8厘米。栽好后用开第二沟的土覆盖第一沟，以此类推，边开沟、边播种、边盖土。667平方米需要种茎100～150千克，栽好后浇透水，保持土壤湿润，出苗后可灌清粪水。

3. 田间管理　鱼腥草喜温暖阴湿环境，怕干旱，较耐寒，在-15℃以下仍可越冬。4～5月开花，6～7月结果，11月下旬开始谢苗，次年3月返青。适应性强，人工栽培667平方米可产3 000千克。

鱼腥草以氮，钾肥为主，对磷的需求较低。幼苗成活至封行前，每次除草结合追肥，667平方米施人粪尿1 000～1 500千克或尿素15～25千克。每年收割后，结合除草松土追肥，第一次收割后追氮肥为主，促进植株萌发；第二次施磷钾肥为主，并培土以利越冬，为来年萌芽打好基础。

对生长过旺的植株，要摘心。为了使养分用在地下茎的生长，应在花蕾刚出现时即除去，以后随现随除。

主要病害有白绢病，根结线虫病、紫斑病和叶斑病。防治方法除采用土地轮作、土壤消毒、开沟排水等措施外，还应挖除和烧毁病株，并结合药剂防治。白绢病可用 25％粉锈宁 1 000 倍液，每隔 10 天喷 1 次，共 2～3 次；根结线虫病用线虫必克，667 平方米 1 000～1 500 克，与适量农家肥或土混匀施入作物根部；紫斑病用 1：1：160 的波尔多液或 70％代森锰锌 500 倍液喷洒 2～3 次；叶斑病用 50％托布津 800～1 000 倍液或 70％代森锰锌 400～600 倍液喷治 2～3 次；蛴螬、黄蚂蚁等害虫，可用 90％晶体敌百虫 800～1000 倍液喷根杀灭。

4. 适时采收 食用嫩叶，可在 7～9 月分批采摘；食用地下茎，可在 9 月至次年 3 月挖掘。以药用为主，可周年收获。挖掘地下茎时，可用刀割去地上茎叶，然后挖出抖掉泥土，洗净即可。

十、香芹菜

香芹菜又名欧芹、皱叶欧芹、法国香芹、叶香芹、香芹、石芹、荷兰芹、洋芫荽、洋香芹、旱芹菜、香茜等。为伞形花科欧芹属中一二年生草本植物，原产地中海沿岸，西亚、古希腊及罗马，早在公元前已开始利用，古代奥林匹克运动会曾用香芹菜扎成花环，献给获胜的运动员。随着时间的推移，人们逐渐开始用香芹菜的叶片做香料和菜肴的装饰品。15～16 世纪传到西欧。16 世纪前专作药用，16 世纪法国人奥利维尔·德·塞开始对叶用香芹进行规范化栽培管理，有力地促进了香芹的生产发展。美国的叶用香芹是由英国人移居新大陆时带到美洲的，现在英国栽培最多，欧美也广泛种植，日本和港澳地区栽培也较多。传入我国约有百余年历史，栽培较少。20 世纪初叶，叶用香芹传入中国，先后在北京中央农事试验场和上海郊区试种，但面积一直不大。20 世纪 80 年代，伴随着开放，叶用香芹面积有新增加，现在国内沿海大城市郊区均有栽培。有叶用香芹和根用香芹两种，一般栽培中均为叶用香芹，主要食用嫩叶和嫩茎。根用香芹又叫根用香芹，香芹菜根，简称根香芹。欧美习惯称其为汉堡香芹菜、汉堡欧芹、荷兰欧芹和根用欧芹，用于区别叶用香芹菜。它是香芹菜的变种，主食肉质根。中世纪时，欧洲人有一种迷信，认为根用香芹属于魔鬼所有，谁把根用香芹连根拔起，家里就要死人，死者的灵魂要下地狱，但允许摘其叶片而不动它的顶冠和根。这种迷信使人们远离根芹菜。根用芹的名称在欧洲不同的历史时期各不相同，最早称之为 parsnip，意为"根深蒂固的香菜"，被视为"欧洲防风草"。其后有 turaip - rooted parsley，意为"萝卜样的根深蒂固的欧芹"，然后才有 hamburq parsley "汉堡欧芹" 和 dutch parsley "荷兰欧芹"。根用香芹的栽培和食用最早在德国北部的汉堡，因此有"汉堡香芹菜"的称谓。有些植物学家认为汉堡香芹在德国已有 300 年的栽培历史。20 世纪初叶，根用香芹传入中国，先后在北京中央农事试验场和上海郊区试种，但一直未得到推广，目前国内也很少栽培。香芹是一种营养成分很高的芳香蔬菜，胡萝卜素及微量硒的含量较一般蔬菜高。每 100 克嫩叶中含蛋白质 3.67 克，纤维素 4.41 克，胡萝卜素 4.302 克，维生素 B_1 220.11 毫克，维生素 C 76～90 毫克，钙 200.5 毫克，钠 67.01 毫克，镁 64.13 毫克，磷 60.42 毫克，铜 0.091 毫克，铁 7.656 毫克，锌 0.663 毫克，钾 693.5 毫克，硒 3.89 毫克，作香辛蔬菜，宜生食，或做羹汤及其他蔬菜食用品的调味品，深受人们欢迎。常食用能增强人体免疫力，预防癌症的发生。香芹的果实和种子中含有挥发性精油，可用蒸馏法提取，精油中含类黄酮的成分，有利尿和防腐作用。香芹的叶片咀嚼后可以消除口腔异味，是天然的除臭剂。近年来，香芹作为特种蔬菜，在中国沿海地区，如上海、江苏、广东等省市发展较快，取得良好的效益。

（一）生育特点

香芹菜为直根系，入土较深。生产中均采取育苗移栽，主根被切断，植株在根茎下留有一段直根，分生几条侧根，主要分布在 20 厘米深的土层内。基出叶簇生，深绿色，卷曲皱缩，一株叶可多达 50 余片。叶为根出三回羽状复叶，外观似芹菜和芫荽，小叶有深缺刻，叶缘呈锯齿状皱缩。株高 50 厘米左右，叶柄较细，长 10 厘米，粗 0.5 厘米，绿色紧实，营养体经一定时间低温通过春化阶段，在长日照较高温度下抽薹开花。花序伞形，花小，色白，有香味，两性花。种子小，深褐色。有板叶和皱叶两种，前者叶扁平而尖，缺刻大卷皱少，根、叶供食；后者叶缺刻细裂卷皱，呈鸡冠状，叶片供食。早期人们对品种并不了解，认为板叶和皱叶的区别在于栽培方法的不同。英国园丁认为在播种前伤了种子或用石磙将幼苗压平，就能长出具有弯曲叶片的皱叶香芹。人们喜爱皱叶型品种，不仅是因其外观美丽，而是因尖叶型与一种叫"毒芹"的杂草相似，为了防止误食毒草，干脆摈弃了板叶种类。我国种植的主要有日本种和欧洲种。目前在浙江采用山之绿，完全 2 个日本种，其特点是生长势强，产量高，叶柄宽，叶肉厚，叶色浓绿，卷叶密，商品性好，耐热，抗病，容易栽培。在吉林省栽培的有：

1 号芹菜，由日本引进。长势强，植株高大，产量高，叶柄宽，叶肉厚，不易衰老，鲜绿色，外观好，抽薹晚，抗病性强，容易栽培。要注意经常保持土壤湿润，避免干旱。

布菜蛾，由丹麦引进。叶卷曲黑绿色，外观好看，质量好，耐寒性强，播种后 90 天左右可收获，可陆续采收。

卡芦林，由丹麦引进。短茎，叶卷曲，成熟后绿色保持较久，香精油和干物质含量高，适于鲜销和速冻。栽培简单。

帕伍思，由丹麦引进。属改良种，茎实心，挺直，叶色黑绿，产量较高，耐热、耐湿，适宜在温、湿度较高季节栽培。

陕西省宝鸡市农业科学研究所景炜明等人，经过 3 年多时间在陕西关中西部作品种比较试验，结果显示，荷兰皱叶芹适宜我国西北地区栽培。浙江临安市农林推广中心邵泆峰利用山区冷凉气候资源，选择海拔 850 米的大峡谷镇平溪村种植 1.3 公顷，获得 667 平方米产量 6 000 千克，产值 2.4 万元的高收益。

（二）对环境条件的要求

香芹菜喜温和湿润气候，比较耐寒，幼苗能耐−3～−5℃低温，成株能忍耐短期−7～−10℃的低温，种子在 4℃低温下开始发芽。生长发育温度为 5～35℃，发芽适温 20～22℃，最适生长温度 18～20℃，夜间 10～12℃，超过 28℃生长缓慢，长期低于−2℃有冻害。幼苗在 2～5℃下经 10～20 天右完成春化。较耐荫，但光照充足，生长旺盛。比较耐弱光，幼苗时期有充足光照，植株生长旺盛。较短日照，对营养生长有利，长日照促进花芽分化。芹菜种子播后吸足水分，在温度 25℃左右 7 天出苗，长至 5～7 片叶时变成秧苗。具有一定叶面积后，心叶继续生长，营养体迅速增加，基部短缩茎上的叶芽陆续分化抽生叶片，植株呈现叶丛状，吸收力增强。

香芹菜不耐涝，也不耐旱，栽培香芹菜的土壤宜选保水、保肥力强、有机质丰富的壤土。对土壤酸碱度适应范围较宽，在微酸到微碱性土壤中均能生长。为促进叶片分化、生长，需充足的氮肥和适量的磷、钾肥。香芹菜与芹菜一样对硼素比较敏感，缺硼易发生叶柄壁裂。适宜的土壤 pH 值 5～7。

（三）栽培技术

1. 育苗　可以直播也可采取育苗移栽。育苗时期因地区气候差异而不同。长江流域，露地可春、秋种植两茬。春季播种育苗，要在一定保护条件下播种；秋播可在 7～9 月，要注意采取遮荫、降温措施。浙江在海拔850米高的大峡谷镇，选择2月下旬至3月上旬，采用大棚育苗，4月底至5月上旬定植，7～10月收获。北方地区，采取早春保护地育苗，春末到夏初定植，产品自夏至秋供应。盛夏高温、多雨的地方，注意排水，防涝，遮阳栽培。冬、春季生产，可在夏季育苗。

要选土层深，通气性好，排灌方便的沙壤土，每667平方米施堆肥2 000～3 000千克，过磷酸钙25千克，磷酸钾5千克。栽植前1个月，反复晒垡，或用绿亨1号、2号杀菌、杀线虫。直播者施肥后整地做畦，深沟高畦，畦宽1米左右，按行距33～40厘米，株距12～20厘米穴播，盖土以不见种子为度，上盖一层稻草，夏播时拱棚上覆盖遮阳网。香芹种子皮厚而坚硬，并有油腺，吸水难，发芽慢，故宜浸种催芽。浸种约12～14小时后用清水冲洗，并轻揉，搓去老皮，摊开稍晾干后再播。

育苗宜采用穴盘育苗，用288孔苗盘，667平方米需苗盘39个，基质为草炭：蛭石＝2：1，配制基质时加入氮：磷：钾＝15：15：15复合肥0.75千克。也可准备好苗床，每667平方米施腐熟堆肥1 000千克，草木灰100千克。整地做苗床，床面要平细。每平方米苗床播种量2～2.5克，667平方米定植田需种子13～15克，播种后覆盖薄土。春季播种的可采用地膜加小棚双层覆盖，出苗后揭去地膜；夏秋播种的要用遮阳网或搭棚降温保湿。经2～3周出苗，出苗后揭去草苫或地膜，并用小刀间苗。苗期追施稀粪水2～3次，每次667平方米1 000千克，4～5片真叶时移苗，使之发生较多的侧根。

2. 定植　选择保水、保肥力强，pH值6.0～6.5，不重茬的田块。每667平方米施腐熟有机肥3 000～4 000千克，过磷酸钙30千克，硫酸钾10千克，翻耕20厘米，土肥掺匀，然后整地做畦，南方做高畦，北方多做平畦，畦宽1～1.5米。为防止夏季阳光直射，在大田上搭棚盖遮阳网。特别是山区，昼夜温差大，春末夏初定植初期，夜温低，白天升温慢，搭建大棚，既能起到保温作用，又可避免雨水直淋植株；而进入高温夏季，棚顶改用遮阳网，侧面改用通风性良好的防虫网覆盖，既能降温，又可防虫。亦可与高杆作物套种。当秧苗6～7片真叶时定植。6～8月在畦上搭一个1.0～1.3米高的平棚，上盖遮阳网，晴天上午9时始盖，下午5～6时揭，一直到9月下旬。10月底搭小拱棚覆膜保温，使温度保持20℃左右。育苗畦在定植前浇水，起苗要注意少伤根，带土坨定植。定植行株距20～25厘米。不宜深栽，以苗坨的土面略低于畦面为宜。

3. 水肥管理　定植后及时浇水，防止幼苗萎蔫，地表稍干燥时浇水，保证根层土壤水分充分。待温度适宜，浅中耕，促进根系生长。新叶长出后，浇水并施入少量氮肥，然后中耕除草并适当蹲苗。要保持土壤湿润，避免干旱。

当真叶长到10片时，会有侧枝长出，如任其生长，会造成叶柄过细或植株过分繁茂，必须及时摘除。

定植后40天，植株进入旺盛生长。为促进叶片不断分化，要加强水、肥供应，保持土壤湿润。每半月，随浇水追一次速效化肥，以氮肥为主，667平方米每次追施硫酸铵20千克或尿素10千克。采收期间叶面喷施0.2％的磷酸二氢钾2～3次。由于香芹菜以叶片供应市场，且多生食，所以不要施入畜粪尿。植株对硼敏感，缺硼易造成叶柄基部裂开，整个生长期要追施0.1％硼砂3～5次。越夏生长的香芹，要注意雨季排水，以防根部腐烂。对苗叶基部腋芽抽生的侧枝及时摘除。

4. 防暑防寒　露地栽培的幼苗，从6月中旬开始进行遮阴，即在畦上搭1～1.3米高的平棚，晴天上午9～10时和暴雨前盖草帘，下午5～6时揭草帘，一直揭盖到9月下旬，10月底搭盖塑膜拱棚保温，11月中旬膜上加盖草帘防霜。设施栽培的，从6月中旬到9月中旬、气温明显上升，大棚顶部应及时遮阴、降低气温。10月底以后，气温下降，大棚上应及时盖上棚膜，以防霜冻。3月中旬开始加大棚内通风量，降低棚温，延迟抽薹，延长采收期。

5. 病虫害防治 香芹菜病虫害较少。常见病有斑点病，可喷 200 倍波尔多液或 75%百菌清 600～1 000 倍液。缺硼时可用 0.2%的硼砂，缺钾可用 0.3%硫酸钾，在早晨或阴天喷雾。

6. 收获 植株长到 15 片左右真叶时，可开始分期、分批采收。一般间隔 7～10 天收一次，一次可收 3～4 片叶，每次选植株中部已长大的鲜嫩成叶采收。植株下部发生较早的叶片，叶柄短、组织老化，不宜食用。最内部的心叶，尚未充分伸长，叶重量很小，也不宜采收。适宜采收的叶，叶柄长 11～12 厘米，每叶重 12 克，自基部留 2 厘米左右的叶柄，保留 1～2 个腋芽，以免损害植株。采收期 3～4 个月，667 平方米产 2 000 千克左右。采后将叶片扎成小把出售。最好把商品叶按标准捆扎包装，贴上商标，及时上市。如果装入塑料袋，可防止叶片失水萎蔫、保持鲜嫩。长途运输，还要装进塑料周转箱，箱中放适量冰块，以避免叶片发热和腐烂。再装上保温车运输。

7. 采种 最好用秋播植株，从中选出符合本品种特征、生长好、抗病虫、品质优、产量高的植株留种。将留种植株保护过冬，第二年春天不采嫩叶，以利制造和积累更多的养分，供开花结籽用。5 月植株抽薹开花，7 月种子成熟，将植株割下，放在太阳下晒干或放在通风处吹干，脱粒，将种子贮放在布袋，或陶瓷容器中。香芹为异花授粉植物，品种间容易杂交，留种时应与其他品种隔离 1 000～2 000 米。如遇连阴雨天，不能及时采种，雨水往往存积花序中心，造成花序腐烂，因此应在种株上面搭棚或盖棚膜防雨。

（四）日光温室栽培

1. 播种育苗 香芹菜可以直播，但一般采用育苗移栽的方法。日光温室秋冬茬栽培，7～8 月开始播种育苗。播前可在凉水中浸种 10 小时左右，放在 15～20℃温度下催芽，一般种子

"露白"时播种，撒播或条播，条播行距 10～13 厘米。播种要均匀，1 平方米苗床用种 2.0～2.5 克，播后覆盖细土 0.5～0.7 厘米，还要盖遮阳网或搭棚降温，每天浇 1 遍"过堂水"，降低地温，直至出苗。出苗后适当控水，一叶一心时开始间苗，以后每长出一片叶间苗 1 次。日历苗龄 30～40 天，具 5～6 片真叶时定植。

2. 定植　定植地块避免重茬。土壤宜肥沃、疏松。定植前 667 平方米施充分腐熟有机肥 2 000～2 500 千克，过磷酸钙 25 千克，硫酸钾 5 千克，混匀后撒施、翻耕，使粪土混合，翻土拌匀后做成 80～120 厘米宽的畦。定植株行距 15 厘米×20 厘米，18 000 株/667 平方米。

3. 肥水管理　定植后及时浇水，约 3 天后苗即成活，7 天可萌发新叶，这时要保持土壤湿润。如扣棚前遇雨积水，要及时排除，如不及时排除，再加上气温高，香芹基部易腐烂。香芹生育期间要追肥 3～4 次，每次 667 平方米可施尿素 5 千克，叶面喷施 0.1%～0.3%磷酸二氢钾。

4. 中耕除草　香芹前期生长缓慢，杂草常会阻碍生长，所以除草十分重要。应适时中耕除草，一般中耕 3～4 次，每次采后也应中耕。又由于浇水常会促使土壤板结，要注意中耕松土，但香芹根系浅，中耕不宜过深。

5. 采收　当植株达 15 片真叶以上时，可开始采收。采收方法是：剪（或摘）取中部 2～3 片叶片，留下生长点和幼叶，基部要留长 1～2 厘米的叶柄。春、夏 3～4 天采收 1 次，冬季 7～10 天采收 1 次。采下的叶片应按标准捆扎，用保鲜膜包装，防止叶片失水萎蔫。长途运输用碎冰降温保鲜。香芹每 667 平方米产嫩叶 1 300～2 000 千克。

（五）大棚香芹菜的栽培

1. 培育壮苗　春播要在大棚等保护地条件下播种。播种期以4月中旬为宜。秋播期幅度宽，7～9月均可，最佳播期为8月中旬。早秋播种时，正值高温季节，要注意遮阴降温和保湿。播种前准备好苗床地，床地要便于灌排，土壤疏松肥沃，水分适度。667平方米床地施入腐熟粪肥1 000千克和适量的砻糠灰，然后翻土捣细，平整床面，做成苗床。播种要均匀，播种后覆一层细土，盖没种子。春播要用地膜，上用小棚或大棚双层覆盖。出苗后揭去地膜。早秋播时要盖遮阳网或搭阴棚，保湿降温，出苗后早晚浇水。一般苗床内不需要施肥。幼苗5～6真叶时可定植到生产田。

2. 科学定植　定植田块避免重茬。定植前施肥，翻土拌匀后做畦。露地栽培时要铺地膜。大棚栽培生长好，可延长采收期，能周年生产和供应。香芹菜根的再生能力较强，苗龄可大可小。可根据大棚腾茬情况适期定植，但以小苗定植为宜。定植密度为667平方米18 000株，株距15厘米，行距20厘米。

3. 大棚管理　从10月底～11月中旬起，气温明显下降，大棚草苫上应及时盖一层薄膜，防止霜冻。至冬季还可在棚内搭小环棚保温。晴天中午棚内温度升高，可适当通风降温。夏季高温不利于生长，应在大棚上覆盖遮阳网，降低棚内温度，还能防止暴雨冲刷。

定植后要浇活棵水，约经3天后成活，7天后可萌发新叶，这时要保持土壤湿润，避免干旱。出叶生长旺期，除了浇水外，还应施适量肥料，667平方米施3.0千克尿素，叶面喷施0.3%的磷酸二氢钾。采收后仍要施肥，促进生长。

由于浇水或施肥常会出现土壤板结，要注意中耕松土和除草。中耕要浅，不能伤根系。一般宜在采收后进行，便于操作。

4. 适时采收　香芹菜大棚栽培，可分期播种周年采收。春播苗初夏定植后，秋冬季为盛收期，秋播苗秋季定植后冬春为盛收期，全年以春季收量最多。一般667平方米产量2 000千克左右。

十一、荠菜

荠菜又叫护生草，睁肠草，血压草，菱角菜，荠，地菜花，荠荠菜（地地菜），地米菜，蒲蝇花、鸡翼菜、饺子菜、田儿菜，十字花科荠菜属中以嫩叶食用的一二年生植物。原为野生，遍布世界温带地区，田旁，河边，随处可见，我国自古采食。19 世纪末至 20 世纪初，上海郊区开始种植，现江苏，湖北、安徽、浙江、北京等地栽培较多。荠菜质地柔嫩，气味清香甘甜，炒食、凉拌、作馅，作羹渴均甚相宜。营养丰富，每 100 克食部含蛋白质 5.2 克，脂肪 0.4 克，碳水化合物 6 克，胡萝卜素 3.2 毫克，核黄素 0.19 毫克，铁 6.3 毫克，钙 420 毫克，磷 73 毫克，硫胺素 0.14 毫克，维生素 C 55 毫克，尼克酸 0.7 毫克。荠菜中黄酮类化合物含量很高，因其具有和脾、利水、止血、明目的功效，常用于治疗产后出血，血尿，肾炎，高血压，洛血痢疾，麻疹，头昏，目痛等疾病。用荠菜提取物治疗高血压症，比用其他黄酮类化合物好得多，而且无毒，无副作用，为此可在采收季节大量采收，烘干贮存，然后将其黄酮类化合物提取出来，制成功能性食品或保健食品，是对野生资源利用的好方法。日本国立癌症预防研究所公布，荠菜有预防肿瘤和抑制癌肿的作用。荠菜耐寒性强，高产稳产，生长期短，1 次播种多次采收，可周年供应，所以甚受欢迎，发展很快。目前市场上出售的荠菜，大都是从野外采集的，应加强对资源的调查。目前加工制品主要是干制，腌制，精深加工和高档产品如荠菜汁、荠菜晶、荠菜保健食品等还很少，要不断提高现有加工企业的管理，在深加工上下功夫，不断开发出系列化，多样化，集医疗、营养、保健于一体的高档产品，使其营养价值大幅度提高。

（一）生物学性状

荠菜为十字花科一二年生植物。根白色，较粗壮，直根系，分布较浅，主根较发达，须根生长较弱，不适宜移栽。根出叶塌地丛生，淡绿色。茎直立，圆柱形，上具单毛，分枝毛及星毛。幼嫩茎横切面由表皮、皮层和维管柱构成。皮层大部分由薄壁细胞组成。维管柱由维管束、髓、髓射线组成。维管束排列较稀疏，不发达，而髓特别发达，整个幼茎机械组织细胞含量少，具有大量可供食用的薄壁组织。营养生长期内，茎短缩，叶着生在短缩茎上。叶丛塌地，绿色或浅绿色，遇低温时叶色转深绿并带紫色。叶背被毛茸，叶柄有翼，羽状深裂或全裂，顶片特大。整个叶片薄壁细胞含量较多。花茎高 20～50 厘米，总状花序，顶生和腋生。花小、白色、萼片 4 片，花瓣 4 枚，排列呈十字形。雄蕊 6 枚，4 长 2 短，雄蕊花丝间基部成对蜜腺。雌蕊位于花中央，花柱非常短，子房 2 室。两性。短角果，扁平呈三角形，含多粒种子。4～6 月开花，5～7 月种子成熟，种子小，卵圆形，金黄色，千粒重 0.09 克，发芽年限 2～3 年。

荠菜属耐寒性蔬菜，喜冷凉气候，种子发芽适宜温度 20～25℃，生长发育适温 12～20℃，气温低于 10℃，或高于 22℃时生长慢。15℃时生长快，播种后 30 天开始采收。耐寒性强，−5℃时植株不受损伤，也可忍耐短期−7.5℃的低温。适宜保护地生产。萌动的种子或幼苗在 2～5℃中经 10～20 天通过春化阶段，于 12 小时光照，12℃左右温度中抽薹开花。种子成熟后有休眠期，当年新籽需经层积或低温处理后才能迅速发芽。

（二）品种

1. 板叶荠菜　又叫大叶荠菜、粗叶头、早荠菜。叶绿色，塌地生长，叶片宽阔、平滑；长 10 厘米，宽 2.5 厘米，羽状浅裂，近似全缘。基部叶一般为全缘，稍具绒毛，遇低温后叶色转绿。耐热、耐寒性均强。生长快，播后 40 天可以采收，商品性状好，产量高，但冬性弱，抽薹早，适宜秋季栽培。

2. 散叶荠菜 又叫花叶荠菜、小叶荠菜、碎叶荠菜、碎叶头、百脚荠菜。叶片窄，短小，绿色，塌地生长，羽状全裂，缺刻深。叶长 10 厘米，宽 2 厘米，叶面平滑。抗寒力中等，耐热力强，抽薹晚，品质鲜嫩，香味浓郁，春、夏、秋均可栽培。

3. 紫红叶荠菜 叶片塌地生长，叶片形状介于板叶荠菜和散叶荠菜之间。叶片叶柄均呈紫红色，叶片上稍有茸毛。适应性较强，香气浓，味鲜美。

（三）栽培季节与方式

荠菜目前有采集野生和人工栽培两种。人工栽培有露地栽培和保护地栽培。露地栽培在长江、黄淮地区春季、夏季和秋季都可种植，春季栽培在 2 月下旬至 4 月下旬播种；夏季 7 月上旬至 8 月下旬播种，秋季 9 月上旬至 10 月上旬播种。华北地可行二季栽培，春季播种在 3 月上旬至 4 月下旬，秋季从 7 月上旬至 9 月中旬播种。利用塑料大棚或日光温室可在 10 月上旬至翌年 2 月上旬播种。其中尤以秋季播种的最好。据郑世发、何升荣等观察，荠菜在武汉地区 9 月中下旬播种，年前叶片可长出 95 片左右。一般在 15 片叶以前长叶的速度逐渐加快，以 6～15 片叶出生最快，平均每天约长 1 片新叶。16 片以后逐渐减缓，22 片叶需间隔 7 天左右才长出 1 片。当 30 片叶长出之后，新叶的发生几乎停止。荠菜晚秋播种栽培，一般出苗后 40～50 天就可以采取陆续间拔收获。这时采收的荠菜植株，除子叶及初生的几片真叶脱落外，宿存叶可达 20 片左右。最重叶位是随着生长而变化的，随着生长天数增多，最重叶位也随着升高，对产量影响较大的是 6～20 叶。荠菜的生长速度，在适宜的气候条件下，生长很快，叶鲜、干重呈直线增长，故生长前期增重较高，以 10 月中旬为最高。到 10 月下旬或 11 月上旬，由于气温下降，叶的鲜、干增重率开始下降，地上的干物质有一部分转到根部。荠菜叶面积也随着生长天数的增加而不断增大，其中以出苗后40天左右增长较快。但植株生长到25片叶时，单株总叶面积达到600平方厘米左右，叶面积不再增加，而且由于老叶的脱落，叶面积反而减少。

所以，秋荠菜的栽培时期长，长江流域从7月下旬到10月上旬均可陆续播种，9月中旬至第二年3月下旬陆续采收。其中以8月份播种的产量高。8月份以前播种时，天热，天旱，雷雨又多，需用遮阴网遮荫。10月上旬后播种的，要有保温设备。春荠菜在2月下旬至4月下旬播种，4月下旬至6月中旬收获。

秋荠菜最好选番茄、黄瓜作前茬，春播的可用蒜苗地作前茬，不宜连作。因荠菜植株矮小，生长期又短，可与植株较高大、生长期长的蔬菜混播或套作。例如，8月上旬至10月下旬，将荠菜与菠菜混播，菠菜667平方米用种子10千克，荠菜1.5千克，混合撒播。菠菜分两次采收，荠菜分4～5次采收。也可将过冬青菜种子与荠菜混播，青菜苗长大后及时移栽，以免影响荠菜生长。也可与青菜、春甘蓝、茄果类蔬菜套作：春季，3月下旬播种荠菜，667平方米用种子0.5～0.7千克，然后定植番茄、茄子、辣椒。荠菜播种后40～60天1次收完，667平方米产1 000千克。与青菜套种时，9月份播种荠菜，每667平方米播种量1～1.5千克，然后栽青菜。青菜栽植后30多天，开始采收，采收后施肥，促进荠菜生长。

（四）栽培要点

选肥沃、杂草少的地块，耕翻后做畦，北方多用平畦，南方雨多，地阴湿宜用高畦。畦面要平整，细碎。每667平方米播种量1～2千克，均匀撒播后浅耙，轻踩一遍，使种子与土壤密接，以利吸水发芽。也可先灌水，水渗后撒播种子，覆细土，厚0.5～1厘米。荠菜种子有休眠期，宜用头年采收的陈籽。如用新籽，可用泥土层积催芽法：将种子放入花盆内，上封河泥，放阴凉处 7～10 天，7 月下旬取出播种，3～5 天可以出苗。也可将种子拌湿沙，放入冰箱中，温度保持 2～7℃，7～9 天后播种。处理时，直接置床效果最好，干种子效果最差，处理时间 8～10 天较为理想。处理后的种子播种后 4～5 天可以出苗。若与干籽同时播种，则可一次播种，陆续出苗，分期采收。

春季栽培一般在 2 月下旬至 4 月下旬播种，可选用冬性较强的花叶类型品种。夏季栽培 7 月下旬到 8 月下旬播种。秋季栽培多选用板叶类型品种，9 月上旬至 10 月中旬播种。播种量春季 667 平方米 0.75～1 千克，夏播 1.5～2 千克，秋播 1～1.5 千克。播前，将种子与干细土或细沙拌匀，以撒播为主，力求均匀。播后用脚轻踏一遍，也可用铁铲拍紧，使种子与泥土紧密接触，用洒水壶浇足水。春秋播种采用地膜覆盖，夏季播种采用遮阳网覆盖。出苗后将地膜或遮阳网揭掉，保持地面湿润，促进生长。冬播可选板叶种或散叶种，晚期播种的宜用散叶种，应用拱棚栽培，播期为 11 月上旬至 12 月上中旬。不论什么季节播种，如天气干旱，播前一天应先浇透底水，土表湿润程度达到 15 厘米，第 2～3 天再疏松表土后播种。

荠菜播种后，出苗前土壤要湿润。缺墒时用壶洒水，切勿漫灌，防止地面板结。春播后 5～7 天齐苗，夏、秋季播种后 3～5 天齐苗。齐苗后喜湿怕涝，应经常小小勤浇，特别是早秋播种的，高温干旱期每天应浇一次，降低地温，防止死苗。出苗后 10 天，幼苗 2 片真叶时施第一次追肥，667 平方米施尿素或硫酸铵 10～15 千克，或腐熟人粪尿 1 500 千克，过 15～20 天再追肥一次。秋播荠菜生长期长，一般追肥 4 次。有 10～13 片叶时开始择大苗间收，留小苗继续生长，一般分 4～5 次收完，667 平方米春季约产 1 000 千克，秋季 2 500～3 000 千克。若于每次采收前 15～20 天，用 $20×10^{-6}$～$30×10^{-6}$ 赤霉素喷洒，可显著促进生长，增产达 20% 左右。要勤除杂草。采收要精细，一般用宽 2.5 厘米的钩刀挑采，先挑密处，再采稀处。

主要病害是霜霉病，病毒病。霜霉病在高温高湿，排水不良条件下容易发生，可在发病初期用 40％乙磷铝 3 000 倍液、25％瑞毒霉 800 倍液、64％杀毒矾 M_8 500 倍液喷洒。病毒病主靠蚜虫传播，可在发病前用高脂膜 200～500 倍液，83 增抗剂原液的 10 倍液，病毒宁 500 倍液喷雾防治。主要虫害是蚜虫，可覆盖纱网，阻止蚜虫侵入，或张挂银灰色塑料条，插银灰色支架或铺银灰色地膜等，利用银灰膜的趋避性减少蚜虫危害。或利用蚜虫对黄色具有强烈趋性，在田间插一些高 60～80 厘米，宽 20 厘米的木板，上涂黄油，粘杀蚜虫。也可用 50％辟蚜雾可湿性粉剂或水分散粒剂 2 000～3 000 倍液，喷雾防治。该药对蚜虫有特效，且不伤害天敌。或用 20％的二嗪农乳油，25％喹硫磷乳油各 1 000 倍喷雾防治。

播种后 30～50 天，有 10～13 片叶时开始采收。一般用小刀挑采，收大留小，分 3～5 次收完。每 667 平方米春季产 1 000 千克，秋季产 1 500～3 000 千克。

（五）贮藏保鲜

地封冻前，连根挖出，除去病叶，黄叶，捆成小捆挖沟埋藏。选背阴处挖沟，沟宽 1 米，深 40～50 厘米，将菜捆根朝下，依次排入沟内，先薄薄地盖一层湿土，随着气温的下降，再分层覆土，使荠菜处于冻土层的仅下方。根据需要随时取出上市。

（六）留种

选高燥、排水良好、肥力中等的地块作留种田。南方及黄淮地区，秋季 9～10 月份种，667 平方米用种量 1 千克左右，翌春早间苗 1～2 次，除去杂苗、劣苗、病苗，行株距保持 12 厘米见方。3～4 月份开花，5 月份种子成熟。北方寒冷地区，春季晚霜结束前播种，当年可以开花结籽。为防止角果开裂，当种子有 9

成熟，茎荚微黄时收割，晒干后脱粒，667 平方米产籽 15～20 千克。

十二、苋菜

苋菜又叫米苋、苋、青香苋、红苋、赤苋、彩苋、荇菜、刺苋。原产印度，世界各地均有分布。有栽培和野生两类，古人把苋菜分为白苋、紫苋、五色苋、人苋、马苋、统称六苋。六苋均能当菜食用，亦能药用。现只有我国和印度作蔬菜栽培。我国种植时间很长，尤以长江以南栽培较普遍。近年来，北方一些大中城市开始引种栽培，是夏秋淡季上市供应的重要蔬菜。

苋菜以嫩茎叶作食用，将食油烧热后投入蒜米或蒜片，然后加苋菜炒食，别有风味，也可做汤。我国浙江宁波、绍兴一带还取苋菜老茎，用盐腌渍后蒸食，广东、广西、湖南群众还有采摘野生苋菜的习惯。栽培苋菜每 100 克嫩茎叶中含蛋白质 1.8 克，脂肪 0.3 克，碳水化合物 4.4 克，粗纤维 0.8 克，钾 577 毫克，钙 190 毫克，磷 46 毫克，镁 74.1 毫克，铁 4.1 毫克，胡萝卜素 1.91 毫克，硫胺素 0.04 毫克，核黄素 0.15 毫克，尼克酸 0.7 毫克，维生素 C 33 毫克。栽培种苋菜的营养价值主要表现在有比较丰富的钾、钙、镁、铁、胡萝卜素和核黄素。核黄素又叫维生素 B_2，它是一种有助于人体生长的维生素，人体如果缺乏维生素 B_2 眼睛易疲劳，怕光，角膜充血，口角发炎，还容易患皮肤炎，产生鳞片状皮屑。另外，红苋菜还是天然食用红色素（β-花青素）的来源，夏季播种的红苋菜每 1 000 平方米土地生产的茎叶，可提取 4.5 千克（干重）的红色素。

特别一提的是野生苋菜的一些重要成分，普遍高于栽培种，尤其突出的是含有丰富的胡萝卜素和维生素 C。据广西玉林地区土肥站唐业昌报导，野生苋菜每 100 克食用部分鲜重的胡萝卜素含量为 12.2 毫克，是栽培种 6.4 倍，而且比蔬菜中胡萝卜素含量较高的冬寒菜（9.98 毫克）还高 35.9%。野生苋菜每 100 克食用部分中维生素 C 含量为 157 毫克，是栽培种的 4.8 倍，其含量仅次于维生素 C 之王之称的青色尖辣椒（185 毫克/100 克食部鲜重）。野生苋菜中的核黄素含量为 0.36 毫克，是栽培种的 2.4 倍。苋菜叶中蛋白质含量多，很多国家已建立了提取叶蛋白的工厂，使植物蛋白直接为人类利用，既经济又易于消化。每天食 50 克苋菜就可满足人体对两种维生素的需要。

中医学认为，苋菜属寒性，有清热、泄火、解毒、补气、明目、滑胎、利大小肠的功效。内服可治疗痢疾肠炎、咽喉肿痛、白带、胆结石、胃肠出血、甲状腺肿、毒虫咬伤等症。苋菜嫩茎与米煮成粥，有治疗痢疾初起的功效。应特别注意的是，苋菜对硝酸盐的吸收量较大，加之含有草酸，草酸与矿物质综合形成不易被人体吸收的物质，所以食用时最好用开水焯过，除去硝酸盐和草酸后再烹调。

（一）生物学性状

苋菜为苋科一年生草本植物。茎肥大，质脆，分枝多，高 2～3 米。叶互生，全缘，先端尖或纯圆，有披针形、长卵形或卵圆形。叶面平滑或皱缩，绿、黄绿、紫红或杂色。穗状花序，花小，顶生或腋生。种子极小，圆形，紫黑色而有光泽，千粒重 0.7 克，使用年限 2～3 年（图 7）。喜温暖、较耐热、不耐寒，种子发芽适温 25～35℃，10℃ 以下很难发芽。生长适温 23～27℃，20℃ 以

图 7 苋 菜

下生长缓慢。在白天温度 30℃，夜间温度 25℃条件下，营养生长最旺盛。短日照，在高温短日照（日照时间为 12 小时左右）条件下，容易抽薹开花。在温度适宜，日照较长的春、夏季栽培，因抽薹晚，茎、叶能充分生长，因而产量高，品质柔嫩。不择土壤，但在保水、保肥力强的微碱性土壤上生长良好。具有一定的耐旱能力，不耐涝，排水不良的田块生长差。对氮肥的吸收量较大，满足其需要，可使生长迅速，茎叶柔嫩，产量高。

（二）类型和品种

苋菜约有 40 种，我国有 20 多种，大部分野生。按食用器官不同可分为茎用，籽用和菜用三大类。茎用苋的主茎发达，粗壮高大，不大分枝，以食用茎部为目的。籽用苋亦称谷粒苋，穗型生长，食用种子。菜用苋除栽培种外，还有野生种。菜用的栽培苋种类很多，按叶色，可分为绿苋，红苋和彩苋（又称花苋）3个类型。

1. 绿苋　叶和叶柄绿色或黄绿色，叶面平展，食用时口感较硬，但耐热性强，适宜春秋季节播种。

白米苋　上海市农家品种。叶卵圆形，先端钝圆，叶面微皱，叶及叶柄黄绿色。较晚熟，耐热力强，适宜春播或秋播。

柳叶苋　广州市地方品种。叶披针形，长 12 厘米，宽 7 厘米，先端锐尖，叶的边缘向上卷曲呈匙形。叶片绿色，叶柄青白色。耐热力强，也有一定耐寒力。

木耳苋　南京市地方品种。叶较小，卵圆形，叶色深绿发乌，有皱褶。

2. 红苋　叶片、叶柄和茎均为紫红色。叶片卵圆形，叶面微皱，叶肉厚，质地柔嫩，耐热性中等，适宜春季和秋季栽培。

圆叶红米苋　上海市地方品种。侧枝生长弱。叶片卵圆形或近圆形，基部楔形，先端凹陷，叶面略有皱褶，紫红色，有光泽。叶片边缘有窄绿边，叶柄红色带绿。叶肉厚，质比较柔嫩。

早熟，耐热力中等。

大红袍 重庆市地方品种，叶卵圆形，叶面微皱，正面红色，背面紫红色。叶柄浅紫红色，早熟，耐旱性强。

红苋菜 昆明市农家品种。茎直立，紫红色，分枝多。叶片卵圆形或菱形，紫红色，叶面微皱。

3. 彩苋 又名花红苋菜。叶片边缘绿色，叶脉附近紫红色。质地较绿苋柔软。早熟、耐寒性较强，适宜早春及夏季栽培。

尖叶红米苋 又叫镶边米苋，上海市地方品种。叶片长卵形，先端锐尖，叶面微黄，叶边缘绿色，叶脉周围紫红色，叶柄红色带绿。较早熟，耐热力中等。

花圆叶苋 江西南昌市地方品种。叶阔卵圆形，叶面微皱，叶片外围绿色，中部呈紫红色，叶柄红色带绿，叶肉较厚，品质中等。抽薹早，植株易老。耐热力中等。早熟，从播种到采收40天左右。江西地区3～6月份均可播种。

尖叶花苋 广州市地方品种。叶长卵形，先端锐尖，叶面较平展，叶边缘绿色，叶脉周围红色，叶柄红绿色。早熟，耐寒力强。

鸳鸯红苋菜 湖北武汉市农家品种，因叶片上部绿下部红而得名。叶片宽卵圆形，叶面微皱，叶柄淡红色。茎绿色带红，侧枝萌发强。早熟，品质好，茎、叶不易老化。

（三）栽培技术

1. 栽培季节 从春季到秋季，无霜期内都可栽培。春播抽薹开花迟，品质柔嫩；夏秋季较易抽薹开花，品质差。为春季提早上市，可采用地膜覆盖栽培，拱棚栽培等方式，使采收期提前15～20天，收益随之增加。

2. 整地播种 选地势平坦，排灌方便，杂草少的田块种植。以采收嫩苗为主的，用种子直播；以收嫩茎为主的，可以育苗移栽。播前每666平方米撒施腐熟有机肥1 500～2 000千克，浅耕，深 15 厘米，耙碎，耱平后做畦，畦面要平整细碎。种子小，千粒重仅 0.7 克，多撒播。每 667 平方米用种量春季 3～5 千克，夏季 2 千克，秋季 1 千克。

播后浅耙踏实，或浇足底水，撒播后覆土，厚 1 厘米。播后春季 8～12 天，夏、秋季 4～6 天出苗。采收茎为主行育苗者，按行株距 30～35 厘米距离定植。

春季温度低，为促进早出苗，需进行浸种催芽：将种子装入织布袋中，放温水中浸泡 3～4 小时，取出置 30℃ 左右条件下，催出芽后再播。低温，土壤干燥时，宜先灌水，水渗后撒入种子，然后盖粪土，厚 0.4 厘米。若温度适宜，土壤墒情好，可在撒入种子后，盖粪土，或撒入种子后用十齿耙轻轻搂耙，将种子埋入土中。若土壤水分不甚充足时，撒入种子后用十齿耙反复搂耙，将种子埋入土中，再轻踩一遍，或用锨拍实，使种子与土壤紧密结合，再用十齿耙轻搂一遍，使表土疏松。这样土壤较紧实，能借助土壤毛细管作用，将土壤下层的水分提升到表皮，促进发芽；又因地表疏松，有利于保墒，所以出苗好。

苋菜除单独种植外，可以套种在瓜、豆架下，或与茄子等间作。一般先种苋菜，在预留的空行中，适时定植主作物；也可在主作物生长后期，在行间播种苋菜。

3. 管理 苋菜播种后，春季需 10 天，夏、秋季需 4～5 天开始出苗。当其生长到 2 片真叶时开始追肥，4～5 片真叶时再追肥 1 次，以后每收 1 次，追肥 1 次，每次 667 平方米施尿素 5～10 千克。结合施肥，进行浇水。加强肥水管理是苋菜高产优质的主要措施，肥水不足时，生长慢，容易抽薹，品质差，产量低。

4. 采收 一般是一次播种，多次采收。苗高 7～10 厘米时开始间收大苗及密生苗。以后根据苗情再间收 1～2 次，使苗距达 13 厘米左右。当苗高 25 厘米左右时，基部留 5～10 厘米，割收嫩梢。待侧枝长到 12～15 厘米时再继续采收。

5. 病虫害防治 主要病害是白锈病。该病由苋白锈菌引起，主要危害叶片。叶片上初现不规则褪色斑块，叶背生圆形至不定形白色疱状孢子堆，直径 1～10 毫米。叶片凹凸不平，终至枯黄，不堪食用。病菌以卵孢子随病残体遗落于土中越冬，翌年卵孢子萌发，产生孢子囊或直接产生芽管侵染致病。借气流或雨水飞溅传播。阴雨多，偏施氮肥时发病重。可用 25％甲霜灵可湿性粉剂 800 倍液，或 64％噁霜·锰锌可湿性粉剂 400～500 倍液，或 64％甲霜铝铜可湿性粉剂 500～600 倍液喷洒。

主要虫害是蚜虫，可用 40％乐果乳油 1 500 倍液，或 50％马拉硫磷乳油 1 000 倍液，或 2.5％氯氟氰菊酯乳油 2 000 倍液防治。

（四）留种

直播或移栽的，春播和夏播的都可留种。苗期注意去杂，使株行距保持 25～30 厘米。春播的 6 月份抽薹，7 月份开花，8 月份种子成熟。夏播的 7 月上旬播种，10 月份种子成熟。种子呈黑色时，收割，晒干脱粒，每 667 平方米可收种子 70～100 千克。

十三、薄荷

薄荷学名 *Mentha arvensis*，别名薄荷叶、蕃荷菜、苏薄荷、水薄荷、升阳菜，唇形科薄荷属多年生宿根性草本植物（图 8）。嫩茎叶中含胡萝卜素，每 100 克含量高达 7.26 毫克，维生素 B_2 0.14 毫克，维生素 C 62 毫克，以及蛋白质，脂肪，糖类，矿物质等，主要成分为薄荷油（$G_{10}H_{20}O$）0.8％～1％，其中薄荷脑，薄荷醇，占 70％～90％，薄荷酮 10％～20％，此外还有薄荷霜（$G_{16}H_{18}O$）、樟脑萜、柠檬萜、蒎烯、菰烯、辛醇、月桂醇等，气味温辛、无毒、归肺肝、心经，有兴奋中枢神经，使皮肤毛细血管扩张，促进发肝、驱风、疏散风热、清暑、清利头目、化痰及杀菌等功效，治疗头痛、咽喉肿痛、偏头痛等症；也可加入糕点，清新可口；或作为牙膏，或口香糖中，杀灭口腔中的致病菌，也可作香皂的填加剂。嫩茎叶开水烫后，凉拌或炒食，爽口、去腥、增香。也可加入面粉蒸食，晒制干菜。还可与茶叶制成薄荷茶，与白酒制成薄荷酒，与柠檬、党参、甘草、麻黄、桑叶、菊花、芦根、藿香、车前、莲藕、荆芥等制成饮品，

图 8　薄　荷

与小麦、大米、荆芥、莲子等煲粥，也可焯熟后凉拌。原产北温带。俄罗斯、日本、英国、美国分布较多，朝鲜、法国、德国、巴西也有栽培。中国各地都有，以江苏、江西、浙江、河北为多。

（一）生物学特性

为多年生宿根草本植物，茎分地上茎和地下茎。地上茎又有两种，一种叫直立茎，高 30～100 厘米，方形，有青色和紫色，主要作用是着生叶片，产生分枝，并将根和叶联系起来，其上有节和节间。节上着生叶片，叶腋长出侧枝。叶对生，绿色或赤绛色，呈卵形。茎表面有少量油腺。另一种叫匍匐茎，它由地上直立茎基部节上的芽萌发后横向生长而成，其上有节和节间，每个节上都有两个对生的芽鳞片和潜伏芽，匍匐于地面生长，有时顶端也钻入土中继续生长一段时间后，顶芽又复钻出土面萌发成新苗。也有匍匐茎顶芽直接萌发展叶并向上生长成分枝。

地下茎又叫地下根茎，外形为根，故习惯上称为种根。通常，当地上部直立茎生长至一定高度，约 8 节左右时，在土层浅的茎基部开始长出根茎，随后逐渐增多。第一次收割后，这些地下根茎又萌发出苗，生长至一定阶段又再长出新的种根，即为秋播时的材料。地下根茎上有节和节间，节上长出须根，每节上有两个对生的芽鳞片和潜伏芽，水平分布范围可达 30 厘米左右，垂直入土多集中在 10 厘米左右。地下根茎无休眠期，一年中任何时间都可发芽生长。它是繁殖的主要部分。

叶对生，卵圆、椭圆形。叶色绿色、暗绿色和灰绿色等。叶缘有锯齿，两面有疏毛。油腺在叶片上、下表皮，以下表皮为多。油腺密度大者，含油量高，叶中精油含量占全株含油总量的 98％以上。

分枝从主茎叶腋内的潜伏芽长出。

轮生花序，腋生。苞片披针形，边缘有毛。花萼基部联合成钟形，上部有 5 个三角形齿，外边有毛和腺点。花冠长 3～4 毫米，淡红色、淡紫色或乳白色，四裂片。正常花朵有雄蕊 4 枚，着生花冠壁上；雌蕊一枚，花柱顶端二裂，伸长花冠外面。在自然情况下，每年开花一次，一般上午 6～9 时开放。自花授粉，一般不能结实，必须靠风或昆虫进行异花传粉方能结实。自开花至种子成熟约需 20 天左右。一朵花最多能结 4 粒种子。小坚果，长圆状卵形，淡褐色，万粒重仅 1 克左右。

薄荷的一个生长周期约需 240 天左右，可分为 5 个生育时期：

1. 发苗期（也称返青生长期） 指从幼苗发芽至开始分枝的一段时间，头刀 40 天左右，3～4 月上旬完成。二刀 15～25 天，老苗返青生长。

2. 分枝期 幼苗开始分枝至开始现蕾，是植株迅速生长时期，头刀 5～7 月完成，需 80 天左右，二刀需 60～70 天。

3. 现蕾开花期 7 月上旬至下旬现蕾开花。现蕾至开花需 15 天左右。

4. 种子成熟期 8月中下旬，开花至种子成熟需 20 天左右。8 月中旬种子成熟，但花期可延续至 8 月底至 9 月初。

5. 休眠期 10 月下旬，植株地上部停止生长，直至翌年 3 月萌发。

耐寒又耐热，喜湿怕涝，耐荫。早春土温 $2 \sim 3℃$ 时，地下根茎发芽，嫩芽可忍受 $-8℃$ 的寒冷。生长最适温度为 $20 \sim 30℃$，较耐热，$5 \sim 6$ 月生长最快。气温降至零下 $2℃$ 时，植株枯萎。根茎耐寒力很强，只要土壤保持一定水分，于 $-30 \sim -40℃$ 处可安全越冬。

生长初期和中期需一定的降雨量，现蕾开花期，特别需要充足的阳光和干燥的天气。

多数品种属长日照植物。日照较长可促进开花，有利于提高含油量。生长期间需充足的光照，日照时间长，光合作用越强，有机物积累多，挥发油和薄荷脑含量越高。密度过大，株间通风透光不良，容易造成下部叶片脱落，分枝节位上升，分枝数减少，挥发油和薄荷脑含量降低。

适应性较强，对土壤要求不严格，一般土壤都能生长，而以砂质壤土、壤土和腐殖质土为最好，尤以地势平坦，疏松，便于灌溉、排水的土壤更有利。土壤酸碱度以 pH5.5 $\sim$ 6.5 较适宜。需肥较多，以氮肥为主，氮肥可促进薄荷叶片和嫩茎生长，磷肥可促进根部发育，增强御寒抗病能力。钾肥能使茎秆粗壮，增强抗旱和抗倒能力。缺钾易使薄荷感染锈病，但过多，反而有害。钙过多时含油量下降，镁参与精油的生物合成过程。

亚洲薄荷不但在平原可以生长，在海拔 1 225 $\sim$ 2 135 米的地区也可生长，而以 305 $\sim$ 1 067.5 米海拔高度上，精油和薄荷脑含量较高，在此范围之外，均有所下降。

（二）种类和品种

1. 分类 薄荷有 30 种左右，140 多个变种，其中有 20 个变种在世界各地栽培。有三种分类方法：一是按作物学，二是按原产地，三是按精油的化学成分。在作物学上可分为两大类，即亚洲薄荷和欧洲薄荷，前者为中国、日本原产，精油中游离薄荷脑含量高，不饱和酮等的含量低；后者为欧美原产，精油中游离薄荷脑含量少、而化合脑和不饱和酮的含量高，原油香气比亚洲薄荷为优。薄荷有短花梗和长花梗两个类型，英、美栽培的以长花梗品种的绿薄荷、姬薄荷、西洋薄荷较多，日本栽培品种为日本薄荷，其他国家还有皱叶薄荷。中国栽培以短花梗的品种较多，以其颜色不同，又可分青茎圆叶种，紫茎紫脉种，灰叶红边种，紫茎白脉种，青叶大叶尖齿种、青茎尖叶种和青茎小叶种。

世界上人工栽培的薄荷，主要有以下几种：

（1）**亚洲薄荷**（*Mentha arvensis*）　栽培面积和总产量最大，主要产地是中国、巴西、巴拉圭和日本，其他如朝鲜、阿根廷、印度、澳大利亚、安可拉等国也有小量生产。

（2）**欧洲（椒样）薄荷**（*Mentha piperita*）　主要产地是美国，其次为原苏联、保加利亚、意大利、摩洛哥，其他如英国、法国、波兰、匈牙利、南斯拉夫、罗马尼亚、智利、荷兰等国也有生产。

（3）**伏薄荷**（*Mentha pulegium*）　原产欧洲和地中海沿岸地区，主要产地西班牙、摩洛哥、美国等。精油的主要成分是胡薄荷酮（pulegone），含量为 $80\%\sim90\%$，是制造合成薄荷脑的原料之一。

（4）**香柠檬薄荷**（*Mentha citrata*）　原产欧洲，现产于美国，埃及等国家。精油中的主要成分是乙酸芳樟酯和芳樟醇。

2. 主要品种　我国种植的是有唇萼薄荷和亚洲薄荷。主要栽培作蔬菜食用的是亚洲薄荷。

（1）**青茎圆叶品种**　又叫水晶薄荷，薄荷王、白薄荷和黄薄，简称青薄荷。此品种茎方形，幼苗期茎秆基部紫色，上部青色；叶绿色，卵圆至椭圆形，叶脉淡绿色，下陷；叶面皱缩，叶缘锯齿密而不明显。长成植株茎秆的上部青色，基部淡紫色；叶片卵圆形，叶缘锯齿深裂而密；叶面深绿色，有光泽，叶片背面颜色较淡；叶脉淡绿色。衰老时，叶片颜色较深，上部叶片尖而小，先端下垂，叶身反卷，茎秆变黄褐色。开花期在上海一般头刀期在 7 月中下旬，二刀期 10 月中下旬前后。花冠白色微蓝，雌雄蕊俱全。抗旱力较强。原油含脑量（80％左右）和素油香气均不及紫茎脉品种。

（2）紫茎紫脉薄荷　简称紫薄荷，茎秆方形、紫色，若透光不良，则茎秆下部为紫色，上部青色，或上下均青色。幼苗期茎秆紫色，叶片暗绿色，叶脉紫色，叶面平整，叶缘锯齿浅而稀。成长植株叶长椭圆形，顶端 1～5 对叶片的叶脉紫色，其下各层次叶片叶脉淡绿色，叶缘带紫色的仅在顶端 1～5 对叶片。衰老时顶端几对叶片尖而小，且叶面朝上反卷。花冠淡紫色，雄蕊不露，结实。根系入土浅，暴露在表面上的匍匐茎较多，抗旱能力差，原料含脑量 80％～85％，素油香气较青茎圆叶品种为优。

（3）椒样薄荷　又叫胡椒薄荷，欧洲薄荷，黑薄荷，1959 年我国由前苏联和保加利亚引入，主要栽培在河北、浙江、江苏、安徽、黑龙江等地。株高 80～110 厘米，茎四棱，叶对生，花萼钟状，长 2～3 毫米，花冠淡紫色，裂片 4 枚，雄蕊 4 枚，退化；花柱 2 裂，伸出花冠外。栽培上有青茎种和紫茎种二个品种，前者茎呈绿色，叶片绿色，披针形至椭圆形，叶片平展，叶边缘锯齿深而锐。后者茎呈紫色，叶片暗绿色，长卵圆形至长椭圆形，叶面光滑，无绒毛，叶边缘齿钝而密。

（三）繁殖方法

（1）根状茎繁殖　可在冬春两季进行，南方气候温暖，多于冬季（10～11 月）土地凝冻前栽种；北方因冬季气温低，多采用春栽（3～4 月），但要在种根发芽前种植。栽种前，先将选好的种根切成长 6～7 厘米的小段，按行距 25～30 厘米开沟条栽，或按株距 12～15 厘米，挖深 6 厘米左右的穴，每穴栽入 2～3 小段，填平沟穴，轻加镇压即可。南方用种根 50～60 千克/667 平方米，北方因天气干燥，用种根量宜增至 90～100 千克/667 平方米。

（2）地上茎与葡匐茎繁殖法　6～7 月在接近地面处，往往长出葡匐茎，留之则徒耗养分，但可用作繁殖材料。此外也可利用地上茎进行扦插繁殖。到 6～7 月或在头刀收获时，割去植株和葡匐茎，或采取植株上段的嫩枝，切成长 10 厘米左右的小段，将全长的 2/3 插入湿润的畦上，行株距为 5 厘米×5 厘米，畦上要有遮阴设施，保持湿度，经 1～2 周即可成活，待苗高 10～13 厘米时，即可移植。

（3）分株移植　选生长良好，品种纯正，无病虫害的薄荷田作留种地，秋收后中耕除草和追肥，翌年 4～5 月，苗高 10～15 厘米时，陆续挖掘起苗，按株行距 25 厘米×20 厘米，深 6～10 厘米，每穴栽 1～2 苗。这种办法在收获头刀、二刀时均可进行。

（4）种子繁殖　可分为直播和育苗移栽 2 种。

种子直播法　精细整地后将种子拌入 100 倍细砂土中混合均匀，按 30 厘米的行距条播后，用灰土或焦泥灰浅覆盖，厚约 0.30 厘米，轻压，使种子与土壤密接，经常浇水，保持土壤湿润，促进发芽。

育苗移植　在向阳处选择土壤肥沃、土质不黏重的地块，精细整地，施入腐熟的农家肥 3 000～4 000 千克/667 平方米作基肥，作成长 12～15 厘米，宽 1.50 厘米的苗床，将种子与 50 倍左右的细砂土混匀，均匀撒在苗床上，浅覆土，压实。以稻草覆盖，喷水保持湿润，约 2～3 周即可发芽。待苗出齐后除去稻草，并及时进行除草、施肥、浇灌等田间管理。待苗高 6～10 厘米时，选择傍晚或阴天移植。由于薄荷属种间极易杂交，使后代性状改变，为保证品种的优良特性，大面积生产中，以无性繁殖的根状茎繁殖法较好，不仅能保证品种纯正，而且萌发早，幼苗健壮，产量也高。

（四）露地栽培

选择 5 千米内无"三废"污染源，浇灌用水符合安全标准，2～3 年未种植薄荷或留兰香，且地势高，干燥，排灌方便，土壤肥沃的向阳地块作为栽培地。通过深耕、细耙，使土壤达到深、松、细、平的目的，为薄荷生长创造一个良好的保肥、保水、通透性能好的环境。秋冬季翻土，深 25～30 厘米，细耙，使土壤无 3 厘米以上土块。在北方作成平畦，南方则作成 15 厘米左右的高畦，畦宽 1.30～1.50 米，畦间留宽 25 厘米左右的沟。

薄荷一般采用春、秋季节移栽，以 4～5 月份移栽为好，尽可能早栽，早栽生长期长，产量高。选择晴天下午或阴雨天移栽，移植时在整好的畦面上将根茎、幼苗或扦插苗按行距 50 厘米、株距 35 厘米，每穴 1 株，斜摆在栽培沟内，盖细土、压实。定植后要浇足定根水，如遇到高温干旱、阳光猛烈的天气，应加盖遮阳网遮阳，保持土壤湿润，促进成活。

薄荷繁殖苗圃中苗高 5～10 厘米时，或大田移栽苗成活后，可进行第 1 次中耕；苗高 15～20 厘米时进行第 2 次中耕；苗高 25～30 厘米时进行第 3 次中耕。在每次收割后，均需进行 1 次中耕，除去过多的根茎，以免幼苗过多，生长不良。除草则不拘次数，有草即除。对连作的薄荷地，畦内幼苗过密时，可于当年第 1 次中耕除草时，进行疏除，每隔 6～10 厘米留苗 1 株。

每次中耕后，都应追肥 1 次，食用薄荷以氮肥为主，每 667 平方米施用含氮 46% 的氮肥 10～15 千克，也可结合浇灌施淡粪水 2 500～3 000 千克。一般苗期和生长期施肥较少，分枝期施肥较多。第 1 茬收割后，根据不同的株行距，在行间挖宽 20～30 厘米，深 10 厘米的施肥沟，施复合肥 20 千克。苗高 10 厘米左右时，施 10～15 千克复合肥。第 2 次收割后，增施 10 千克氮肥，促进第 2 次苗壮早发。薄荷喜湿润，天旱时要及时灌水。雨季则要及时排水，特别是在现蕾期要防止积水。

田间植株密度较稀时，摘去主茎顶芽对提高产量有一定效果。株丛茂盛，株距较大时，不宜摘心。

薄荷主要病害是黑胫病、锈病、斑枯病等。黑胫病多发生于苗期，可在发病初期用 70％的百菌清或 40％多菌灵 600 倍液喷雾防治。锈病在发病初期用 25％粉锈宁 1 000～1 500 倍液，15％三唑酮可湿性粉剂 2 000～2 500 倍液，25％敌力脱乳油 3 000 倍液，7～10 天一次，连续 2～3 次。斑枯病在发病初期喷施 65％的代森锌 500 倍液，或 50％多菌灵 1000 倍液，或用等量式的波尔多液交替喷雾防治，每隔 7～10 天 1 次，连喷 2～3 次。

薄荷主要害虫主要是小地老虎，烟青虫。一般在卵孵化盛期，喷洒灭杀毙 8 000 倍液，2.5％溴氰菊酯 3 000 倍液，20％菊马乳油 3 000 倍液，10％溴马乳油 2 000 倍液，7～10 天 1 次，连喷 3 次。烟青虫又叫烟叶蛾，为多食性害虫，以幼虫蛀食寄主的花蕾、花及果实，造成落花、落果及果实腐烂，也可咬食嫩叶及嫩茎，造成茎中空折断。以蛹在土壤中越冬，成虫有趋光性，夏季降雨适中而均匀时发生严重。防治方法是：将土壤中的蛹翻到地表，并破坏羽化通道，使成虫羽化后不能出土而窒息死亡。将半枯萎带叶的杨树枝剪成 60 厘米长，每 5～10 枝捆成 1 把，插到田间，667 平方米插 10 把，5～10 天换 1 次，每天早晨收成虫消灭。在卵孵化初期，用 50％辛硫磷乳油 1 000 倍液，或 80％敌百虫可湿性粉剂 1 000 倍液，或 5％来福灵乳油 2 000～4 000 倍液，或 2.5％天王星乳油 2 000～4 000 倍液，交替喷雾。

（五）大棚假植春提早栽培

薄荷大棚春提早栽培，是利用当年春季育苗，经夏秋季生长，已形成地下根状茎的植株，冬前挖取地下茎，假植大棚内，早春萌发采收嫩茎叶食用的方式。

霜后，待培育的根株地上部枯黄，养分完全运转到地下根茎中之后，植株进入休眠状态。此时要抓紧清理地上枯枝落叶，浇透水，促进度过休眠。约经 20 天左右，植株通过休眠后，在地封冻前将根茎挖出，整理后挖沟埋藏，晚霜期前 40～50 天，假植于大棚内，株行距 5 厘米×5 厘米。假植后土壤白天保持 20～25℃，夜间 10℃以上，约经 10～15 天即可长出幼苗。第一茬小苗长到 5 厘米左右时可浇水，667 平方米施硝酸铵 30 千克，以后喷施叶面肥，每 10 天喷一次，尿素＋磷酸二氢钾＋白糖 2：1：3 的混合液 150 倍液。假植后 30 天左右，幼苗长到 15～30 厘米时即可采收。第一茬收后，加强管理，可再收。大约采摘到"五一"节前后，生产结束后，外界温度已基本能够满足薄荷生长，可将其移栽到露地，到冬季再挖根贮藏，准备下一年生产。

（六）收割

菜用的当植株高 20 厘米左右即时采收嫩尖供食。温暖季节 15～20 天收一次，冷凉季节 30～40 天采收 1 次。家庭一般用量少，随需要而采收。采摘嫩尖时，植株下部一定要保留 2～3 片健壮叶，以便为植株再生制造营养。薄荷的嫩茎叶，可用开水焯后凉拌，炒食。或由面糊裹着油炸，作清凉饮料及糕点，亦可晒成干菜食用。

（七）选种与留种

留种田的面积与大田面积之比为 5：10。要选出优良品种必须对品种的特征特性有较深刻的了解和借助必要的鉴别方法。如去劣留种法，在某一田块中，原品种优良植株占绝对优势，只有少数分株时，在出苗后至收获前，趁中耕除草时，将其连根挖起带出田外；若劣株，占优势时则在苗高 15 厘米左右时，将优良植株逐株带土挖起，合并移栽于另一田块，作为下年优良纯种扩大种植。有时薄荷在无性长期繁殖过程中，因气候、土壤、栽培措施等因素的作用，及植株个体不同组织器官乃至细胞间，也会产生变异，可根据形态，将其选出，分行种植，比较选出较好的新品种。

第二章

甘蓝白菜类特菜

一、球茎甘蓝

球茎甘蓝又叫苴蓝、苤蓝、撇蓝、玉头、玉蔓菁、芥蓝头。因其茎肥大似球，而叶和花又似甘蓝而得名。是羽衣甘蓝的变种，世界各地，除德国外，栽培均不甚多。我国北方及西南各省栽培较普遍。球茎甘蓝的球茎纤维少，质脆味甜，耐贮藏运输，既可鲜食，又可加工腌渍成各种酱菜、咸菜（图9）。

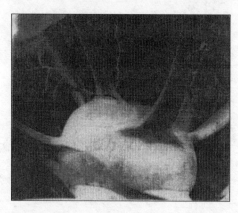

图9　球茎甘蓝

球茎甘蓝适应性强，能在春、秋两季生产，各地都能种植。除单作外，常套种于韭菜畦埂或渠埂上，管理简单，不需要专门施肥、灌水，通风采光条件又好，生长健壮。

（一）生物学性状

球茎甘蓝的根系浅，茎短缩，叶丛着生于短缩茎上。球茎为圆球形，或扁圆形，外皮绿色，肉白色，叶似甘蓝，惟叶柄较细而长，着生稀疏。二年生，冬性比甘蓝弱，一般认为茎粗超过0.4厘米，真叶7片时，遇0～10℃的低温后，通过春化阶段，发生未熟抽薹。所以北方一般不宜秋播，长江流域秋、冬播种不可过早，华南则不宜迟。

喜温和、湿润的气候，球茎生长适宜温度白天18～22℃，夜间10℃左右，球茎膨大期如遇30℃以上的高温，肉质根容易纤维化。光照充足生长健壮，产量高，品质好。喜湿润的土壤和空气条件，球茎膨大期水分不足会降低品质和产量。最适宜在疏松、肥沃、通气的壤土种植，需氮、磷、钾和微量元素配合使用，尤其在球茎膨大期钾肥供应更充分。

（二）类型和品种

按球茎皮色分绿、绿白、紫色3类；按生长期长短分早熟、中熟和晚熟3种；按球茎大小分为大型种和小型种两类：大型种球重数千克，甚至十多千克，晚熟，生长期120天以上。主要在秋季栽培，寒冷地区可春种秋收。陕西关中和陕北，甘肃、青海、内蒙古等地区主要种植的是这类品种。优良的品种有兰州大苣蓝、青海大苣蓝、内蒙古呼和浩特市大扁玉头、大同松根、潼关茎蓝等。小型种的球茎小，一般为0.5～1千克，但早熟，生长迅速，栽后60～90天可收获，适于春、夏季节栽培，代表品种有北京早白、捷克白、天津二路缨子等。最近还有一种叫水果型茎蓝品种，是20世纪90年代从欧洲引进。球茎脆嫩清香，爽口，营养丰富，适宜凉拌鲜食。嫩叶中营养也很丰富，含钙量很高，并具有消食积，去痰的保健功能，适宜凉拌、炒食和做汤，深受消费者的喜食，在装箱礼品和超市上很受欢迎。并且生育期短，病害少，种植容易。主要品种有利浦、布兰琪和紫球茎甘蓝。利浦从荷兰引进。球茎扁圆型，表皮浅黄绿色，叶片绿色。株型上倾，适宜密植，单球重 500 克左右。口感脆嫩，微甜，品质极佳，抗病性较强，定植后 60 天左右可采收。布兰琪的球型扁圆，球色鲜绿，球面光滑，品质优良，抗病性强。单球重 1.8 千克。中熟、育苗苗龄 40 天，定植后 55 天左右成熟，667 平方米产量 7 500 千克。紫球茎甘蓝多从中国台湾和德国引入，有菲妮克丝和康妮两个。菲妮克丝，叶片较大，紫红色，叶面有蜡粉，叶柄细长，一般球茎近圆形，皮紫色，肉白色，单株重可达750～1 000 千克，中早熟，定植后 60 天可收获，667 平方米产2 500 千克，较耐热、耐寒。康妮的球茎扁圆形，樱短、外皮红色，肉白色，适宜密植，单球重 500 克左右。口感脆嫩、微甜，品质极佳，抗病性较强，定植后 70 天左右可采收。

（三）栽培季节

江南地区一年种植 2 茬，在秋、冬季一茬、冬春季一茬。

华北地区适宜在春、秋季露地和春、秋、冬季保护地种植。春保护地 12 月至翌年 1 月播种，2～3 月定植，4～5 月采收。春露地 2～3 月播种，3～4 月定植，5～6 月采收。秋露地 7 月上中旬播种，8 月上中旬定植，9 月底至 10 月底采收；秋、冬保护地9 月上旬播种，10 月上旬定植，12 月至翌年 1 月采收。山东春夏茬多在 1 月上旬至 2 月上中旬播种育苗，3 月定植，5 月收获；夏秋茬在 7 月下旬至 8 月育苗，11 月上旬开始收获。内蒙古、东北、新疆等地一年一茬，一般在 4～5 月播种，9～10 月收获。

（四）栽培技术

1. 播种育苗 球茎甘蓝适于温和湿润的气候，对环境条件的要求与结球甘蓝相似，但比结球甘蓝耐热。早熟品种对播种期要求不严，一般春季在 1 月下旬至 2 月上旬用阳畦播种，3 月下旬至 4 月上旬露地定植，5 月上旬收获；夏季 5～6 月份播种，8～9 月份收获；秋季 7 月中下旬播种，8 月上旬定植，10 月份收获。中熟品种于 6 月上中旬播种，苗龄 25 天，生育期不少于 90 天。晚熟品种要严格掌握好播种期，在生长期短，夏季又不太热的地区，晚霜过后即可播种。甘肃、青海、内蒙古和陕北等地，一般在 4 月中下旬播种；陕西关中多于 5 月中下旬播种，苗龄 30 天，生育期不少于 100 天。

苗要壮而不旺，叶 6～8 片，淡绿色，叶柄短。

选择近 1～2 年未种过白菜、萝卜、甘蓝、油菜等十字花科作物的地块做苗床。每 667 平方米施腐熟厩肥 5 000 千克，碳酸铵 10 千克，过磷酸钙 30～50 千克作基肥，尽早耕翻，耙碎，耢平，肥土混匀，做成平畦。畦宽 1.3 米，踩实畦埂。基肥不足时，可于做畦后每 667 平方米撒施过磷酸钙 30 千克，尿素 5 千克或磷酸铵 15 千克，再将畦土挖松，搂平。

播种前 1～2 天晒种，淘汰霉籽、烂籽和秕籽，用 50℃ 温水，恒温浸种 15 分钟，防治黑腐病。然后捞出，晾干表面水分后播种。

趁墒播种或用落水法播种：播前灌足底水，水渗入土中后撒入种子。最好点播，株行距各 3 厘米，覆土厚 0.5～1 厘米。为防治蝼蛄等地下害虫，播种后每 667 平方米撒 5% 丁硫克百威颗粒剂 2～3 千克，然后覆土。

最好采用穴盘育苗，用 72 穴或 128 穴的穴盘。干籽直播，或催芽后播种。

播种后要加强保墒，严防床面板结。为此，出苗前最好在苗床上距畦面 30 厘米处绑竹竿，上盖草帘，遮阴保墒。

出苗后及时间苗、灌水、追肥和防治蚜虫、菜青虫等。

2. 整地 前茬作物收获后，667 平方米施土粪 5 000 千克，过磷酸钙 50 千克，喷入 25% 甲萘威可湿性粉剂 1～1.5 千克，或 5% 辛硫磷颗粒剂 2 千克，随即翻耕，耙糖。

宜用高畦，高畦可以防止积水漫根，避免球茎着地腐烂。行株距按品种性状和栽培方式而定。晚熟种的最大株距为株幅的70%～80%，一般垄高10～15厘米，垄宽25～30厘米，垄距（行距）70～80厘米，株距50～60厘米定植，中早熟种略密些。

3. 定植　幼苗长至5～8片真叶时定植。每畦在畦顶栽1行，起苗时要带好土坨，栽植深度以不超过子叶为宜。

4. 管理　球茎甘蓝的产品器官，主要由上胚轴膨大形成。一般早熟种长出8片叶子，即形成1个叶环的叶子时，茎开始肥大；中晚熟种要长足2或3个叶环，甚至4个叶环后茎才开始进入迅速肥大期。所以，球茎膨大初期生长慢，叶生长快，到生长中期，当叶片生长减慢后，球茎才迅速生长。根据这个特点，管理中必须注意：球茎生长初期，肥水不可过多，以免徒长，影响球茎发育；生长中期后开始加紧追肥灌水。一般方法是，定植时浇足缓苗水；缓苗后，轻施1次提苗肥，667平方米施尿素5～10千克，环施于苗周；然后深锄，控水，蹲苗10～15天，促进根系生长。

植株长到8～9片叶，球茎达到核桃大小时，生长速度逐渐加快，每667平方米再施人粪尿2 000千克，或尿素10千克；浇水后，除草1次。8月初，立秋后，球茎迅速生长，应再追施1～2次肥料，每次667平方米施尿素15千克，草木灰100千克，肥水配合，均匀供应。每次施肥和灌水量不要过大，以免球茎生长速度差异过于悬殊，引起球茎开裂。

浇水后，若发现植株倒地，应及时扶正，防止球茎贴地腐烂。

磷酸二氢钾能增进叶肉细胞持水能力，增强光合作用，降低蒸腾量。在球茎膨大盛期，用0.3%磷酸二氢钾水溶液，另加1%～2%尿素、0.1%洗衣粉喷2～3次，效果更好。

地下水位高，含盐碱量大的地区，过多灌水对生长不利，生长期间在畦面覆盖一层碎草，厚约3厘米，有保墒、防病效果。

5. 病虫害防治　主要病虫害有黑腐病、霜霉病、蚜虫和菜青虫。可及时用40%三乙膦酸铝可湿性粉剂150～200倍液；或1：1：200倍波尔多液，掺入2.5%溴氰菊酯乳油2 000倍液，或40%乐果乳油1 000～1 500倍液防治。

若有根蛆、蝼蛄等地下害虫时，用50%辛硫磷乳油1 000～1 500倍液浇灌。

植株生长后期，若叶片过密，田间通风不良时，可将基部衰老、枯黄的叶片从距球茎5～6厘米处摘除。

球茎甘蓝的叶、叶柄及球茎有时发现腐烂发臭现象，这是由软腐细菌引起的病害。软腐病菌存在于土壤中，到处都有，可以危害白菜、番茄、萝卜等多种作物。它是伤口致病菌，借水流传播、高温、阴湿、虫害多时容易发生。防治的主要措施是：①避免连作，尤其忌与十字花科蔬菜、油菜连作。②早耕地，高垄栽培，渗水灌溉。③及时治虫，严防病虫、机械和生理等原因造成伤口。④灌水前挖出病株，穴内撒石灰，埋土后再灌水。⑤病轻的植株，可将病部切除后伤口撒干石灰粉，防止继续感染。⑥病害初发期用200毫克/升农用链霉素喷洒全株，7～10天1次，共喷洒2～3次。

6. 采收与留种　球茎甘蓝喜欢温暖和湿润的环境，秋栽的到8～9月份以后，当其适当大小时，可以开始采收，但供冬贮和加工用的应待轻霜后再收。收时用刀自球茎下根颈处砍断，打掉叶片，即可上市。如经窖藏，可延续供应到翌年3～4月份。

球茎甘蓝留种方法与甘蓝相似，秋季收获时选球形整齐、叶片少、具有本品种特征的植株，连根挖出，将外叶留短柄割去，保留心叶。冬季严寒处，例如甘肃定西，一般放入窖中，一层土、一层球茎甘蓝放好，埋严。翌年清明节定植于采种圃。定植时可将球茎部分直接埋入土中，也可将其从中间自上而下分切成若干块，伤愈合后再行定植。8月中旬收籽，每667平方米产50～75千克。

二、青花笋

青花笋是由青花菜和芥蓝杂交选育成的新型蔬菜种类，又称西蓝薹、小小青花菜、小小西兰花、芦笋型青花菜、蓝花薹。薹翠绿色，肉质肥嫩，风味鲜甜，富含花青素和抗癌物质。青花笋中异硫氰酸盐在诱导肝癌细胞 HepG－2 凋亡过程中起作用，青花笋中维生素 C 较多，在防治胃癌、乳腺癌方面效果尤佳。患胃癌时人体血清硒的水平明显下降，胃液中维 C 浓度也显著低于正常人，而青花笋不但能给人补充一定量的硒和维 C，同时也能供给丰富的胡萝卜素，起到阻止癌前病变细胞形成的作用，抑制癌肿瘤生长。青花笋中还有多种吲哚衍生物，降低人体内雌激素水平，可预防乳腺癌的发生。此外，青花笋中能提取一种酶能预防癌症，这种物质叫萝卜子素，有提高致癌物解毒酶活性的作用。所以青花笋中抗癌物质比西兰花高出好几倍，具有保健功能，是品质高、风味佳和外观美的新型蔬菜。近年来，已在欧洲、澳大利亚、日本等国际市场上流行。2004 年广西南宁桑沃生物技术有限公司从美国本津基种子与技术有限公司引进青花笋杂交新品种 Bjj02 系列，并从中筛选出适于国内气候和栽培水平的品系 Bjj02－05，2006 年经南宁市种子管理部品种登记，定名为桑甜 2 号。

（一）生物学性状

桑甜 2 号株高约 50 厘米，叶互生，叶片长 25 厘米左右，叶浓绿色，叶柄浅绿色，叶片沿叶柄基部有深裂，向上少有深裂。主花球直径 8～10 厘米，侧花球蕾球较小，直径 1～2 厘米，花茎长 6～8 厘米，蕾粒细嫩半紧密，翠绿色，焯后鲜嫩绿色，以采收侧薹为主。播种至初收主花球约 75 天。主花球摘心后，隔4～6 天采收一次侧薹，共收 12～15 次。全生育期约 125 天，每

667平方米产量1 000～1 500千克。桑甜2号每千克蛋白质含量高达40克，维生素A、维生素B、维生素C、维生素E分别为3 010、2、740和17毫克，其中维生素A的含量是普通青花菜的10倍。还富含有其他矿物质，如每千克含铁1 110毫克，钙480毫克，磷720毫克，脂肪含量较低，只有0.4毫克。

青花笋喜温暖湿润的环境，耐寒、耐热，10～30℃均能生长，种子发芽的适宜温度为25～30℃，生长适宜温度为20℃左右，抽薹适宜温度为15℃左右。生长过程中光照充足，茎叶生长旺盛，花薹较长、较广，产量较高。青花笋对土壤要求不太严格，但在土层深厚、有机质含量丰富、偏黏、中性偏碱的地块栽培，容易获得高产。

（二）栽培技术

在广东和广西地区，桑甜2号可在7～8月份播种，10月份至翌年2月份收获；也可在8～12月份播种，11月份至翌年4月份收获。露地、大棚、温室均可栽培。

2006年广东市农业科学院李向阳等人引入SBB‐025和SBB‐003两个品种，研究不同播期，种植密度和复合肥施入量对产量的影响，结果表明在广东的适宜播种期为7～11月，以8～9月播种的产量最高；最佳定植密度为株距40～45厘米，行距50～55厘米，每667平方米复合肥施入总量为100千克左右时产量最高，并且应结合植株生长情况分批施入：定植后13天左右第一次穴施7千克，定植后30天封行前，结合中耕除草培土第二次沟施30千克，以后每隔25天穴施21千克。苗期淋施尿素水，生长旺盛期追施钾肥，可提前采收并提高产量及质量。

采用营养钵育苗。一般苗龄30～35天，幼苗5～6片叶时可定植到大田或大棚。也可以直播，但需要的种子量比育苗的多2～3倍。

选择富含有机质的壤土栽培，深耕20～25厘米，每667平方米施腐熟有机肥（鸡、鸭粪）2 000千克，整平整细，做畦，畦面（连沟）宽1.4米，每畦种植两行，株距30～40厘米，每667平方米定植2 500～3 000株，肥力条件较好的地块可以适当稀植。

青花笋喜肥水，分期适时追肥、浇水是丰产的关键。定植成活后追施发根壮苗肥，每667平方米追施三元复合肥20千克。在收获花球期间，间隔5～8天追1次肥，每次每667平方米追施尿素和钾肥各13千克；青花笋需水量较多，尤其在花球形成期要及时灌水，保持土壤湿润，在雨季应及时排水，以免引起烂根。

与普通青花菜不同，桑甜2号的主花球并不发达，经济产量以收获侧花球为主，所以要及时摘心，以利于侧薹的发育。一般在主花球3～5厘米、主花茎长10～15厘米时摘心。摘心时注意除去主花茎花蕾部分，多留花茎部分，以促多发侧薹，增加产量。

（三）采收与贮藏

采收以收侧花球为主，主薹长到高于最高叶片的叶尖（定植后50～60天），花蕾将近开放时，即可收获。采收时保留茎部4～5个侧薹，并注意不要伤及侧薹及叶柄。当侧薹长20～30厘米、花蕾尚未散开前及时采收。太迟采摘花蕾容易松弛开花，茎薹老化，影响品质。一般在摘心后7～10天开始采收侧花茎，以后每隔4～5天采收1次，可以连续采收8～15次。

花薹采收后对温度和水分比较敏感，因此需要使用保鲜膜包装并配合冷藏，或者在包装容器内加冰贮运。据跟踪销售商贮运试验，青花笋在4～5℃、空气相对湿度90%～95%的条件下可以保鲜30～35天。

（四）病虫害防治

青花笋的主要病害有黑斑病、霜霉病、菌核病，除避免与十字花科蔬菜连作外，可用 75％百菌清可湿性粉剂 500 倍液或 70％代森锰锌可湿性粉剂 500～800 倍液喷洒。虫害有菜青虫、小菜蛾、蚜虫，可用 20％溴氰菊酯乳油 1 000～1 500 倍液喷杀。

三、紫甘蓝

紫甘蓝又叫红甘蓝、紫包心菜、紫洋白菜、红椰菜，为十字花科芸薹属二年生植物，是宾馆及饭店作西餐的主要特菜。原产地中海沿岸，欧美栽培较多。适应性强，耐寒性和耐热性均比普通甘蓝强，病害少，结实紧实，耐藏，耐运，营养丰富。南方除炎热的夏季，北方除寒冷的冬季外均能栽培。近几年来，北京、天津及沿海各大城市均已引进，并逐渐被人们认识和接受。紫甘蓝含有丰富的维生素 E、维生素 C、花青素甙和纤维素，并含有少量维生素 A、维生素 6、维生素 9，食用后能促进肠蠕动，具有促消化和健康皮肤的功效。紫甘蓝质地脆嫩、颜色艳丽，一般作凉拌菜，切成细丝，加上调味佐料，就成沙拉，或配上胡萝卜丝，球茎茴香丝，生菜丝等做成"七彩色拉"，也可腌制泡菜，炒食。在炒或煮时，要保持艳丽的紫红色，在制作前必须加少许白醋，否则，加热后变成黑紫色，影响美观（图10）。

图 10　紫甘蓝

（一）生物学性状

紫甘蓝和普通结球甘蓝一样，形成叶球时要求冷凉、温和的气候，也能抗寒和耐高温。幼苗能忍受$-5 \sim -4℃$的低温和$35℃$的高温。栽培第一年进行营养生长，适温$15 \sim 20℃$，$25℃$以上结球不紧实，品质差。并需充足的阳光。为长日照绿体春化型作物，幼苗$5 \sim 7$片真叶以上，在$4 \sim 5℃$通过春化阶段，转入生殖生长。抽薹开花和结实需长日照和较高的温度。根系较浅，叶面积大，蒸发量大，需求较湿润的气候，但也较耐旱、不耐渍和雨涝。在排水不良处，根系变黑，腐烂，植株易染黑腐病或软腐病。对土壤适应性较强，以湿润、保水性好的中性或微酸性土壤较好。喜肥、耐肥，且要求氮磷钾配合。应注意缺钙引起的干烧心和缺硼症的发生，适当补充钙、硼元素。

（二）品种

我国栽培的品种均从国外引入，目前引入的主要品种有：

1. 红亩 由美国引入的中熟品种。植株较大，生长势强，开展度$60 \sim 70$厘米，株高40厘米，外叶20片左右。叶深紫红色，结球紧实，叶球近圆形，单球重$1.5 \sim 2$千克。定植后80天左右采收，适于春、秋季露地及保护地栽培。

2. 红宝石 由美国引入的极早熟品种。植株中型，长势强，外叶少，深紫红色。叶球圆球形，紧实、紫红色、不易裂球，球心柱短，单球重$1.5 \sim 2$千克，定植后72天成熟。可春播、秋播及早春保护地栽培。

3. 露比波早生 从日本引进的极早熟杂种一代。外叶$12 \sim 14$片，生长紧凑，灰绿色，叶脉深紫红色。叶球圆球形，紫红色、紧实、心柱短，单球重$1.3 \sim 1.6$千克，雨季不易裂球、耐贮运，定植后65天收获。可春、夏、秋露地栽培，冬季及早春保护地栽培，株行距$45 \sim 50$厘米，667平方米产$4\ 000$千克。

4. 早红 从荷兰引进的早熟杂种一代。植株中等大小，长势较强，外叶 16～18 片，深灰绿色，叶脉深紫红色。叶球卵圆形，基部较小，单球重 750～1 000 克，定植后 65～70 天收获。适宜春秋保护地及露地栽培，株行距 50 厘米×50 厘米。

5. 中生露比波 从日本引进的杂种一代。中熟，耐寒性强，在低温下生长结球良好。植株生长旺盛，外叶 16～18 片，叶球圆球型，紧实、深紫红色、单球重 1.4 千克。耐贮藏，不易裂球。叶质脆嫩，风味好，可生吃。定植后 80 天采收。适宜春季露地及秋冬季保护地栽培。

6. 巨石红 由美国引入的中熟品种。植株高大，开展度 70 厘米，外叶 20～22 片，深红紫色。叶球略成扁圆形，紫红色，直径 19～20 厘米，单球重 2～2.5 千克。定植后 85～90 天采收。较耐贮运。主要用于春季与秋季露地栽培，株行距 50 厘米×60 厘米。

7. 德国紫甘蓝 从德国引入。耐寒力强，植株较大，外叶 18～20 片，暗紫红色。叶球高圆球形，紧实、红色。心柱较长，单球重 3 千克，定植后 85 天收获，主要用作春露地栽培，行距 50 厘米×50 厘米。

8. 紫阳 从日本引进。早熟、球重 1.5～2.0 千克，叶球鲜艳，浓紫色，春、夏、秋季均可栽培。

（三）栽培方式与季节

与普通甘蓝相似，主要是秋季栽培，通过分期播种，可实现周年供应。

1. 长江流域可分为三个栽培季节

（1）秋冬季，6～8 月播种育苗，遮阳网防雨棚育苗，7～9 月定植，10 月至翌年 2 月供应。

（2）秋季，9 月下旬至 10 月播种，冷床或露地育苗，冬前定植，翌年春 3～6 月上市供应。

（3）夏季，2月底至5月弓棚播种育苗，4月中旬至5月露地育苗，苗龄30~40天，6~9月上市供应。

2. 华北地区主要栽培茬口

（1）春季露地栽培　12月中旬至翌年2月上旬保护设施育苗，3月下旬至4月中旬露地定植，6月中下旬至7月中下旬上市供应。

（2）春季保护地栽培　12月上、中旬播种育苗，翌年2月中旬至3月上可定植，5月上市供应。

（3）秋季露地栽培　6月中下旬播种育苗，采用遮阳网，防雨棚育苗，7月中、下旬定植，10月上中旬上市供应。

（4）秋季保护地栽培　7月上旬播种，采用遮阴降温，防雨棚育苗，8月上、中旬定植，10月上、中旬后扣棚保温，11月上、中旬上市供应。

3. 北京地区栽培茬口

（1）春季栽培　春季温室12月上旬播种，2月中、下旬定植，5月上中旬收获。改良阳畦及大棚12月上中旬播种，3月上中旬定植，5月中、下旬收获。露地12月中下旬播种，3月下旬定植，6月中、下旬收获。或2月上旬播种，4月中旬定植，7月上中旬收获。

（2）夏季栽培　冷凉地4月中旬至6月上旬播种。5月下旬至7月上旬定植，8月上旬至9月中下旬收获。

（3）秋季　露地6月中下旬播种，7月中下旬定植，10月上中旬采收。改良阳畦7月上旬播种，8月上中旬定植，11月上中旬收获。

（四）栽培要点

紫甘蓝播种后到收获约需120~180天。一般培育适龄壮苗，夏季利用遮阳网、防雨棚、穴盘育苗等措施，冬季进行小拱棚或大棚保温育苗。苗期处于冬季，要避免未熟抽薹，要确定适宜播种期，使幼苗在一定大小时越冬。秋季苗龄不宜过大，否则苗期易徒长，定植后缓苗慢，易死苗。苗龄 60～80 天，长到 5～9 片真叶时定植。大于 8 片叶，越晚定植减产越严重。

选择肥沃排灌方便地块，施入腐熟厩肥、人粪尿、复合肥等作基肥。春季多用深沟高畦，秋季多用平畦。畦宽连沟（埂）1.2～1.5 米，栽两行，株距 40 厘米。缓苗后莲座期和结球期分次追肥，667 平方米施尿素 10～15 千克。天旱时及时浇灌，遇涝要及时排水。病虫害主要有黑斑病、菌核病，可用 5％多菌灵800～1 000 倍液，或 50％托布津 600 倍液，或 0.2％～0.3％波尔多液，7 天 1 次，连喷 2～3 天。虫害有小菜蛾、菜青虫等，可用溴氰菊酯 2 500～3 000 溶液或复方菜虫菌可湿性粉剂 800～1 000 溶液，或 1％威霜乳油 600～800 倍液喷雾防治。有蚜虫时可用 50％辟蚜雾可湿性粉剂 2 000 倍液，或 40％乐果乳油 800～1 000 倍液防治。

（五）采收和利用

要依紫甘蓝成熟度和市场需要分期分批采收。采收时保留外叶 2 片，在冷凉无冻处贮藏，可延长供应期 50 天左右，主要作为色拉或作西餐配色用。

四、羽衣甘蓝

羽衣甘蓝俗称绿叶甘蓝，叶牡丹，牡丹菜，花包菜。十字花科芸薹属甘蓝种的变种，原产欧洲地中海沿岸的希腊等国，在欧、美一些国家栽培历史悠久。近年来从美国、荷兰、德国等国家引进，在北京、上海等城市郊区作为特菜种植。其口感柔嫩、味道清香、营养丰富，并有保健功能而深受宾馆、饭店和消费者的青睐。羽衣甘蓝适应性广，抗寒、耐热和耐肥水，栽培容易，其中彩色品种有很高的观赏价值，叶缘呈羽状深裂，美观漂亮，可作为盆栽蔬菜种植出售，也可种在园区的路边及花坛中美化环境。

羽衣甘蓝有很高的营养价值，每 100 克食用部分含蛋白质 4.2 克，脂肪 0.8 克，碳水化合物 3.5 克，胡萝卜素 3.56 毫克，维生素 B_1 0.16 毫克，维生素 B_2 0.32 毫克，维生素 C 186 毫克，钙 289 毫克，磷 93 毫克，铁 2.7 毫克，钾 367 毫克，钠 21.7 毫克，镁 30.1 毫克，嫩叶含热量很低，100 克仅含 0.21 千焦的热量，很适宜减肥者食用，含钙量高也十分难得，并且容易吸收。常食用有益健康，并有健胃功能。

羽衣甘蓝食用时，洗净切碎后直接凉拌，清香爽口；也可用开水焯后加蒜末、盐、味精、香油等调料凉拌；还可配火腿肠、香菇等炒食；加猪肉末、海米做馅包水饺、馄饨也十分可口，也可做沙拉，或涮火锅的配菜。

（一）生物学特性

羽衣甘蓝为二年生植物，有多种类型（图 11），有高种和矮种之分，高种株高可达 3 米，矮种株高仅 30 厘米左右。叶片柔

图 11　羽衣甘蓝

软，呈椭圆形，分皱缩与平滑两类。叶均为深绿色，叶面平滑、叶肉肥厚。无论哪一类叶片，都是采其嫩叶供食用。花羽衣甘蓝又叫叶牡丹。外叶和普通甘蓝相似，但不结球，心叶呈红、白、粉、黄等不同颜色，艳丽多彩。主要用作观赏，嫩叶也可食用。另一类是矮生皱叶型，株高只有 40～80 厘米，茎直立，肉质，叶片绿色，较厚，长椭圆形，叶缘呈羽状分裂，叶面皱缩，叶柄较长，约占全株长度的 1/3，不结球。

主根不发达，须根较多，主要根群分布在 30 厘米左右的土层中。茎直立，肉质，较粗壮，株高 40～80 厘米；叶片绿色，长椭圆形，边缘羽状分裂，叶片较厚，叶面皱缩程度各品种间不同。总状花序，花黄色，异花授粉。果实角果，种子圆球形，黄褐至黑褐色，千粒重 3～4 克。

羽衣甘蓝喜温和气候，耐寒性强。种子在 3～5℃ 条件下可缓慢发芽，20～25℃ 时发芽最快，30℃ 以上不利于发芽。茎叶生长最适温度 18～20℃，夜间为 8～10℃，但能耐 -4℃ 的低温，生长期间能经受短暂的霜冻，温度回升后仍可正常生长。也较耐高温，在 30～35℃ 条件下能生长，但叶片纤维增多，质地变硬，品质降低。

属长日照作物，在生长发育过程中，具有一定大小的营养体，在较低温度下完成春化阶段并在长日照条件下开花结实。在营养生长期间较长日照和较强的光照有利于生长。但在产品形成期间，要求较弱的光照，强光照射会促进叶片老化，风味变差。

喜湿润，但在幼苗期和莲座期能忍耐干旱，而在产品形成期则要求较充足的土壤水分和较湿润的空气条件。在土壤相对湿度 75%～80%，空气相对湿度 80%～90% 情况下，生长良好，产量高，品质佳。土壤水分不足会严重影响叶片生长，产量将明显降低。

对土壤适应性较广，在富含有机质的壤土中栽培更有利于提高产量和品质。适宜中性或微酸性的土壤，不宜在低洼易涝的地块种植。喜肥，需肥量多。由于采收期长，所以必须满足其对氮素肥料的要求，并配合施用磷、钾肥和微量元素。

（二）栽培技术

1. 选用良种 目前以德国引入的"维塔萨"品种最好。生长势强、整齐一致。叶片浅绿色，叶面褶皱多，质地柔软鲜嫩，口感好，含钙量高，外观漂亮，观赏性好，可盆栽和插花。抗病性强，抗逆性好，产量高。每667平方米用种量20克左右。沃特斯，从美国引入，适用于鲜销和加工。植株中等高，成长叶无蜡粉，深绿色，叶边缘细裂卷曲，绿色，质地柔软风味浓。耐贮存、耐寒、耐热、耐肥、晚抽薹，采收期长，适合春、秋露地栽培，也可在冬季温室栽培。春季播种，管理得好，一直可延续采收至冬季。阿培达，从荷兰引进的杂种一代。植株中等高，叶片灰绿色，叶缘卷曲度大，外观丰满整齐，品质细嫩，风味好。适应性很强，可在春、秋季节露地栽培，也可于冬季保护地栽培，嫩叶经加工和烹调后仍能保持鲜绿的色泽和独特的风味。科仑内是从荷兰引进的杂种一代，早熟，株高中等，生长迅速整齐，适于机械化采收。耐寒性强，耐热、耐肥水，一般可于3月中旬播种，可陆续采收到10月下旬。

2. 栽培季节 北方地区，春、秋季种植在露地，春、秋、冬在保护地可种植。

①春保护地 12月～翌年2月播种育苗，1～3月定植，3～6月收获。

②春露地 2月中下旬保护地播种育苗，3月下旬～4月上旬露地定植，5月初～6月收获。

③秋露地 6～8月遮阳网播种育苗，7月下旬定植，9～11月收获。

④秋保护地 8～9月播种育苗，9～10月定植，10月至翌年5月收获。

3. 育苗　多采用育苗移栽，大面积种植也可采取机械或人工直播。每 667 平方米需育苗床 10～15 平方米，每平方米施用优质腐熟有机肥 3 千克，与床土掺匀。有条播和撒播两种方式，条播按 6 厘米距离开沟，2～3 厘米撒一粒种子；撒播应在浇透水后进行，下种要均匀，播后盖过筛的细土 1 厘米厚。冬季播后要盖地膜，保持床土湿润，提高地温。育苗床地温以 20℃左右为好，室温白天 20～25℃，夜间 10℃左右。2～3 片真叶时分苗 1 次，间距 6 厘米×10 厘米。壮苗标准：苗龄 30～35 天，真叶 5～6 片，叶片深绿，节间短，根系发育好，无病虫害。

4. 施肥与定植　因需肥量大，加之采收期长，因此需施足基肥并多次追肥。基肥每 667 平方米施用腐熟细碎有机肥 2 000 千克以上，撒均，深耕、整平，做成 6～8 米长，1.2 米宽平畦或高畦，每畦定植 2 行，行距 60 厘米，株距 40 厘米，每 667 平方米栽 2 800 株左右。

5. 田间管理　缓苗后中耕松土 1～2 次，提高地温，促进根系生长，并结合除草。前期少浇水，使土壤见湿见干；长有 10 片叶以后浇水次数增多，经常保持土壤湿润，但每次浇水量不要过大，以小水勤浇为好，有利于生长；有条件时最好安装滴灌设施。露地种植注意雨后及时排涝。采收期间每隔 15 天左右追肥一次，每 667 平方米穴施"一特"牌活性有机肥 100 千克，或氮磷钾三元复合肥 15 千克，深度 5 厘米。间隔 7～10 天，叶面喷施一次雷力 2 000 多功能液肥，或磷酸二氢钾，共喷 3～4 次。

冬季保护地栽培要做好保温防寒工作，揭苫后要进行通风换气。夏季中午应覆盖遮阳网并采取其他降温措施，使之在适宜温度下生长。

温室、大棚等保护地种植，在春季 3～4 月和秋季 11～12 月，可采取人工二氧化碳施肥措施，使室内 CO_2 浓度达到 1 000 微升/升，增加光合作用强度，具体方法：每 667 平方米可用固体硫酸（含量 70％）3 千克，加碳酸氢铵 3.5 千克，缓慢加入清水 4 千克，闭棚 1.5 小时后放风。

（三）病虫害防治

菜青虫成虫白天活动，卵产在叶背，幼虫群居取食叶肉，3 龄后分散为害，在早晚时于叶背、叶面处取食，使叶片边缘呈缺刻状。可用生物农药"百草一号"1 000 倍液或"Bt"喷雾或 80％敌敌畏或辛硫磷或杀螟松 1 000～1 500 倍液，或 40％氧化乐果 1 500～2 000 倍液喷雾防治。蚜虫繁殖量很大，常群聚在叶片、嫩茎为害，吸食汁液。防治方法是在刚发生时喷 40％氧化乐果 1 000～1 500 倍液或辛硫磷乳剂 1 000～1 500 倍液。保护地可悬挂环保诱虫板（黄板）进行诱杀，大量发生时可用生物农药"护卫鸟"1 000 倍液喷雾防治。甘蓝夜蛾可选用苏云金杆菌乳剂 500～1 500 倍液，气温 20℃以上时喷雾，或 3％敌宝可湿性粉剂 1 000～1 500 倍液，或 5％抑太保乳油或 5％卡死克乳油，或 5％农梦特乳油 3 000～4 000 倍液喷雾防治。斑潜蝇是毁灭性害虫，以幼虫钻叶为害，形成由细变宽的蛇形弯道。虫体微小，繁殖能力强，成虫飞行，农药防治极易产生抗药性，同时田间世代重叠明显，必须采用综合防治措施：严禁从有虫地区调运菜苗和携带活虫标本，防止人为传播。留心观察，发现受害叶片及时摘除，及时清除田间杂草及残体，烧毁或深埋。保护地悬挂黄板诱杀成虫，风口安装防虫网，防止成虫进入。药剂防治宜在早晨或傍晚进行，选用 40％绿草宝乳油 1 000～1 500 倍液，或 1.8％虫螨克乳油 2 000～2 500 倍液喷雾防治，成虫较多时可用敌敌畏烟熏剂熏烟防治。霜霉病属鞭毛菌寄生霜霉真菌，借风雨气流传播，防治方法：发病初期可选用 72.2％克露可湿性粉剂 600～800 倍液，或 69％安克锰锌可湿性粉剂 800 倍液喷雾防治。保护地内也可选用 5％百菌清粉尘或霜霉清粉尘，667 平方米 1 千克喷粉防治。

（四）采收

长到 10 片左右真叶时，可陆续采收下部嫩叶，每次采 1～2 片。注意去掉叶片平展、颜色深的没有食用价值的老叶。捆成 200 克左右 1 把，切齐叶柄出售。以后每 7～10 天采收一次，一般每 667 平方米产 1 500～2 500 千克。

五、抱子甘蓝

抱子甘蓝也称子持甘蓝、芽甘蓝、布鲁塞尔汤菜，为十字花科芸薹属甘蓝种中腋芽能形成小叶球的变种，以鲜食嫩小叶球供食用。原产欧洲地中海沿岸，欧美各国广为栽培，近几年成为风靡日本市场的高档名菜。我国仅在北京、上海、广州、台湾等地有少量栽培，其叶球外型小巧美观，玲珑可爱，质地柔嫩，纤维少而甘美。每 100 克小叶球含蛋白质 4.9 克，脂肪 0.4 克，糖类 8.3 克，β-胡萝卜素 3.25 毫克，维生素 B_1 0.14 毫克，维生素 B_2 0.16 毫克，维生素 C 114 毫克，钙 70 毫克，钾 413 毫克，钠 11.7 毫克，磷 75 毫克，铁 2.34 毫克，锰 0.22 毫克，硒 5.2 毫克。性甘、味平，含有一种特殊的化合物——异硫酸氰酸丙酯

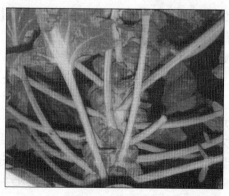

图 12　抱子甘蓝

等。叶内还含有微量元素硒。经常食用有防癌作用。故逐渐被人们接受，目前已在宾馆、饭店、节日装箱礼品菜、航空食品中走俏，深受消费者欢迎（图 12）。

（一）生物学性状

茎直立，株高 50～100 厘米，叶片近椭圆形，叶缘上卷呈勺形，叶表面褶皱不平，叶柄长，顶芽开放，不断抽生新叶，在茎周围叶腋处自下而上不断生出小叶球。球体扁圆形，长 3 厘米，直径 2～4 厘米，紧实。分为大球形和小球形两种类型，以小球形品质细嫩。复总状花序，完全花，花瓣黄色。异花授粉，长角果，种子圆球形，黑褐色，千粒重 4 克左右。

喜冷凉，耐寒性强，耐热性较结球甘蓝差，生长适温 18～22℃，叶球形成期适温白天 15～22℃，夜间 9～10℃，已长大的成株能耐－3～－4℃的低温；属长日照作物，对光照要求不严格，但光照充足植株生长健壮，叶球个大紧实。如在芽球形成期遇高温和强光照，则不利于芽球的形成；喜湿润的土壤条件但不耐涝，要求在土层深厚、疏松肥沃的地块种植。

（二）栽培技术

1. 选择优良品种　目前市场上品种较多，以下品种表现较好，适合北方地区种植。

①绿橄榄（Oliver）F_1　由荷兰诺华公司培育。早熟，定植后 100～120 天成熟，耐寒性强，产量高，品质好，适合春、秋保护地种植。

②早生子持 F_1　从日本泷井公司引进。早熟，定植后 90 天左右收获。株高 50～60 厘米，结球整齐而坚实，品质好。在较高或较低温度下均能结球，每株约采芽球 90 个，适合春、秋保护地种植。

③长冈交配早生　从日本引进的杂种一代。早熟、矮化，株

高 42 厘米，叶浅绿色，植株开展。芽球圆球形，较小。从定植到采收 100 天左右。

④探险者 从荷兰引进。晚熟，耐寒性很强。株中高至高型，生长粗壮，叶绿色有蜡粉，芽球多，圆球形，绿色，紧实，光滑，品质极佳，从定植至采收 150 天左右。

⑤斯马谢 从荷兰引进的杂种一代。晚熟，耐寒力极强。植株中高。芽球中等，深绿色，紧实，整齐，耐贮藏，速冻后颜色鲜艳美观。生长期较长，定植后 120～130 天开始采收。

⑥摇摇蓝者 从荷兰引进的杂种一代。高生型，中晚熟种。主茎叶灰绿色，芽球圆球形，紧实，绿色，每株能收小球百余个。成熟期整齐，适宜机械化一次采收，从定植到采收 110 天。

⑦王子 由美国引进的杂种一代。株高生型，株形苗条，小叶球多而整齐，可鲜销及速冻，从定植至收获 96 天。不耐高温，高温期小球易松散。

⑧温安迪巴 从英国引进的杂种一代。矮生型，株高 42 厘米，叶色灰绿色，长势整齐，中熟，芽球圆球形，绿色，从定植至收获 130 天。

⑨卡普斯他 从丹麦引进。早熟，矮生型，株高 40 厘米，叶绿色，不向上卷抱。腋芽密，芽球圆球形，中等大，绿色，质地细嫩，单株芽球 60～70 个，定植到采收 90 天，分 2～3 次采收。

2. 栽培季节 春、夏、秋三季均可露地栽培，春播、夏播较安全，如果秋播必须选择适宜品种，防止抽薹。春季露地栽培，早、中晚熟品种均可。华北地区播期晚熟品种可适当早些，12 月底至 1 月上旬在保护地播种育苗；中熟品种 1 月下旬至 2 月上旬播种，3 月下旬定植，6 月开始采收。夏、秋季可选用早熟或中熟品种，可育苗移栽，也可直播。播期分别为 4 月上中旬及 6 月中下旬，5 月中下旬及 7 月下旬定植。9 月或 10～12 月采收。

3. 育苗 最好用穴盘或营养钵育苗，精量播种一次成苗。春季用 72 孔穴盘，秋季用 128 孔穴盘。基质配比草炭、蛭石各 50%，每立方米加 40 千克活性有机肥或尿素、磷酸二氢钾各 1.2 千克。每穴播 1～2 粒种子，覆蛭石 1 厘米厚。保持苗期温度在 20～25℃。冬、春季注意保温，夏、秋季降温。壮苗标准：苗龄 30～40 天，苗高 15～18 厘米，茎粗 0.5 厘米，5～6 片真叶，叶色深绿。

4. 定植 因生育期长，植株高大，故应施足基肥。每 667 平方米施腐熟细碎有机肥 3 000 千克，或膨化鸡粪 1 000 千克。耕耙后做畦，做成 1.2 米宽高畦（或瓦垄式高畦）畦面高出地表 20～25 厘米（砂壤土可做平畦）。中、早熟品种每畦定植 2 行，平均行距 60 厘米，株距 50 厘米，每 667 平方米栽 2 200 株。定植不要过深。栽后要及时浇水。可在行间套种散叶生菜、油菜、樱桃萝卜等速生菜，待抱子甘蓝苗长高时收获完。

5. 田间管理 秋季定植后经常浇小水，降温和保护生长。植株生长中期以见湿见干为原则。当下部小叶球开始形成时，又要小水勤浇。此外，应注意雨后及时排水。

缓苗后中耕 1～2 次，结合进行除草。

缓苗后追 1 次提苗肥。定植后 30 天，小芽球膨大期、叶球始收期各追肥 1 次，每 667 平方米穴施膨化鸡粪 100 千克或氮、磷、钾三元复合肥 20 千克。同时进行叶面喷肥 3～4 次，每次使用"雷力 2000"多功能液肥 60～90 毫升，对水 1 000 倍喷到叶背面。或于株高 50 厘米左右时，用 0.2%磷酸二钾＋0.2%尿素混合喷施，或农保赞有机液肥 500 倍液喷雾。

当植株中部形成小叶球时，要将下部老叶、黄叶摘去，以利通风通光，促进小叶球的发育，也方便叶球的采收。随着小叶球的逐渐膨大，还需将小叶球的叶片从叶柄基部摘掉，防止叶柄挤压小叶球，使之变形。在气温高时，植株下部的腋芽和已变松散的小叶球也应及早摘除，以免消耗养分和为蚜虫提供藏身之处。

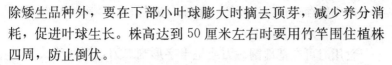

除矮生品种外，要在下部小叶球膨大时摘去顶芽，减少养分消耗，促进叶球生长。株高达到 50 厘米左右时要用竹竿围住植株四周，防止倒伏。

6. 保护地栽培要点　华北地区，秋季利用大棚栽培，可为孢子甘蓝的生长提供更长的生长期，产量也较高。根据大棚的特点，可将播期提前到 6 月上旬。大棚内安装微喷，以利降温。苗成苗后开沟定植，可不培土，摘顶芽可推迟到 10 月下旬，使腋芽数增加。另外要注意钙的补给。在用微喷灌溉时，常造成棚内土壤含盐量高，影响对钙的吸收。解决的方法是在高温期过后，改微喷为沟灌，灌水量要大，并叶面喷施 0.3％的磷酸钙，或 0.3％～0.5％的氯化钙，1 周 1 次，连喷 3～4 次。

利用节能日光温室栽培，在春、冬、秋季均能提供孢子甘蓝更适宜的生长条件，会获得更好的产量和优质产品。秋季播期 7～10 月均可，品种除选用早熟的外，还可用中熟品种。摘顶芽的时间可根据情况进行，追肥次数也须增加。收获期从 11 月至第二年 6 月。

7. 病虫害防治　霜霉病发生初期用 75％的百菌清可湿性粉剂 600～800 倍液，或瑞毒霉锰锌可湿性粉剂 400～600 倍液，或可杀得 600～800 倍液，交替喷洒。黑腐病用 50％代森铵 1 000 倍液，7～10 天 1 次，连续 2-3 次，特别注意收获前 15 天必须停止用药。小菜蛾、菜青虫可用复方菜虫菌可湿性粉剂 800～1 000 倍液，或 1％威霸乳油 600～800 倍液，或抑太保乳油 1 000～1 500 倍液，或 50％宝路可湿性粉剂 1 000～1 500 倍液，或 50％抗虫 922 乳油 500～800 倍液，或 98％巴丹原粉可湿性粉剂与 Bt 制剂复合使用。蚜虫可用 50％辟蚜雾可湿性粉剂 2 000 倍液，或 40％克蚜星乳油 800 倍液，或 40％乐果乳油 800～1 000 倍液喷洒。

8. 采收及食用　小叶球是由下而上逐渐形成，当叶球坚实时，用小刀割下小叶球，装入打孔的保鲜袋中，外用纸箱包装，放于冷库暂存。在温度 0℃，遮光、相对湿度 95％～100％的条件下可贮存两个月以上。

食用时可在基部割一刀或呈十字形割二刀，深及球长 1/3，以利煮透和入味，可清炒、清烧、凉拌、作汤、涮火锅、腌渍等。

六、春大白菜、夏大白菜和娃娃菜

大白菜又称结球白菜、黄芽菜，是我国的特产蔬菜。南北各地都有，具有高产、优质、味美、耐贮藏等特点，种植面积约占秋菜的 60％，是我国北方冬春供应的重要蔬菜之一。大白菜喜欢温和凉爽的气候，过去多在秋季栽培，现在可以春播夏收；夏季播种，8 月采收和利用微型品种娃娃菜的栽培（图 13）。

图 13　白　菜

（一）春白菜栽培要点

春白菜是把结球白菜于早春播种，春末夏初供应的一种栽培方式。因大白菜在低温下容易通过春化阶段，而春白菜正是在早春温度低时播种的，之后温度又迅速升高，这种气候条件恰好符合其抽薹开花的要求。6月中旬后，气温偏高不适于白菜的营养生长，因此结球更加困难。栽培时要注意以下几个关键问题。

1. 选用良种，适时播种 春季温度上升快，适合大白菜生长的时间很短，要选生长快，抗热性强，容易结球，并且抽薹率低的品种，如春黄、鲁春白1号、春秋54、春34、菊花心、春冠、阳春、春大将、肥城卷心、章丘狮子头、太原1号以及郑州早黑叶等。

春白菜适宜于育苗，大多数采用冷床育苗，若能用半温床效果更好。具体播期按定植日期确定。春白菜一般在气温达12～15℃时定植，育苗期需要30～35天，所以华北地区的适宜播期为2月中下旬，雨水前后最好。因为这时气温已稳定在5℃以上，床温一般也不低于10℃，育苗温度不太低，可以减少先期抽薹。

春白菜也可直播，但播期不宜太早。一般多在3月下旬至4月初，直播的生长期短，产量较低。

2. 加强管理，促进结球 春白菜一般要在6月中旬前收完，生长期短。育苗者最多110天，直播者仅约85天，甚至50～60天。所以要加强管理，一促到底，迅速发棵结球，才能取得良好效果。定植或直播后最好用拱棚盖塑料薄膜保温，提高地温和气温。早中耕松土，促进发根。早施、重施追肥，多用速效性氮肥，加速莲座叶的尽快形成，争取5月中旬前开始结球。从4月下旬开始，气温已经升高，要勤灌水，经常保持土壤湿润，切勿干燥。否则，不仅影响菜叶的生长速度，降低结球率，而且会发生先期抽薹现象，降低品质。

3. 病虫害防治 春白菜病虫害多，特别是蚜虫、菜青虫和软腐病较多，要及时防治。

（二）夏白菜栽培要点

夏白菜指夏季播种，8月份采收的大白菜。夏白菜生长期正处盛夏，高温、干旱、暴雨、病虫害对生长影响很大，栽培中要注意以下几点。

1. 品种选择 要选择抗热、抗病、生长快、结球好的品种，如北京小杂 60 号、夏丰、青研 1 号、夏阳早 50、丰研夏帅、热抗白 45 天、双冠、夏月等。

2. 精细播种 地要肥，耕前每 667 平方米施腐熟厩肥 5 000 千克，过磷酸钙 20 千克，硫酸钾 10 千克。耕翻后，耙碎，整平。一般做成垄畦，垄高 15～20 厘米，垄距 50～70 厘米，垄顶要平整，细碎。6 月份在垄顶开穴直播，每垄 1 行，穴距 50～60 厘米，每穴播种 5～8 粒。最好趁墒播种，或开穴后，按穴灌水后播种。播后覆细土，厚 1～1.5 厘米。播种后最好用遮阳网覆盖，降温、保湿，保证苗齐苗壮。也可育苗移栽，但苗龄要小，并带好土坨，尽量减少缓苗期。同时，育苗时适宜银灰色遮阳网遮阳，以减少蚜虫为害。

3. 加强管理 夏白菜生长时期很短，整个生长期要以促为主，加速生长。苗期浇水掌握三水齐苗，五水定棵。出苗期浇 3 次水，做到水不漫顶，渗湿苗穴，地不板结，起保墒降温，促进出苗的作用。4 次和 5 次水为间苗水和定苗水。浇水后或雨后及时中耕。结合定苗水施 1 次发棵肥，每 667 平方米用尿素 10 千克，或硫酸铵 15 千克，穴施或沟施。施肥点距苗 8～10 厘米，少伤根叶。包心前 10 天浇 1 次透水，中耕后蹲苗。当叶色转绿，叶片变厚，中午略显萎蔫时结束蹲苗。蹲苗后浇头水时，结合浇水，顺水每 667 平方米施尿素 15 千克。以后经常观察，地表发白时及时浇水，直至采收前 5～7 天停止浇水。

4. 病虫害防治 主要病害为软腐病和病毒病，主要虫害为菜青虫和蚜虫，除药剂防治外，浇水时水不淹茎基，定植密度不可过大。如果有软腐病可用 200 毫克/升链霉素喷洒，尤其是根颈部及叶帮处要多喷药。如果有发生病毒病感染迹象时，可用银叶灵喷洒。

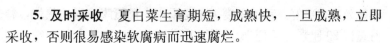

5. 及时采收　夏白菜生育期短，成熟快，一旦成熟，立即采收，否则很易感染软腐病而迅速腐烂。

（三）娃娃菜的栽培

娃娃菜又叫微型结球白菜、嫩芽菜，是近五六年国内发展的新的大白菜品种，属于小型白菜，株型较小，单株净菜 150～200 克，要求叶球抱合坚实，匀称，外叶翠绿，心叶鲜黄，叶肉致密、柔嫩、不易碎。生产上宜选个小、株型好、早熟、抗热、耐抽薹、适宜密植并具有较强抗病力的品种，如春秋美冠、京春娃娃菜、红孩儿、春玉黄等。生长适温 5～25℃，低于 5℃，易受冻害，抱球松散，或无法抱球；高于 25℃，易感染病毒病，平地夏季温度高，不适宜种植。主产区在云南、甘肃、河北坝上等地，北京春季在日光温室、大棚，秋季在露地栽培面积不断扩大。一般宜选择海拔 600 米以上处种植。播期一般在 4 月下旬至 8 月上旬，株行距 25 厘米×25 厘米。整个生育期不宜大肥大水，以防徒长。达八分成熟时采收。除去多余外叶，每袋 3～4 个小包装上市。

甘肃省榆中县，采用小高畦地膜覆盖方式栽培，耙糖平整后以施肥沟为中线做畦，畦宽 60 厘米，沟宽 30 厘米，耙平畦面，地膜拉紧铺平，紧贴地面，四周用土覆盖，一般 5 月下旬至 7 月上旬直播，每畦 4 行，株行距 15 厘米×15 厘米。

浙江温州市在海拔约 100 米平原蔬菜基地进行的春季栽培试验证明：微型结球白菜春季栽培，对播期要求非常严格。播期过早，由于低温春化，易引起先期抽薹；过迟，则因生长后期高温、长日照，容易导致结球不紧实或者结球率下降。试验表明，春月黄和绿箭两种，采用大棚覆膜栽培，以 2 月 15 日至 25 日播种最佳，但苗期要注意保持温度在 15℃以上，防止生长后期出现抽薹；采用露地栽培，播期可安排在 2 月 25 日至 3 月 7 日，前期播种要采用地热线保温育苗，后期可露地直播，其中绿箭播期适当推后结球效果会更好。种植密度无论是采用大棚覆膜或露地栽培，春月黄以 20 厘米×25 厘米、绿箭以 20 厘米×20 厘米为宜。

浙江地区平原蔬菜基地，一般早春气温回升快，较适合微型结球白菜栽培，但进入 4 月中下旬后，天气迅速转热，日照增强，会对结球不利，而且病虫危害加剧。针对这种情况，采用大棚覆膜栽培时，建议 4 月中下旬后要及时揭去覆膜通风降温，或加盖防虫网减轻虫害；采用露地栽培时，建议采用高垄窄畦，以利于排水和通风，雨季若能采用小拱棚覆盖，则可大大降低软腐病发病率。

江苏淮北地区娃娃菜栽培面积逐年扩大，2008 年仅徐州市已达到 620 余公顷，随着面积的扩大，娃娃菜生产的问题逐渐显现，如栽培季节单一，主要集中在秋季生产，市场供应淡旺不均，栽培技术不配套等。2009 年徐州生物工程高等职业学院刘飞等人采用塑料棚多层覆盖栽培，使娃娃菜的定植期提前，既能防止低温和长日照的影响造成抽薹，又能防止生长后期高温的影响，延长结球期，显著提高产量和品质（图 14）。

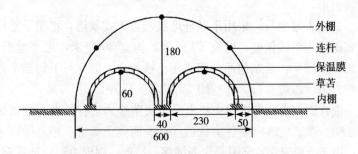

图 14　多层覆盖塑料拱棚结构及规格（单位：厘米）

第三章
根菜类特菜

一、迷你萝卜

迷你萝卜又叫樱桃萝卜，是一种小型萝卜，生育期较短，肉质根生长迅速，每茬生长期不足1个月，根皮深红色，色泽美观，可以生食、炒食或腌渍，风味独特，是优质无公害蔬菜，深受消费者欢迎（图15）。

图15　樱桃萝卜

（一）品种选择

目前国内尚无大规模推广的迷你萝卜品种，进口品种主要有日本的"二十日大根"和"四十日大根"两种，其中又以"二十日大根"栽培更为普遍。这两个品种的肉质根均为圆形，直径2～3厘米，充分膨大的单根重15～20克，根皮红色，肉白色，株高20～25厘米，适应性强，不耐热，适宜于早春、秋季露地和冬季保护地栽培。两者主要区别为：前者喜温和气候，生长期20～25天；后者抗寒能力较强，生长期30～35天。

（二）土壤要求

迷你萝卜肉质根较小，生长期短，应选择质地疏松、排灌良好的沙壤土。对土层厚度要求不严格，深度在20厘米以上即可，土壤中不能有石块、瓦砾等杂物，避免肉质根出现分叉等畸形。不宜选择种植多年的熟菜地，因其表土较为肥沃，而且一般氮素偏高，容易引起叶片旺长，造成营养失衡，多生须根，从而影响根部正常膨大。此外，熟菜地残留病原物，害虫基数较多，易发出病虫害。

（三）整地做畦

迷你萝卜栽培在适宜的土壤里，肉质根才能肥大、形状端正、外皮光洁、色泽美丽、品质良好。因此，整地要求深耕晒土、平整细致、施肥均匀，才能促进土壤中有效养分和有益微生物的增加，并能蓄水保肥，有利于根对养分及水分的吸收。施肥以基肥为主，一般不需追肥，可一次性施入有机肥和复合肥，一般667平方米施腐熟厩肥2吨左右做基肥。施肥如不均匀，容易造成局部肥害。整地后做成平畦，畦宽1～1.2米，也可做成垄高10厘米的高畦，方便田间管理。

（四）播种

露地播种，春季一般在3月中下旬至4月下旬，秋季在8月上旬至10月初，温室栽培可以安排在10月中旬至3月上旬。深冬气温较低时，播种前7～10天闭棚烤地，棚内地温稳定在5℃以上时播种。夏季由于高温多雨，肉质根品质差，不宜种植。为了便于采后及时加工处理，宜采取分批错开播期方式。播前3～4天浇足底水，水分均匀渗下、表土稍干时整平地面播种。行距15厘米，株距3厘米，播种深度1.5～2厘米，667平方米播种量1～1.2千克。

（五）田间管理

迷你萝卜生育期短，田间管理相对比较简单。露地栽培出苗前如遇雨天，可能造成土壤板结，应及时松土，使发芽的种子顺利出土。苗期少浇水，有利于抑制地上部徒长。从破肚到肉质根形成约需 15 天，这期间要保持田土湿润，不过干也不过湿。浇水要均匀，土壤含水量以 70%～80%为宜。若水分不足，会使肉质根的须根增加，造成外皮粗糙、辣味浓、糠心等现象。冬季保护地栽培要注意保温防寒，出苗后白天保持 15～20℃，夜间 8～10℃，不能低于 5℃。幼苗破肚后、肉质根膨大期白天棚温保持 13～18℃。生长期间一般不追肥，如果植株过分矮小或叶片颜色发黄，可随浇水施用少量速效氮肥，并喷施 0.3%磷酸二氢钾溶液。及时中耕除草，有利于土壤保持疏松，防止板结，促进肉质根的正常膨大。

（六）主要病虫害防治

1. 猝倒病　在多次重茬地块苗期容易发生，一般出苗后 5～6 天内发病。简易防治方法：将农家加工泡菜、酸菜用的泡菜水对入少量活性乳，按 1∶4～5 的比例加水稀释，每 2～3 天喷雾 1 次，利用其中的乳酸菌可有效抑制该病的发生。

2. 黑斑病　真菌性病害。发病前用 75%百菌清 500～600 倍液或 50%速效灵粉剂 1 500 倍液，每 5～7 天防治 1 次。发病初期，喷洒 50%多菌灵 800 倍液，每周 1 次。

3. 蚜虫、菜青虫　高温干旱时易发生，注意及时抗旱浇水，虫害初期用 2.5%溴氰菊酯 2 000～2 500 倍液喷雾防治。

（七）采收

迷你萝卜春秋季栽培，一般生长 20～22 天即可采收，冬季寒冷季节生长期可达 28～32 天。肉质根直径 2 厘米以上，单根重 10～12 克时要及时采收。采收过早影响产量，过迟肉质根纤维增多，易产生裂根，糠心，影响质量。收获前先浇水，使土壤松软潮湿，收获时茎叶连同肉质根一同拔起。采收后挑选色泽鲜艳、形状匀称的肉质根，带叶洗净，即可销售，一般商品产量可达 1 千克/平方米。

二、春胡萝卜、微型胡萝卜和胡萝卜芽球

胡萝卜又叫红萝卜、丁香萝卜、黄萝卜、金笋、赤珊瑚、黄根、番萝卜、胡萝菔金，原产于中亚和地中海地区，12 世纪传到北欧，14 世纪传到中国。我国南北各地均有种植，尤以宁夏、新疆、陕西、四川、山西、山东、河北、浙江、江苏等省（自治区）栽培较多（图 16）。胡萝卜是人们食用最多的蔬菜之一，美国把它列为前 10 位的蔬菜。据 2005 年 FAO（世界粮农组织）统计，我国胡萝卜种植

图 16　胡萝卜地上部分、地下部分形态

面积约 45.3 万公顷，占世界总面积的 42.1％，我国已成为胡萝卜全球主产区。全世界每年每人的消费量平均 3 千克。

胡萝卜的病虫害少，容易栽培，耐贮存。它除富含糖分，味甜美，既可生食，又能煮、炒和加工外，还含有多量的胡萝卜素，每 100 克鲜重就含 1.67～12.1 毫克，含量高于番茄 5～7 倍。这种物质消化水解后能变成维生素 A，是小儿生长期不可缺

少的营养成分；成人常吃可以增加对疾病的抵抗力。据英、美癌症研究机构20多年观察后断定，经常吃胡萝卜及其富含维生素A的人群，比不常吃此类食物的得肺癌机会要减少40％。美国科学家最新研究，每天吃两根胡萝卜，可使血中胆固醇降低10％～20％；每天吃三根，对预防心脏疾病和肺癌有奇效。所以说胡萝卜是一种具有较高营养价值及一定医疗作用的蔬菜。《本草纲目》中说，胡萝卜可"下气、补中，利胸膈肠胃，安五脏，令人健食"，常用之防止因维生素A缺乏而引起的疾病。胡萝卜中的木质素有提高生物体的免疫力和间接消灭癌细胞的作用。吸烟是引起肺癌的重要因素，而大量食用胡萝卜，能帮助吸烟的人减少患肺癌的危险。同时，维生素A还能预防夜盲症和干眼病，保护眼睛，所以经常看电视的人、有眼疾的人，更需要多吃胡萝卜。胡萝卜中含有果胶，能与汞结合，使汞离子很快排出人体，降低血液中汞离子的浓度，防止汞中毒。维生素A能润泽皮肤，维生素B能展平皱褶，消除斑点，吃胡萝卜可使皮肤更加丰润，头发健康。所以有人称胡萝卜是"皮肤食品"。胡萝卜的叶子营养也十分丰富，除可食用外，也是牲畜的好饲料。过去胡萝卜主要在秋季播种，冬前收获，现在还出现了春胡萝卜，微型胡萝卜和胡萝卜芽球栽培等新型栽培方式。

（一）生物学性状

胡萝卜是伞形科二年生双子叶植物。根系发达，播种后90天主根可深达180厘米。肉质根外面有4行螺旋状排列的分歧的吸收根。胡萝卜的主要食用部分是次生韧皮部，其含有丰富的蔗糖、葡萄糖、淀粉和胡萝卜素。肉质根的髓部（心柱）为次生木质部，含营养物质少。所以优良品种的韧皮部厚，木质部小。

胡萝卜的叶由短缩茎上长出，全裂，三回羽状复叶，裂片呈针状至披针状，叶面积小，其上密生茸毛，抗旱力强。花茎高1～1.3米，中空有节，善分枝。花序复伞状，每一大花序由10～150个小伞形花序组成。每一小伞形花序有单花20～70朵，每一大花序平均有3 650朵左右的花。在花序上，凡愈向外侧的花发育愈好。整株的开花期长达1个月。主花茎开花早，约经7日，于其终花前3～4日，次一级的侧花序才开，渐次向下。所以采种时，除留主花茎和发育良好的少数侧枝外，其余宜早摘除。花白色，5瓣，子房由2心皮构成，授粉后形成两个双悬果，成熟后分裂为二。果实黄褐色，表面有纵沟和刺毛。每果含1粒种子，千粒重1～1.5克，有毛种子1升200克，无毛者1升500克。因种子有毛，相互黏结，不易分离，播前应搓去刺毛。加之，种皮革质，透水性差，且含挥发油，不易吸水，发芽慢。同时，由于开花的先后和开花时气候的影响，有的种子常无胚或胚发育不良，所以一般发芽率仅70%左右。种子寿命4～5年，2年后发芽率降低。

胡萝卜的耐热性和耐寒性高于萝卜，所以播种期比萝卜早，而收获期又比萝卜晚。胡萝卜种子在4～6℃时能萌动，但发芽慢，发芽适温为20～25℃。生长适温白天为18～23℃，夜间13～18℃，地温18℃，3℃时生长停止。胡萝卜为二年生绿体春化型作物，营养生长期一般为90～140天。通过春化阶段的苗龄早熟种5片真叶，晚熟种10片真叶，于15℃以下低温中经过25天，再于高温长日照下抽薹开花。我国大部分地区胡萝卜在夏秋季播种，不具备通过春化阶段的低温条件，故抽薹现象较少，有时有个别抽薹者，多系陈旧种子所致。近年来春播胡萝卜面积日益增加，如果品种选择不当，管理欠妥，先期抽薹现象就会很严重，这是必须注意的。胡萝卜对土壤条件的要求与萝卜相似，以pH值5～8、孔隙度高的沙壤土中生长最好。为了生产根形优美、光滑、优质的产品，耕层深度必须达25厘米以上，紧实度18以下，使土壤处于疏松状态。

（二）春萝卜栽培要点

胡萝卜种子发芽时需要较高的温度，其生长的适宜温度白天为 $18\sim23℃$，夜间为 $13\sim18℃$。如温度过高，呼吸强度升高，消耗营养多，不利于肉质根的肥大。而春季种植胡萝卜时，播种时因气温低，发芽迟，生长慢，加上肉质根膨大期正值 $5\sim6$ 月份，温度迅速升高之际，不利于肉质根的发育。所以要种好春胡萝卜，必须掌握以下关键技术。

1. 选用良种 应选冬性强，抽薹晚，生长期短又较耐热丰产的品种。通常作春胡萝卜的品种，也可秋冬栽培，但秋冬栽培的胡萝卜，不一定都能作春胡萝卜栽培。适宜春季栽培的胡萝卜品种，一般生长旺盛，复羽状花叶，肉质根圆锥形，多数品种根长 $12\sim17$ 厘米，橙红色，中心柱较细，色泽美观，品质优良，单根重 $100\sim150$ 克，大的可达 200 克，生长期约 100 天。目前生产上用的品种，多从国外引入，较好的有日本的时无五寸、春时金港、黑田五寸、花不知旭光、春时金五寸及韩国的明珠五寸等，其中以黑田五寸栽培较多。江苏省农业科学院蔬菜研究所从日本引种筛选出的四季胡萝卜，北京市农林科学院蔬菜研究中心选育出的京红五寸、春红 1 号、春红 2 号等都适合春播。

2. 整地施基肥 春胡萝卜生长期短，加之生长前期温度低，根系吸收力弱，因此应尽量选择土层深厚，土质疏松肥沃，排水良好，向阳，升温早的沙壤土或壤土。播种前需深耕细作，结合耕翻，每 667 平方米施腐熟农家肥 5 000 千克，另加磷肥、钾肥和速效氮肥 15 千克，耕翻、耙碎、整平后打畦做垄。垄宽 $1.5\sim1.6$ 米，高 $15\sim20$ 厘米。

3. 适期早播，盖膜提温 春胡萝卜在长江流域露地栽培多在早春 $2\sim3$ 月份直播，北方地区在 3 月中下旬直播。露地播种时均行地膜覆盖，还有利用小拱棚覆盖的播种期可提早到 $1\sim2$ 月份，白天棚内温度可上升到 25℃ 左右。早春晚间温度低，有利于春化，但因白天棚膜的高温而使之发生脱春化，不至引起先期抽薹，从而达到提前播种、提早上市的目的。

播种前要先将种子晒干，搓去茸毛，用凉水浸泡12小时取出，置于20～25℃温度处催芽后，拌沙，趁墒播种。多用条播，行距15厘米。地膜覆盖栽培的，最好用开孔地膜，地整好后盖地膜，每穴播5～6粒种子，用另外准备好的壤土覆盖。用无孔透明薄膜覆盖时，整地后按普通方法开孔点播，或播种后盖膜，出苗时再在播种行上开孔。播种时土壤水分要充足，播种后加强保墒，并防止土壤板结。每667平方米播种量400～500克。

为了使出苗快而齐，长势强，产量高，最好用流体播种技术。操作方法：将种子刺毛搓去，用55～53℃温水浸泡4～6小时，后置常温水中，漂去秕粒，捞出，置器皿中催芽。待种子露白芽，长不超过2毫米时，将其置于保水剂胶体悬浮液中，每立方厘米5～10粒，用单行或3行流体播种机播种。无流体播种机时，可把悬浮有种子的流体播种液置于铝壶中，流播于事先已开的播种沟内。流体播种保水剂悬浮液的配制，以种子均匀悬浮起来为准，加入0.1%的50%多菌灵粉剂，0.1%抗旱剂等。这样，播后5天出苗率即达66%，第六天达89.6%，比常规方法播的早出苗8天，而且植株生长迅速，可增产27.4%。

4. 田间管理 幼苗出齐后分2～3次间苗。3～4片真叶时，按12～14厘米距离定苗。结合间苗进行中耕除草。若在播种后出苗前用33%二甲戊灵乳油80～100毫升，对水50升，或50%扑草净可湿性粉剂100克，对水30升喷洒，可以减少杂草。为获得高产，整个生育期要浇水追肥2～3次。第一次浇水不要太早，防止降低地温。一般在定苗后5～7天进行，水量要小。结合浇水，每667平方米施硫酸铵2～3千克，过磷酸钙2～3千克，钾肥1.5～2千克。植株8～9片真叶时，肉质根开始膨大，是需水肥最多的时期。每667平方米施硫酸铵7千克，过磷酸钙3～4千克，钾肥3～4千克，并适时灌水，保持土壤湿润。

为防止肉质根膨大时露出地面，形成青肩，中耕时要向植株周围培土。

5. 拱棚覆盖栽培管理的特点　抽薹是春播胡萝卜栽培中最容易发生的问题。抽薹性在品种间差异很大，一般暖地型品种在真叶 5 片、株重 7 克以上，15℃以下低温超过 25 天；寒地型品种在真叶 10 片、株重 15 克以上，15℃以下低温达 25 天以上时都能抽薹。拱棚栽培时，早春气温常低于 15℃，晚上甚至低于 0℃，在这种温度下黑田五寸胡萝卜很少抽薹，可能是因白天温度高达 25℃，将夜间低温形成的抽薹促进物质抵消所致。所以幼苗 5～6 片真叶前，为促进生育与防止抽薹，在不致产生高温障害情况下，拱棚应密闭。当棚内气温超过 30℃时缓慢通风换气，使温度保持 25～30℃，10 叶期后温度达 25℃时再行通风换气。大致到 4 月中下旬，平均气温达 12～13℃时开始撤棚。

裂根有多种原因，拱棚内的气温降低至 -5℃时，根表细胞冻结破坏，停止生长；加之在低温、干燥中生育不良，根内细胞未能充分分裂，4 月份后温度升高，内部细胞分裂增大，因膨压而造成裂根。所以要采取往前推算的办法，选择 4～6 片真叶期，平均气温不低于 6℃时播种。合理灌水，防止土壤水分含量发生剧烈变化，是防止裂根的有效方法。为此，生育初期以 pF 1.8（pF 表示土壤水分含量，pF 越大，表示土壤含水量越少）为宜，中期为 pF 2 左右，接近收获时以 pF 2～2.2 为好。

地膜覆盖能有效地提高地温，根部肥大快，既可防止裂根，又对优质高产有巨大作用。

6. 采收与利用　春胡萝卜到 5～6 月份开始采收。成熟的标准是叶片不再生长，不见新叶。高温期采收后容易腐烂，需经预冷后再贮藏至 0～3℃冷库中，可在整个夏季供应市场。

（三）微型胡萝卜的栽培

微型胡萝卜又叫小胡萝卜、婴儿胡萝卜、娃娃胡萝卜、迷你胡萝卜、袖珍胡萝卜、水果胡萝卜。它并非是完整的小胡萝卜，而是由成熟的长根形胡萝卜切成5厘米左右的段，并去皮形成的短棒状胡萝卜段，一般用塑料袋包装销售，每袋0.453 6千克。这种微型胡萝卜外观小巧，形状一致，口感佳，食用方便。20年前由美国加利福尼亚农场MiKe Yurosek提出，到20世纪90年代后期发展到顶峰，大约占胡萝卜市场的1/3，价格是普通鲜胡萝卜的2～3倍。

1. 品种选择 适用于加工的微型胡萝卜通常为"cut and peel"（分段去皮）类型，要求根形为细长柱形，长24～30厘米，粗1.5～2.3厘米，可切成3～4段，心柱细小，表皮、韧皮部和木质部颜色一致，均为深橘色，口感甜脆，粗纤维少，没有怪味。目前，生产上使用的品种主要是Imperator和Nantes，其中Imperator占有95％的市场份额。据美国"Carrot country"胡萝卜专刊统计，1999—2006年各公司推出的新种，新组合近60个，其中52％为"Cut and peel"类型，根为深橘色或橘红色，比较优良的品种有Prime Cut、sweet cuts、Morecuts等。美国胡萝卜育种学家对微型胡萝卜的品质提出更高要求，而且提议培育其他颜色类型的品种，如白色、黄色、紫色等，这样不仅可以丰富胡萝卜品种类型，而且这种品种具有不同营养成分，特别是紫色类型，花青素含量较高，具有防老化、抗癌等功能。以色列加工公司，将微型胡萝卜细分成KSS、GSS、M、K等不同等级，KSS级别的长为10～45毫米，宽6～16毫米，非常适合小孩食用；M级别的长度为30～80毫米，宽12～18毫米，比较适合年龄大的中小学生和成人食用。

2. 播种 微型胡萝卜从播种至采收仅需50～70天，对栽培环境条件的要求与普通胡萝卜基本相同。东北、西北部分地区，一般是一年一茬栽培，5～6月份播种，9～10月份采收。福建、广西地区也可发展，一般采用越冬栽培方式，9～10月份播种，翌年2～4月份采收。华北地区可在保护地春、秋、冬季种植，露地春、秋季种植，高寒和冷凉地区夏季种植。春季播种应在 10 厘米地温稳定在 10℃ 以上时进行，春日光温室在 2 月上旬，春大棚在 3 月上中旬，春露地在 3 月下旬至 4 月上旬；冷凉地区夏季在 5～7 月播种；秋露地在 8 月上旬至 9 月上旬播种，秋日光温室 9 月以后可陆续播种。

宜选择土层深厚、疏松肥沃、排水良好的沙壤地块种植。将前茬的残株、烂叶和杂草清除干净，每 667 平方米施充分腐熟细碎的有机肥 2 800 千克，草木灰 100 千克，过磷酸钙 20 千克。耕深 20 厘米以上，耙细、耙平，按 1.3～1.5 米的间距做小高畦，畦面宽 90～110 厘米，高 15～20 厘米，长 8～10 米。沙质土壤也可采用平畦种植。

每 667 平方米用种子量 250 克，播前晒种 1 天，再用 30℃ 温水浸种 2～4 小时，捞出，用纱布或软棉布包好，在 20～25℃ 下，催芽 2～3 天，种子露白后播种。也可用干籽直播，条播、撒播均可。条播时按行距 15～20 厘米开沟，沟深 2～3 厘米，播后覆土，厚 1.5～2.0 厘米。用浸种催芽的种子播种，要先浇底水，水渗下后再播种覆土。早春播后要覆地膜，70% 出苗时揭去。在风多、干旱地区以及夏秋露地播种后覆盖一层麦草，可起到降温、保墒、防大雨砸苗的作用，苗出齐时撤去。

3. 栽培管理 幼苗 2～3 片真叶时第一次间苗，株距 3 厘米，行间浅中耕松土。4～5 片真叶时，结合中耕除草进行定苗，株距 6～8 厘米。

冬春保护地种植，要采取保温措施，经常打扫和擦洗棚膜，增加透光率。浇足底水后苗期尽量少浇水，以防茎叶徒长；肉质根开始膨大至采收前 7 天，应及时浇水，保持土壤湿润，但不要一次浇水过大，宜小水勤浇，促进肉质根迅速膨大。夏季种植，11 时至 15 时，棚顶覆盖遮光率 60% 的遮阳网，以减少日照时数，降低棚内温度。从播种至出齐苗应 1～2 天浇 1 次水，以利于降低地温；降雨后应及时排水；出苗后到肉质根膨大期，应少浇水，5～7 天浇 1 次水。

基肥充足可不必追肥。若基肥量少，应在肉质根膨大初期追 1 次肥，于行间开沟，每 667 平方米追施三元复合肥 15～20 千克，生长期间叶面追肥 2～3 次，可用 0.3％磷酸二氢钾温水溶解后喷施。夏秋季晴天喷施，要避开中午，以免蒸发过快，影响效果。

4. 采收　肉质根充分膨大时适时采收，过晚商品性差，过早产量低，口感差。挖出后留 3～4 厘米的缨，清水洗净后用保鲜袋或托盘加保鲜膜包装后出售。一般每 667 平方米产量 1 000～1 500 千克。

（四）胡萝卜芽球的生产

利用胡萝卜肉质根培育的菜芽，称胡萝卜芽球。培育方法如下。

1. 品种选择　选用肉质根为圆锥形或短圆柱形，颜色为黄皮的品种，产量高；其次为红皮者；紫皮的产量最低。以心柱粗大，短缩茎大，根丛生叶多，侧芽繁茂，培育出的菜芽多。最好用经过冬贮，未受冻害，也无病虫，根系完整的。

2. 主要设施　用木盆或塑料盆或育苗盘，内装无菌的细沙做床土。床土消毒：用代森锌按 80 克/立方米与床土拌匀，密封 3 天，晾晒 2 天，待无药味时装入床中。也可用福尔马林 50 倍液按 30 千克/立方米于床土中，混匀，堆好拍实，密封 5 天，晾晒 10 天，无药味时装入床中。

3. 生产过程　将消毒床土装入培养容器，厚约 30 厘米，把胡萝卜斜栽或垂直栽入。顶部与土表平齐，株行距 10 厘米×8 厘米，顶部再培厚 3 厘米的沙土，喷透水后，盖塑料薄膜，温度保持在 20℃左右。经 4～5 天长菜芽，揭开薄膜，支起小拱棚，进行遮光培养。当芽球高至 3 厘米左右，趁其未展开时，覆盖 3 厘米厚的细沙，将芽球埋在细沙内，使之变成黄绿色，再长出 3

厘米高的绿球，趁芽球未展开时再覆 3 厘米厚的细沙，如此一般覆 3 次细沙后不再覆沙，使其见光生长，再长出 3～4 厘米高的绿体菜芽时采收。

4. 采收　将细沙扒开，从茎基部将整个菜芽掰下，可得到基部为黄绿色，顶部为绿色，中间为波浪式，有粗有细的一束菜芽，高 12～15 厘米。也可将胡萝卜从细沙中挖出，掰下菜芽，及时包装上市。暂不上市时，宜于 1～5℃ 中保湿，可保存 1 周左右。

在整个生长过程中，水分不可太多，以防止烂根。每次培沙的时机必须适当，应在遮光条件下培养，趁芽球未展开覆盖细沙，覆沙后喷水。

（五）病虫害防治

1. 软腐病　主要危害地下部肉质根，田间或贮藏期间均可发生。初期，外围叶片基叶短缩，茎上发生水渍状软腐，外叶萎蔫，以后肉质根组织腐烂，呈灰褐色，汁液外流，具臭味。

该病由胡萝卜软腐欧文氏菌胡萝卜软腐致病型引起。此外，胡萝卜软腐欧文氏菌黑腐致病型也可引起。该病菌属细菌，寄主范围广，除伞形科外，十字花科、茄科、百合科、菊科均可受害。生长发育的最适温度为 25～30℃，最高 40℃，最低 2℃，致死温度 50℃ 经 10 分钟。不耐光，不耐干燥，在日光下暴晒 2 小时，大部分死亡。在无寄主土壤中只能存活 15 天左右。通过猪消化道后全部死亡。病菌随病株越冬，通过雨水、昆虫等传播，主要从伤口侵入。

防治方法：选择平整、排水良好的地块种植，防止积水，及时治虫，精心操作，减少伤口。发现病株及时深埋，病株穴撒石灰消毒。也可采用药物治疗，发病初期用 72% 农用链霉素可溶性粉剂 3 000～4 000 倍液，或新植霉素 4 000 倍液，或 14% 络氨铜水剂 350 倍液，10 天 1 次，连喷 2～3 次。

2. 黑斑病　茎、叶、叶柄均可染病。叶片染病多从叶尖或叶缘开始，呈不规则形，深褐色至黑色斑。周围略褪色，湿度大时病斑上生黑色霉层。叶缘上卷，叶片早枯。茎上病斑长圆形，黑褐色，稍凹陷。

该病由胡萝卜链格孢真菌引起。该菌以分生孢子或菌丝在种子或病残体上越冬，翌年侵染后，从新病斑上产生分生孢子，通过气流传播蔓延，进行再侵染。染病后，植株衰弱，多雨时病重。

防治方法：从无病株上采种。播前，按种子 0.3% 的量，加入 50% 福美双可湿性粉剂，或 40% 拌种双粉剂，或 70% 代森锰锌可湿性粉剂，或 75% 百菌清可湿性粉剂，或 50% 异菌脲可湿性粉剂拌种；实行轮作。发病初期用 75% 百菌清可湿性粉剂 600 倍液，或 58% 甲霜·锰锌可湿性粉剂 400～500 倍液，或 50% 异菌脲可湿性粉剂 1 500 倍液喷洒，7～10 天 1 次，连喷 3～4 次。

3. 黑腐病　苗期至采收期或贮藏期均可发生，主要危害肉质根、叶柄、叶片及茎。叶片染病后形成暗褐色斑，严重时叶片枯死。叶柄上病斑长条形，茎上多为梭形至长条形斑。病斑边缘不明显，湿度大时表面密生黑色霉层，即分生孢子梗及分生孢子。肉质根染病，多在根头部形成不规则形或圆形稍凹陷的黑色斑，严重时病斑扩大，深达内部，肉质根变黑腐烂。

该病由胡萝卜黑腐链格孢菌引超。该病菌主要以分生孢子或菌丝体在病残体上越冬。翌年春，分生孢子借气流传播蔓延，温暖多雨天气有利于发病。

参照黑斑病。

4. 害虫　主要害虫有胡萝卜微管蚜、茴香凤蝶和赤条蝽。

蚜虫可用 40% 氰戊菊酯乳油 6 000 倍液，或灭杀毙（21% 增效氰·马乳油）6 000 倍液，或 20% 甲氰菊酯乳油 2 000 倍液，或 2.5% 氯氟氰菊酯乳油 4 000 倍液，或 2.5% 联苯菊酯乳油

3 000倍液防治。

茴香凤蝶又叫黄凤蝶、金凤蝶。为害胡萝卜、茴香及芹菜等伞形花科植物。成虫体大，前、后翅具黑色及黄色斑纹，后翅近外缘为蓝色斑纹，并在近后缘处呈一红斑。老熟幼虫体长52～55毫米，绿色。全国各地均有，1年发生2代，以蛹在灌丛树枝上越冬，翌年春4～5月间羽化。第一代幼虫发生于5～6月份，第二代发生于7～8月份。幼虫夜间取食叶片，食量很大。受触动时前胸伸出臭角，渗出臭液。虫体数量多，可趁幼龄期用敌百虫、乐果、溴氰菊酯等常用杀虫剂喷杀。

赤条椿除为害胡萝卜外，还为害白菜、萝卜、茴香、洋葱等蔬菜。以成虫和若虫在花蕾和叶片上吸食汁液。可用敌百虫、溴氰菊酯等广谱性杀虫剂毒杀。

三、根用芥菜

根用芥菜又叫大头菜、芥头、辣疙瘩、大头芥、冲菜。是芥菜中以肉质根为产品的变种，为我国的特产加工蔬菜。南北各省普遍种植，尤以云南、四川、贵州、湖北、广东、浙江、江苏、山东、辽宁等省栽培最多。每100克鲜菜含蛋白质1.2克，碳水化合物6.1克，粗纤维2.1克，维生素C 44毫克。根芥辣味重，不宜鲜食，根可腌，可酱，可晒干，可制罐头。云南大头菜，江苏常州，山东济南等地的五香大头菜及玫瑰大头菜等都是有名的加工制品。

（一）生物学性状

根用芥菜为十字花科一两年生草本植物。叶生于短缩茎上，椭圆、卵圆或倒卵圆形，深绿、绿、绿间紫或紫色，全缘或锯齿，或深裂。肉质根由直根膨大形成，由根头、根颈、真根三部分组成，呈圆锥形或短圆锥形。上部1/3为茎，有节及芽，能形成小叶丛；中部为根颈，无叶无根；下部为根，灰白色，具两列侧根。肉质根皮厚，肉白色，质硬，水分少，纤维多。春季抽薹开花，花茎高 1.6～1.7 米，花黄色，长角果，种子圆球形，千粒重 1～2 克。

整个营养生长期即从播种到肉质根收获，分为发芽期、叶丛生长期、肉质根膨大期和生殖生长期。发芽期和叶丛生长期，要求月平均温度为 20℃左右，肉质根膨大期要求月平均温度 10～20℃和较大的昼夜温差，要天气晴朗，光照充足。肉质根膨大时，苗端已开始花芽分化，但常因低温和短日照而使其处于休眠状态，至翌年春季，温度升高、日照加长后才抽薹开花。如果秋冬季节温度偏高，则容易发生先期抽薹现象。

种子春化型。萌动的种子在低温条件下可完成春化阶段。所以春播者，当年可以抽薹开花。

（二）类型和品种

根用芥菜依叶形不同分板叶和花叶两类。板叶型为枇杷叶形，叶边缘有锯齿和少量缺刻；花叶型叶片为深裂。依肉质根的形状，大致分为圆锥型和圆筒型两类：圆锥型的芥菜，肉质根为圆锥形，长 10～20 厘米，横径 7～11 厘米；圆筒型的芥菜，肉质根为圆柱形，长 14～20 厘米，横径 7～8 厘米。其常用品种如下：

1. 济南辣疙瘩　产于山东省济南市郊区。叶大，浓绿色，直立，叶片上部不分裂，下部分裂成小裂片，叶柄长。肉质根长圆锥形，平均长 16 厘米，横径约 10 厘米，重 0.5 千克，大的 1 千克以上。地上部绿色，地下部灰白色，皮厚，肉质坚实，适宜腌制酱菜。

2. 狮子头　湖北省襄樊市农家品种。株高 50 厘米，开展度 70 厘米，叶倒卵形，缺刻深，叶肉厚。肉质根圆锥形，重 250～500 克，最大可达 3.5 千克。根头部疙瘩较多，中间平

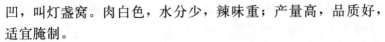

凹，叫灯盏窝。肉白色，水分少，辣味重；产量高，品质好，适宜腌制。

3. 油菜叶　产于云南昆明。叶大，长椭圆形，深绿色，叶缘有锯齿状缺刻，叶上有细刺。耐寒，冬性强，可适当早播。肉质根圆锥形，膨大较慢，但较肥大，产量高，水分少，加工产品品质佳。

4. 板叶大头菜　产于浙江慈溪一带。地上部绿色，下部灰白色。叶大，浓绿色，无深缺刻。肉质根短圆锥形，重约 500克，肉质坚实，适宜腌制。

5. 鸡啄叶　云南、贵州都有栽培。叶直立，绿色，缺刻深。肉质根圆锥形，肉质坚实，适宜加工。

6. 大花叶　产于湖北省来凤县，云南昆明市郊区也有。叶片缺刻深，皱褶多。肉质根圆筒形，组织坚密，含水量少，适宜加工。

7. 小花叶　产于云南昆明。叶片大，缺刻多而深，呈羽状。肉质根圆筒形，肉质坚实，适宜腌制。耐旱力强，不易抽薹，适宜山地种植，并可适当早播。

8. 马尾丝　四川内江地方品种。植株半直立，叶长椭圆形，叶缘有钝锯齿，叶色紫，中间有少量绿色，叶脉紫色，血丝状。肉质根形状介于圆柱形与纺锤形之间，重 500 克以上。生长期约90 天，抗病毒病力较强，肉质根大小均匀，适于加工。

9. 荷塘冲菜　广州地方品种。叶片较少，长椭圆形，叶缘缺刻浅，基部深裂，叶色有深浅两种，深色为乌苗，淡色为黄苗。肉质根长圆形，皮黄白色，有环状突起，组织致密，纤维少，品质好。生长期 130 天，耐寒，耐旱。

（三）栽培技术

选择富含有机质，保水、保肥力强的土壤，直播，点播、条播、撒播均可。也可育苗移栽，留苗距离 20～26 厘米。东北和西北地区 7 月上中旬播种，10 月上中旬收获；华北和淮河以北地区 7 月下旬至 8 月上旬播种，10 月下旬至 11 月中旬收获；长江以南及四川、云南等省 8 月下旬至 9 月上旬播种，翌年 1 月收获；华南地区 9~10 月份播种，而以 9 月份为合适。播种过早，容易发生先期抽薹现象，并易感染病毒病；过晚，则生长期短，产量低。

出苗后早间苗。育苗移栽者，最好带土定植，防止伤根，减少歧根。苗期要控制蚜虫，减少病毒病。南方常用高畦，北方多用垄畦。肉质根肥大期切勿缺水。肉质根充分肥大，基部变黄时收获。收获后除去毛根和叶，选荫蔽处挖沟埋藏。

留种方法有成株和小株两种。前者是在采收时，选具有本品种典型性状的植株作种株，冬贮后翌年春季栽植采种；后者，是在冬季或早春育苗移栽。也可直播后直接开花采种，这样种子产量高，省工，但必须用成株采收的纯正种子作原种，才能保证种子质量。

（四）加工和食用

1. 盐腌　选完整、健康、无粗大侧根的鲜菜，去老叶、黄叶，削去细小侧根和根尖。每 5~6 个一捆，用细绳扎捆菜叶，挂到木架上暴晒。100 千克鲜菜晒至 40 千克以下时，解开菜捆，将每棵菜叶顶端缠成团块，再将菜头切成薄片，菜顶不切断。将菜展开成扇面形，一层菜一层食盐逐层铺入缸内。每 100 千克半干菜，加盐 6~7 千克，菜叶向内、菜头向外，摆满踏实，上盖干菜叶，盖上缸盖，腌 2~3 天，待盐渗入菜体后取出，除去质次的，再装入坛中。坛底放一层食盐，再分层装入大头菜，每层用圆头粗木棒捣实，空隙用晒至半干的腌大头菜侧根和尾尖填实，将空气排出，菜层间不另加新盐。装满后在坛口撒一层食盐，厚 1 厘米。坛口用塑料薄膜封严，涂上稻草拌和的稀黄泥（稻草铡切成段，长 3~4 厘米，加盐卤拌黄泥），待黄泥半干时

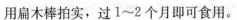

用扁木棒拍实，过 1～2 个月即可食用。

2. 酱制 将根芥剖开，先用 9‰食盐水腌 3 天，再用含糖较高的陈年老酱浸渍 2～3 个月，取出，涂一层稠酱，放在竹围上暴晒 3 天，再装瓮发酵，经 1 个月即为完熟黑芥。如再加入玫瑰香，即为玫瑰大头菜。

3. 冲菜 冲菜又叫呛菜。加工方法是：用新鲜大头菜洗净，切成细丝，上笼蒸熟，晾冷；将约占芥菜量 3‰的鲜白萝卜切成丝，加适量食盐，揉匀，同腌汁一起拌入熟大头菜丝中，再加熟油，拌匀，放盆中盖严，防止漏气，过 24 小时，即可食用。味鲜香，具冲鼻辣味。

4. 干芥菜丝 鲜芥菜切丝，加食盐少许，蒸熟，闷一夜再晒至半干；再蒸，再晒，反复 3 次；然后晒干保存。食用时用开水泡发即可。

5. 辣芥丝 先将 4 千克食盐溶于 20 升水中，而后将洗净、晾干的鲜芥倒入盐卤中，上面盖竹帘，防止露在外面腌不透，30 天后成咸坯。将咸坯捞起，用刨丝刨子刨成丝，而后将辣椒粉 800 克，五香粉 200 克，胡椒粉 100 克，糖精 5 克，味精 200 克，一起拌匀即成。

6. 加料大头菜 将新鲜大头菜收后，不经晾晒直接用盐脱水，即先用 6‰的食盐腌 3～4 天，取出淘洗，沥干明水，再加 6‰食盐水腌制 5～6 天，起池沥干，称盐坯。每 100 千克盐坯加红糖 4 千克。红糖先加水溶化，加热熬煮浓缩至起丝，每一层盐坯泼一层热红糖液压紧，1 个月后再按糖盐菜坯用豆酱 30‰，一层菜一层酱，层层重叠压紧，经 2 个月后大头菜即呈酱红色，称黑大头菜，风味鲜美而甜。

四、芜菁

芜菁别名蔓菁、盘菜、圆根。十字花科芸薹属二年生草本植物。原产于地中海沿岸及阿富汗、巴基斯坦、外高加索等地，由油用亚种演化而来。法国有许多芜菁种质资源，斯堪的纳维亚各国大量栽培饲用种。中世纪古埃及、希腊、罗马已普遍栽培，在伊朗、日本等国也普遍栽培。美洲栽培的芜菁由欧洲引入。我国芜菁来自于西伯利亚，后传入日本。我国《书经》的《夏书禹贡》篇中记有"荆州包匦菁茅"，"菁"即"蔓菁"。公元154年，汉桓帝诏曰："横水为灾，五谷不登，令所伤郡国皆种芜菁，以助民食。"可见，东汉时已普遍种植。北魏贾思勰撰《齐民要术》（公元533—544）中有芜菁栽培方法的详细记载。我国的华北、西北和云、贵、苏、浙等地栽培历史较长，但随着新的蔬菜种类和品种引进及栽培制度变革，芜菁的种植已显著减少。

芜菁的肉质根及叶均可供食用。每100克鲜重含水分87～95克，糖类3.8～6.4克，粗蛋白质0.4～2.1克，纤维素0.8～2克，维生素C19.2～63.3毫克及其他矿物盐。肉质根柔嫩、致密，可供炒食、煮食或腌渍，还可生食、凉拌。中欧、北欧、亚洲和美洲均有栽培。欧美除食用外，常用做家畜饲料。

芜菁适应性强，病虫害少，栽培容易，耐贮藏，有较好的发展前景。

（一）生物学性状

直根系，下胚轴与主根上部形成肉质根。肉质根扁圆形至圆锥形，皮白色、淡黄色、赤紫色或黑色，肉白色或淡黄色。根尾呈鼠尾状直根。根形除圆球形、长圆柱形、圆筒形外，多为扁圆形，甚至呈盘形。营养生长期茎短缩。叶绿色、全缘或大头羽裂，被茸毛，叶柄有叶翼，莲座叶12～18片。总状花序，完全花，萼片4，花冠黄色，花瓣4片，呈"十"字形，雄蕊6，雌蕊1，异花授粉。长角果，内有种子15～25粒。种子圆形，褐色或深褐色，千粒重2.9～4.6克，含油率34.7％～

38.1％，故可作油料。极易与大白菜、白菜、薹菜、菜薹等天然杂交。

芜菁整个生育期分为营养生长和生殖生长两个阶段。春季提前播种时，在1年内能完成整个生育周期。通常第一年为营养生长，形成产品器官，低温春化后，长日照和较高温度时抽薹开花。

芜菁为半耐寒性蔬菜。种子在2～3℃温度下可缓慢发芽，发芽适温为20～25℃，幼苗能耐25℃左右的高温和2～3℃的低温，成长植株可耐轻霜。肉质根生长适温为15～18℃，要求一定的昼夜温差。萌动的种子、幼苗、肉质根膨大期和贮藏期均可感受低温通过春化。一般在10℃以下的低温中，通过春化时期较短。

对光照要求较严格，光补偿点为4 000勒克斯，光饱和点为2万勒克斯左右。

喜湿润的沙质壤土或壤土，适应偏酸性土壤，在pH值5.5时仍然生长良好。需求较多的磷、钾肥，对有机肥反应好。肉质根表皮光滑，形状端正，品质佳，产量高。要求湿润环境，在高温和空气干燥的条件下，容易引起病毒病。

（二）类型和品种

1. 类型　欧美国家栽培的芜菁分为食用芜菁和饲用芜菁。我国、日本等亚洲国家主要栽培食用芜菁。根据根形，分圆形和圆锥形两类。前者肉质根圆球形或扁圆形，生长期较短，肉质根较小；后者生长期较长，肉质根较大。还有的根据其栽培及食用期，分秋、冬芜菁和四季芜菁。前者晚夏或初秋播种，秋、冬收获，均为大型种；后者除严寒期须用温床栽培外，随时可以播种，根小，叶供食用。

2. 品种简介

（1）焦作芜菁　河南省焦作地区多栽培。叶匙形。肉质根圆球形或纺锤形，纵径 5～6 厘米，横径 4～5 厘米，皮肉均为土黄色。煮食味甘美，也可切片晒干。

（2）紫芜菁 河北省张家口地区农家品种。叶有花叶、板叶两种。肉质根外皮紫红色，肉白色，单根重 500 克左右。以花叶型肉质较嫩，丰产，栽培较多。

（3）温州盘菜 产于浙江省温州。叶羽状裂叶，缺刻深，叶丛开张，塌地，叶面茸毛多而粗糙。肉质根扁圆形，横径 15～20 厘米，纵径 5～6 厘米，根顶凹陷，整个肉质根露出土面，形成盘状。一般单根重 0.5～1.5 千克。每 667 平方米产 2 000 千克。肉质白嫩，品质好，适宜煮食或腌渍，也可生食。

（4）日本小芜菁 系日本最小型品种。叶小而少。肉质根扁球形，横径 3～4 厘米，纵径 2～3 厘米，皮肉皆白色，肉质致密，味甘美，生、熟食皆宜。早熟，生育期 60 天左右，春秋季均可种植。

（5）猪尾巴芜菁 产于山东安丘市，华北各地有零星栽培。叶匙形。肉质根长圆锥形，根顶横径 6～7 厘米，长约 17 厘米，形状似猪尾巴。皮肉均为白色，味甜，品质好，适于煮食。

（6）牛角长 从法国引进。叶深裂，叶数多，叶簇半直立。肉质根长圆锥形，微弯曲，外形似牛角。肉质根顶横径 6～8 厘米，长 30 厘米左右，部分露出地面 6～8 厘米，呈浅绿色或乳白色，入土部呈白色。肉白色，质致密，汁稍少，味甜，适宜煮食或腌渍。

（7）中长白 从法国引进。叶小，花叶型，叶数少。肉质根圆筒形，长约 15 厘米，顶部横径 8～10 厘米。外皮白色，地表部微绿，肉质白色，味稍淡，适宜腌渍。生育期 60 天左右，早熟。

（8）红芜菁 由德国引进。球茎长短圆形，上端略细，外皮红色，肉质白色，质嫩，丰产。

（三）栽培技术

1. 栽培季节与茬口　我国各地多在秋季播种。北方夏季凉爽地区，如河北坝上也可栽培夏芜菁，5 月上旬播种，7 月中下旬采收。一些早熟的小型品种，生长期短，且多为根、叶兼用，可进行春、夏栽培或冬春保护地栽培，还可与其他蔬菜或粮棉作物进行间作套种，以充分利用土地，增加收益。

2. 秋芜菁的栽培

（1）整地　秋芜菁的前茬可以是瓜类、豆类、茄果类蔬菜，也可以是小麦。为减少病害的发生，应实行 2～3 年的轮作，并且不要与其他十字花科蔬菜连作。前作采收后，每 667 平方米施有机肥 3 000～4 500 千克，耕翻深度 20～25 厘米，耙细整平后做成宽 1～1.5 米的平畦或宽 45 厘米的高垄。

（2）播种　北方多行直播，一般在 7 月中旬至 8 月中旬播种。大型品种，行距为 40～50 厘米，行条播或穴播，穴距 20～25 厘米，每穴 5～7 粒；小型品种，行距为 30～35 厘米，行条播。也可育苗移栽，苗龄 30～35 天，5～6 片真叶时定植。直播的出苗后间苗 2 次，5～6 片真叶时定苗。大型品种株距 25～30 厘米，小型品种株距 20～25 厘米。

（3）管理　发芽期和幼苗期应保持地面湿润，雨后及时排水，以减轻病毒病的发生。定苗后，每 667 平方米追施尿素15～20 千克，肉质根生长期施复合肥 20～25 千克。施氮肥主要是促进叶片和肉质根的生长，延长生长期；磷、钾肥可加速肉质根的生长，提高干物质、糖和蛋白质的含量。

主要病虫害有病毒病、霜霉病、萝卜蚜和桃蚜，要及时防治。

（四）留种

采用成株留种。选具有本品种特征特性的中等大小植株做种株，掘出后切除叶片，沟窖埋藏，温度保持在 0～3℃，翌年春季解冻后定植，行距 30～40 厘米，株距 30～40 厘米。开花初期，每 667 平方米追施复合肥 30 千克，促进花薹生长。开花盛期，每 667 平方米施复合肥 30 千克，并喷施 0.2% 磷酸二氢钾1～2 次，促使籽粒饱满。

芜菁种荚易爆裂，待其呈黄绿色时及时采收，收后小堆贮藏，后熟 1 周后摊晒脱粒。

芜菁易与白菜、菜薹等进行天然杂交，采种田应与它们及其他芜菁品种间隔 1 000 米以上。

（五）采收与贮藏

芜菁收后多经贮藏再上市。若即时上市，可于其大小适当、皮色光洁时随时采收。以晴天采收为佳，不宜在早晚和雨天收获。收后去掉枯叶，洗净，晾干，大型种散装上市，小型种 3～5 个捆成束上市。春、夏播种的小芜菁，肉质根及嫩叶同时供食用，可于肉质根横径 2～3 厘米，叶长约 20 厘米时采收上市。若采收过晚，则叶纤维增加，肉质根变糠，品质降低。小芜菁以鲜为贵，采收宜在早晚气温低时进行。采收后去掉枯黄叶片，每10 个左右捆成把，包装上市。

五、芜菁甘蓝

芜菁甘蓝又叫洋芜菁、洋蔓菁、洋疙瘩、洋大头菜。十字花科，芸薹属二年生草本植物，以肥大的肉质根供食用。原产于地中海沿岸及瑞典，又叫瑞典芜菁。一般认为芜菁甘蓝是芜菁与甘蓝的杂交种。18 世纪传入法国，后传到英国、美国，19 世纪传入我国、日本。欧美国家及我国、日本等普遍种植。因其适应性广，抗逆性强，易栽培，粮、菜兼用，在我国华北及江浙、云贵等地种植面积逐步扩大。

芜菁甘蓝营养丰富，干物质含量高，100 克鲜产品中含蛋白质 0.9～1.4 克，碳水化合物 4～5.4 克，纤维素 1.1 克，维生素 C 38～42 毫克，核黄素 0.07 毫克，尼克酸 0.3 毫克，钙 45 毫克，磷 30 毫克，铁 0.9 毫克。可炒食、煮食和腌渍，还可作饲料。一般每 667 平方米产 3 000～4 000 千克，高产的达 10 000 千克。

（一）生物学性状

直根系，侧根两列，肉质根的真根部分占比例较大。食用部分主要为次生木质部薄壁细胞组织。肉质根圆形或纺锤形，皮白色，或出土部分带紫红色，肉白色。吸收根系发达，吸收力强，植株生长旺盛。营养生长期，茎短缩，其上着生叶簇。叶为羽状裂叶，蓝绿色，叶肉厚，叶面被白色蜡粉。叶柄半圆形，叶序为 3/8，莲座叶 18 片以上。总状花序，两性花，花萼 4，花冠黄，花瓣 4 片，呈"十"字形，雄蕊 6，雌蕊 1。长角果，成熟时果角开裂，种子易脱落。种子为不规则圆球形，深褐色，千粒重 3.2 克左右。

芜菁甘蓝为二年生，第一年形成叶簇和肥大的肉质根，第二年抽薹，开花，结籽。生活力强，叶子不早衰，很少感染病害。当温度适宜时，肉质根膨大期可延长，单株重较大。

属半耐寒性蔬菜，喜冷凉气候，种子能在 2～3℃ 中缓慢发芽，幼苗能耐－2℃ 的低温，也可耐高温，成株耐寒性较强。肉质根膨大的适宜温度为 13～18℃，要求有较大的温差，和较强的光照。光补偿点为 2 千勒克斯，饱和点为 20 千勒克斯左右，肉质根膨大期的光合强度为 0.199 毫克二氧化碳·米$^{-2}$·小时$^{-1}$。当光照强度超过光饱和点时，光合强度较稳定，因此，具有较大的增产潜力。肉质根含水量高，每形成 1 份干物质，约需消耗 600 份水，因此，要获得高产，应适时浇水。为求高产，应选择肥沃的土壤种植，并施入充分的肥料。对氮、磷、钾的吸收比例为 1.6：1：3，要求土壤中有较多的钾素。喜中性或弱酸性的沙壤土或壤土，幼苗期不耐盐碱。

（二）类型和品种

芜菁甘蓝在我国栽培历史短，品种较少。目前主要栽培品种有以下几种。

1. 上海芜菁甘蓝　又叫上海大头菜。叶簇半直立，叶呈长倒卵形，长 40 厘米左右，宽约 8 厘米。叶色深绿，具白色蜡粉。叶深裂，裂片 6～8 对。肉质根近圆球形，出土部分皮淡紫色，入土部分浅黄色，肉白绿色，较细，品质中等。单根重 800～1 000 克，可炒食或腌渍。生长期约 100 天，上海、浙江、福建、江苏、山东等省、直辖市普遍种植。

2. 南京芜菁甘蓝　植株大小中等，叶长倒卵圆形，暗绿色，叶面略有蜡粉。叶长 50～55 厘米，宽 20 厘米。叶深裂，裂片 4～5 对。肉质根扁球形，出土部分皮色淡绿，入土部分白色。单根重 500～1 000 克，可炒食、腌渍或作饲料。

3. 坝上狗头　产于河北省坝上。长势强，叶片大，叶长 60 厘米，宽 23 厘米，单株有叶 30 片左右。叶色深绿，叶面蜡粉多。肉质根纺锤形，有较多粗大的毛根，故名狗头蔓菁。皮色有绿色、白色、黄色 3 种。单根重 2.5～3 千克，大的 5 千克以上。除作蔬菜外，多作饲料。

4. "不留克"芜菁　内蒙古呼伦贝尔盟从前苏联引入。生长势中等，叶簇直立，灰绿色，表面有蜡粉。叶片下部有 4～5 对裂叶，上部叶缘浅波状。肉质根扁圆形，横径 10～15 厘米，纵径 8～10 厘米，表面淡黄色或黄色，顶部灰绿色，下部两侧有一相对纵沟，其上密布须根。肉质淡黄色或白色，致密，品质好。适应性较强，抗病，耐瘠薄。

（三）栽培技术

1. 栽培季节　我国各地多在秋季或秋冬季栽培。北方较寒冷的地区及夏季不甚炎热的云、贵两省山区，也可春播。如河北省坝上地区，一般于4月中下旬播种育苗，6月上旬定植，9月中旬收获。内蒙古呼伦贝尔盟在5月上旬播种，9月下旬收获。芜菁甘蓝生长期较长，各地秋冬播期可比大白菜提前20～30天，生长期达到110～130天。

2. 整地　选择疏松、有机质丰富、通气性良好的中性或弱酸性沙质壤土或壤土。对前作要求不严，茄果类、瓜类、豆类或其他十字花科蔬菜、玉米、大麻等均可。前作收获后应施有机肥作基肥并增加钾肥。667平方米产5 000千克芜菁甘蓝，约吸收氮21.3千克，磷13.3千克，钾40千克。北方地块耕翻耙平后，多做成垄距50～60厘米、高10～15厘米的垄，直播或育苗移栽。

3. 直播或育苗　芜菁甘蓝可以直播或育苗移栽。育苗应比直播早7～10天播种，及时间苗除草，5～6片真叶时定植。直播可在当地适宜播种期进行条播或穴播，株距25～30厘米。起垄栽培的行距50～60厘米，每穴点籽5～7粒。出苗后于第一片真叶期和3～4片真叶期各间苗1次，5～6片真叶时定苗，667平方米株数约3 500株。

4. 管理　芜菁甘蓝营养生长阶段，一般追肥2次：第一次在定苗或定植成活后，667平方米施尿素10～15千克；第二次在肉质根膨大盛期，每667平方米施复合肥15～20千克，硫酸钾10～15千克。追肥时应结合浇水。

芜菁甘蓝喜土壤湿润，幼苗期及移栽缓苗期，应注意浇水，雨后及时排涝。肉质根膨大期需水较多，每形成1千克干物质，需吸收水分600升，一般应5～7天浇1次。生长后期，气温下降，可减少浇水次数。

芜菁甘蓝较耐寒，轻霜后叶色变紫，肉质根仍然继续膨大。一般应在严霜后收获，收后沟窖埋藏，温度保持0～2℃，也可切成片晒干保存。

芜菁甘蓝病虫害较少，病害主要有霜霉病、黑腐病；虫害有蚜虫、菜青虫、菜螟和跳甲等。从幼苗期起，及时喷药防治病虫害。

（四）留种

用母株留种。选择符合本品种特征特性、无损伤的中等大小的肉质根做母株，切去叶丛后沟窖埋藏，温度保持 0～2℃，翌年春土壤解冻后，做平畦，畦宽 1～1.5 米，按行距 40～50 厘米，株距 35 厘米定植。

芜菁甘蓝容易和甘蓝型油菜、白菜型油菜天然杂交，与大白菜、小白菜、芜菁、芥菜、甘蓝等十字花科蔬菜也有一定杂交率。因此，芜菁甘蓝留种田应与这些作物相隔 2 000 米以上。

（五）加工

芜菁甘蓝可腌制酱菜，制成酱菜条（块）上市。方法是，洗净后大型肉质根切成 2～4 块，每块 250 克左右。按 100 千克芜菁甘蓝加食盐 20 千克腌渍，1 个月翻 1 次缸，2 个月后贮存备用。腌好的芜菁甘蓝再用酱油浸泡 1 个月，然后切成条或丝装坛，密封上市。

芜菁甘蓝也可切片晒干。

六、根恭菜

根恭菜又叫根甜菜、红菜头、紫菜头、紫萝卜头、红恭菜、根恭菜头。属藜科甜菜属甜菜种的一个变种，能形成肥大肉质根的二年生草本植物。食用肉质根，肉质根肉质含花青素而成紫红色，富含糖分及多量无机盐。耐贮藏运输。生食、熟食或加工均宜，并有治疗吐泻和驱腹内寄生虫的功效。是欧美国家的重要蔬菜，常用于西餐肴馔的点缀。我国、日本等国家有少量栽培。起源于地中海沿岸，有根甜菜和叶甜菜等变种。公元前 4 世纪古罗马人已食用叶甜菜，其后食谱中又增加了根甜菜。公元 14 世纪英国已栽培根甜菜，1557 年德国有根甜菜栽培的描述，1800 年传到美国，约在明代传入我国。我国过去栽培较少，因其是西餐中的重要配菜，随着旅游业的发展，根甜菜的栽培面积逐年扩大（图 17）。

图 17　根恭菜

（一）生物学性状

根恭菜为深根性植物，入土深度和广度均达 2 米以上，具较强的耐旱性。肉质根由下胚轴和主根上部膨大形成，内具多层形成层，每一形成层向内分生木质部，向外分生韧皮部，形成维管束环，环与环之间为薄壁细胞。肉质根有球形、扁圆形、卵圆形、纺锤形和圆锥形等，品质以扁圆形为最好。

茎短缩。叶卵圆形、长圆形或三角形，叶缘波状或全缘。有光泽，具长叶柄，外叶多绿色，叶脉和心叶紫红色。

圆锥花序，完全花，花小，淡绿色，萼片 4～5，花瓣 5，黄色，雄蕊 4～5，子房被于花托之内，中有雌蕊 1 枚，雄蕊先熟，故为异花授粉。授粉后苞片及花萼宿存，包裹着果实。每果内含种子 2～6 粒，果皮木质化，褐色。种子圆形，千粒重 13.26 克。复果种子萌发时，形成幼苗丛，应及时间苗。花期 30～50 天，从授粉受精到种子成熟 60～65 天。风媒花，花粉寿命 4～7 天，卵细胞寿命 12～7 天，不同品种采种时须严格隔离。种子发芽力保持 5～6 年。

根荠菜在北方可以春、秋两季栽培，春播的肉质根发艮，秋播的发脆。

第一年主要进行营养生长，形成产品器官。在 5～8℃ 的低温条件下，经 30～80 天通过春化阶段后，翌年春季于适温和长日照下抽薹，开花，结籽。

较耐寒，喜冷凉，也较耐热。种子在 4～5℃ 时缓慢发芽，发芽适温为 20～25℃，温度过高发芽慢。植株生长适宜的温度范围为 12～26℃。幼苗能耐 −1～2℃ 的低温，成株可耐 −1～−3℃ 的低温。种株开花结实期的适温为 20～25℃。通过春化最适宜的温度为 5～8℃，需 30～80 天。春季播种过早，会通过春化而发生先期抽薹。

根荠菜从种子发芽，胚根脱离初生皮层，到形成 1 对真叶为止，温度要求 15～18℃；而从直根形成，到肉质根变粗，至充分肥大，温度要求 20～25℃。这种前期要求较低温度，后期需要较高温度，在根菜类中较为特殊。

属长日照作物，需较强光照。北方地区，种株定植后可以抽薹、开花、结籽。在生产中除采种外，应防止低温长日照，以免早期抽薹，影响产量和质量。

根系发达，吸收力强，较抗旱，形成 1 份干物质需 300～400 份水。发芽期需水量约为种子干重的 1.7 倍，生长期适宜的土壤水分为田间持水量的 60%，苗期需水少，后期需水多。

对土壤适应性强，以土层深厚肥沃、疏松的中性冲积土或沙壤土为最好。对土壤溶液的酸碱性反应敏感，适宜的 pH 值为 5.8～7，pH 值小于 5 或大于 8，容易发生生理病害。对土壤溶液浓度不太敏感，在 0.25%～0.3% 的土壤溶液中，生长良好。幼苗能忍受土壤溶液浓度为 1%，成株可忍耐 1.5% 的溶液浓度。生长前期需氮较多，后期需钾较多，整个生长期中对磷的需要较平稳。

（二）类型和品种

1. 类型　按类型有红叶食用甜菜、饲用甜菜和糖用甜菜等 3 类。其中红叶食用甜菜即根莙菜，以肉质根供食用。

2. 品种简介

（1）长圆种　叶簇半直立，叶片长卵形，长 20 厘米，宽 15 厘米，先端钝尖，基部心脏形。叶色紫中带绿，叶脉红色，肉红色。单个重 250～350 克。生育期 90～100 天。耐热、忌寒。

（2）扁圆种　叶长 17 厘米，宽 9 厘米，单个重 200～300 克。生育期 80～90 天。

（3）紫菜头　又叫红甜菜、红菜头。生长期 53 天。根部球形，光泽好，肉深红，糖分含量 12%～15%。株型直立，高 30～33 厘米，叶绿色，耐抽薹。抗病，适应性广，产量高。生食、熟食皆宜。配餐色美，甜脆爽口，并可加工和提取色素。适宜冬季保护地和春、秋露地做特菜品种栽培。

（三）栽培技术

根莙菜对播种期要求不严格，春秋均可播种。北方地区在 3 月上中旬春播，但早播的春季前期干旱，后期温度偏高，根头小且不光滑，产量较低。也可利用保护地在冬春季进行栽培。秋播在 7 月初至 8 月初，以 8 月初为好。可以直播，也可育苗栽培，一般在 10 厘米地温稳定在 8℃以上时直播，华北地区多在 4 月份播种。直播的在施肥整地后做成平畦，畦宽 1～1.3 米，多条播，行距 40～50 厘米，667 平方米用种 1～1.5 千克。也可点播，间距 15 厘米左右，播深 2～3 厘米。为提早上市，春季可利用保护地育苗：先浇足底水，等水渗下后，在畦面上薄薄地撒一层筛过的细土，3 月上中旬按 6～7 厘米株距，将种子播入，播后覆土厚 1.5 厘米。再在覆土上平盖一层薄膜。苗出齐后，去掉薄膜，加强通风，降低苗床温湿度。揭膜后 2～3 天内，选下午叶面无露水时向苗床撒一层厚 0.5 厘米的土，弥缝保墒。2～3 片真叶时，按 4 厘米左右的株距定苗。经 40～45 天，植株具 5～6 片真叶，外界气温适宜时定植于露地，可比春露地直播提早上市 1 个月左右。黄河流域秋季播期在 7～8 月。种子可不处理或用温水浸种 2 小时。整地做畦后播种。条播或穴播，播后覆土 1.5～2 厘米，上覆塑料薄膜，增温保湿，温度保持在 20～25℃。苗期及时间苗，除草。具 4～5 片叶时定苗或移栽，行距 40～50 厘米，株距 10～16 厘米。定苗后及肉质根生长盛期可进行追肥，667 平方米施氮 8.7～10.7 千克，磷 9.7～11.3 千克，钾 13～16.7 千克，施肥后浇水。生长期宜多次中耕除草，封行后停止中耕，防止损伤根颈。

（四）留种

一般用成株采种。初冬收获时，选择肉质根皮色鲜艳，根形整齐，具该品种特征的作为种株，切去叶片，入窖贮藏。翌年早春定植，行距 60 厘米，株距 50 厘米，用土盖住头部。早春勤耕松土，抽薹后追 1 次复合肥。开花期设支架，防止倒伏。不同品种相隔 2 000 米，防止杂交。6～7 月种子成熟。

（五）病虫害防治

根荠菜病虫害少，主要病害是褐斑病和黄化病毒病。防治方法是：实行 4～5 年的轮作，并喷波尔多液及乐果灭蚜。病毒病严重时，要拔掉病株，并进行灭蚜。

虫害主要是金龟子、地老虎等地下害虫，应注意防治。

（六）采收与贮藏

肉质根直径达 3.5 厘米时，即可收获，667 平方米产量 1 000～1 500 千克。早采时，可将植株拔起，去掉根毛、黄叶，洗净，每 4～6 个捆成 1 把，装筐上市。秋播冬前收获的，667 平方米产 2 500 千克以上，收后可用沟窖埋藏，贮藏适温为 0～3℃，空气相对湿度为 90% 左右。

七、根芹菜

根芹菜（*Apium graveolens* L. var. *rapaceum* DC.）也称根洋芹菜、根洋芹、球根塘蒿，是芹菜的一变种，原产地中海沿岸沼泽地，1600 年以前意大利及瑞士已有栽培根芹菜的记载。欧洲地区种植普遍，西亚、西伯利亚、北非、北美也有种植。我国已引进多年，但种植与食用者都很少，我国东北和内蒙古，气候冷冻地区生长良好。近年来随着对外交流的日益频繁，大城市（如北京、上海）对根芹菜的需求量逐渐增加，产品供不应求，并且要求周年供应。

根芹菜的食用部分是肥嫩的肉质根，营养丰富，蛋白质、碳水化合物、粗纤维、钙、磷及维生素 B_1、维生素 B_2 含量等均比西芹高，其中磷含量高达 1.15 克/千克。还可榨汁作药用，具有降压、镇静、利尿、促进食欲等保健作用。与叶芹菜相比，它具有较淡的芹菜香味，但粗纤维含量远低于叶芹菜，尤适老年人食用。根芹菜食用前要先去掉块根的表皮，可以凉拌、炒食、炖食，或煮熟后打成泥与土豆泥混合食用或做成小饼食用。根芹菜叶片质地粗糙，叶柄空心，味道浓郁偏苦，不食用或作调料、馅料食用。

（一）生物学特性

根芹菜地上部类似芹菜，地下根为黄褐色，肉质、圆球形。可食的膨大部分主要由短缩茎、下胚轴和根的上部组成。肉质根的最外层为周皮；向里为次生韧皮部，具有发达的薄壁细胞组织，为主要的食用部分；再向里为次生木质部。茎在营养生长期短缩，叶着生其上。1～2 回羽状全裂，小复叶 2～3 个，卵圆形 3 裂，边缘锯齿状。生殖生长阶段，茎端抽生花薹，并发生多次分枝。花序为复伞形花。花小，白色，异花授粉，亦可自花授粉。双悬果，圆球形。有 2 个心皮，其内含 1 粒种子，种皮褐色粒小，有香味，千粒重 0.4 克，寿命为 3 年。根芹菜与芹菜一样，喜冷凉、湿润的气候，炎热的夏季对生长极不利，易变褐、腐烂，生长适温 15～20℃。在块根膨大阶段需要较低的温度。根芹菜的冬性比芹菜强，早春露地栽培不容易发生先期抽薹现象（图 18）。

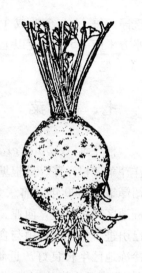

图 18　根芹菜

根芹菜生长发育期（播种至收获）180～200 天，比芹菜明显长，露地栽培如果生长期不够就不会获得产品。北京地区春季露地栽培，生长期会遇到炎热的夏季，对生长不利，很难获得优质的产品；如果是夏、秋种植，也会因生长期不够不能获得正常的产品。

根芹菜对土壤要求不严，疏松、有机质丰富、较为湿润的土壤有利根的膨大。

（二）栽培季节与栽培方式

南方地区露地栽培：南方冬季平均温度在 5～10℃ 的地区可以进行秋冬季露地生产，6 月下旬至 7 月上旬播种，8 月下旬至 9 月上旬定植，翌年 1～2 月收获。

北方地区日光温室夏秋季栽培：6 月上旬至 7 月上旬播种，8 月上旬至 9 月中旬定植，翌年元旦、春节期间收获。

北方地区日光温室冬春栽培：11 月中旬播种，翌年 1 月下旬至 2 月上旬定植，6 月收获。

冷凉地区大棚栽培：1 月中下旬至 2 月中旬温室育苗，3 月中下旬至 4 月中旬大棚定植，7 月收获。

冷凉地区露地越夏栽培：2 月中下旬至 3 月中旬温室育苗，4 月中下旬至 5 月中旬大棚定植，9～10 月收获。

据甘肃省农科院焦国信等，在河西走廊高海拔干旱地区进行露地越夏栽培，一般 2 月中下旬在日光温室育苗，4 月中下旬定植，9 月中下旬收获。根芹菜上市期正值春末、夏初蔬菜供应淡季，经济效益较高。1～2 月育苗时，要采取防寒措施，如利用日光温室进行育苗。夏季高温多雨，对根芹菜生长不利，注意防治叶斑病和根部腐烂。

（三）类型与品种

按熟性，根芹菜有早熟，中熟，晚熟之分；按根的大小、形状有大、小、长圆之分；按叶柄颜色有紫色与绿色之分。目前我国栽培的根芹菜多引自荷兰、法国、意大利、俄罗斯等，如甜根芹菜，系俄罗斯新品种，播种后 90～100 天开始收获。肉质根长 20～30 厘米，根头粗 3.6～4.6 厘米，圆锥形，皮灰白色，肉白色。直立生长。茎短缩，株高 35～40 厘米，开展度 30～40 厘米。基生叶深绿色，平滑，有光泽。叶片数 20～40，叶最长可达 40～60 厘米，而叶柄可达 20～28 厘米，叶缘锯齿状，浅至中裂，近羽状。叶主脉较宽，浅绿色。叶柄很短，扁而宽，浅绿色。

（四）栽培技术要点

1. 育苗　根芹菜发芽期和幼苗期生长缓慢，播种到成苗需 86～90 天。根芹菜在条件适合的季节可以进行干籽播种，一般播后 10 天左右开始出苗。在温度过高、过低时应浸种催芽，尤其夏季育苗，如果不催芽则很难出芽。北京地区 6 月中旬以前可干籽直播，6月下旬至8月上旬则需浸种催芽。浸种时间一般为12～24小时，催芽温度以15～20℃为宜，在恒温箱或井中催芽均可。催芽期间每天淘洗1次，并把水分甩干，8天左右即可出芽。

可用500～800毫克/千克赤霉素浸种8～12小进后再催芽，可缩短催芽时间，提高发芽势和发芽率。

根芹菜种子细小，千粒重约0.36克，略小于芹菜，播后覆土时盖住种子即可，不可过厚。普通苗床育苗最好在温室或大棚中进行。用非伞形花科作物的田园土和充分腐熟农家肥，砸细过筛后按7∶3体积比混匀，1立方米中加入磷酸二氢钾1千克，并用50%多菌灵可湿性粉剂800倍液，40%辛硫磷1 500倍液混合喷雾，边翻边喷雾，后盖严地膜，消毒6～7天。667平方米需苗床20平方米，用种子10～20克，踩实。播种时苗畦底水要足，夏季育苗一定要有遮荫措施。夏季育苗用种量应适当增加。如用温室育苗，667平方米需128孔穴盘60盘，每穴播种2～3粒，用种量5～10克。育苗盘紧贴床面。为防地下害虫，可用麸皮1千克，加0.5千克玉米面，加0.3千克大豆面混合炒熟，并加50克辛硫磷拌和，将毒土均匀撒在床面上。播种前，先浇1次水，待水下渗后撒种，撒后覆0.5厘米厚细土并盖塑料膜。

为防止阳光直射，用遮阳网遮阳，4～5天出苗后揭去。播后苗床四周挖好沟，深20厘米。出苗后在沟内灌水，保持土壤湿润。

出苗前要保证苗床湿润，穴盘育苗要注意及时补水。苗床育苗出苗前如出现表层干旱，要及时补水。浇水时要小水慢洇，以防把种子冲走。一般播后10天开始出苗。出苗后可以覆1层细土，有利保墒和固苗。苗期及时拔草、间苗，株距3厘米。穴盘育苗在整个苗期浇施3～4遍0.2%宝力丰1号，每次每667平方米用量约60千克。苗期注意防蚜虫、白粉虱、蓟马等害虫，每隔7～10天喷洒1次一遍净、好年冬、菊酯类杀虫农药。条件

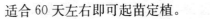

适合 60 天左右即可起苗定植。

2. 整地施肥 露地栽培选择地势平整、耕层深厚、土质疏松、有机质丰富、旱能浇、涝能排的地块，保护地栽培可以选择瓜类、茄果类蔬菜的下茬进行栽培。每 667 平方米施有机肥如牛粪、马粪、厩肥、秸秆等 6～10 立方米，有机精肥如鸡粪等 1 立方米以上，三元复合肥 20～25 千克，尤其是保护地栽培，更应该重视有机肥的施入。均匀铺施肥料，平整土地，做成宽 1.3～1.5 米、长 8 米左右的平畦，耙平畦面。因根芹菜膨大部分在地面，故不用高垄栽培。

3. 定植 播种后 60 天左右，幼苗 6～7 片叶时定植。定植前 1 天洇水，以便起苗时少伤根。如发现病虫害，需在定植前集中施药。中早熟品种，1.33 米宽畦定植 4 行，株距 33 厘米，每 667 平方米定植 5 000～6 000 株；晚熟品种适当加大株行距，每 667 平方米定植 4 000 株左右。夏季定植以 17：00 时以后为佳。定植不要过深，埋住根部即可。过深，埋住苗心，容易造成小苗死亡。天气炎热时，要边定植边浇水。

4. 田间管理 根部膨大前，这一时期的生长时间大约 60 天，主要任务是保证全苗，促进缓苗，以促为主，适当控苗。定植后 2～3 天，浇 1 次缓苗水，15 天后及时中耕，保墒，促根蹲苗。蹲苗 10～15 天，苗高约 15 厘米，接近封垄时，需水不大，应在适当追肥浇水后进行浅中耕，保持田间土壤湿润，使表土稍干燥，也就是上干下湿。浇水并追施尿素 10 千克，及时中耕培土 1 次。肉质根膨大期，应均匀地多浇水，并注意钾肥供应。每浇 1～2 次水追 1 次复合肥，每次 20 千克。进入旺盛生长期要追肥 2～3 次，并加大浇水量，保证水分、养分的供应，促使根系扩展和肉质根适时膨大。

秋冬季温室栽培，定植期正值 8 月，北方还很炎热，因此，降温、保苗、促苗、防暴雨、防雨涝、防冰雹是管理的重点。这时温室应该覆盖旧农膜；缓苗后及时中耕锄草，适时、适当地进行水肥管理。10 月初换上新农膜，增加光照强度，促进根芹菜快速生长，增加产量。

冬春温室或早春大棚栽培，定植时天气比较寒冷，增温、保温、促进缓苗、促进快速生长为定植后管理重点。缓苗水过后中耕锄草，根据天气和土壤情况适时适量浇水、追肥。根部膨大到采收阶段的管理，这一时期生长所需的时间大约也是 60 天，要求水分充足，光照充足，温度要低，尤其夜温不能高。水肥管理以施用钾肥为主，可每次每 667 平方米随水追施硫酸钾 15～20 千克，15 天左右施用 1 次，共追施 3 次；每 7 天左右叶面喷施 0.2％磷酸二氢钾 1 次，每次 667 平方米 60～80 千克。

秋冬季温室栽培，进入根部膨大阶段应保持土壤湿润，不管是晴天还是阴天都要放风，早揭苫、晚盖苫。白天温度保持15～20℃，夜间 3～10℃。可以从植株的形态上看温度管理是否合适，如果根芹菜的外叶向下反卷，说明正长根，温度比较合理；如果叶片直立生长，而且新叶生长迅速，说明温度尤其是夜间温度高。在根部膨大的过程中，下部的叶片会因茎的膨大而造成叶片基部开裂，可以根据叶片的生长情况打掉底叶，增加通风透光，减少病害的发生。

冬春温室或早春大棚栽培，进入根部膨大期，根据植株的长势适当加大放风，最后可以撤掉农膜，在进入炎热多雨的夏季之前最好能收获完毕。

根芹菜肉质根长到 0.5 千克左右即可开始陆续收获，掰掉外层大叶、削掉须根部分出售。收获期 1～2 个月，667 平方米产量 2 000 千克左右。

生长期间需及时摘除老叶和侧生枝叶，在肉质根膨大期间，可把根际土壤扒开，开刀修去肉质侧根，使主根生长肥大，表面光洁，形状整齐。切根后不要立即浇水，以防伤口感染腐烂。

5. 收获　适期采收，过早、过晚都会影响产量和质量。秋季露地栽培的，一般在酷霜来临前收获上市。

（五）贮藏

根芹适宜贮藏温度为−1～0℃，相对湿度 95％以上，湿度过低时，根芹失水萎蔫，失去了脆嫩的口感，增加损耗，降低商品性。

生产过程中注意均衡施肥，过量施用氮肥会降低耐贮性；采前 1 周不浇水，可有效提高耐贮性。肉质根充分膨大后采收，采收过早影响产量，过晚会引起空心或贮藏过程中空心。宜在外温最低的清晨或傍晚采收。采收和运输过程中注意防止机械损伤，因机械损伤会增加损耗、降低贮藏性。采收时最好将菜筐搬到地头，拔起肉质根，去掉须根和叶柄，选择无病虫害、无机械损伤、无空心的肉质根整齐码放在菜筐中。

采后要尽快运至贮藏冷库。装卸车要轻轻搬动菜筐，避免碰撞造成机械损伤。

为防止土壤带菌造成贮藏中的根芹腐烂，最好清洗后再贮藏，清洗时要防止机械损伤。如来不及清洗，收获后可先预冷，再清洗。清洗后的根芹要晾干表面水分，用包装纸单个包装后再整齐码在贮藏箱中；也可将清洗干净并且表面已无水分的根芹，一层层码放在贮藏箱中，贮藏箱内侧四周及每两层根芹间，垫一层包装纸或者报纸。

预冷方法可采用冷库预冷和差压预冷。冷库预冷的温度设在0℃，预冷时将菜筐顺着库内冷风的流向堆码成排，排与排之间留出 20～30 厘米的缝隙（风道），靠墙一排要离墙 15 厘米左右，码垛高度要低于风机的高度。预冷时间 12～24 小时。差压预冷温度设在 0℃，预冷时按差压预冷机的要求进行堆码和预冷操作。预冷时间 30 分钟左右。

包装对贮藏质量非常重要，可有效保持根芹脆嫩的品质。选择 0.03～0.04 毫米厚的塑料薄膜袋直接套在包装筐外面，折叠或捆扎袋口；也可将预冷好的根芹 2～3 排筐码成一垛，垛长根据根芹的多少和冷库的大小而定，垛高要低于冷库风机，用0.03～0.04毫米厚的塑料薄膜做成大帐，扣在菜垛上，进行贮藏。

冷库贮藏温度−1℃。贮藏过程中要保持温度均衡，避免忽高忽低。管理得好可贮藏5～6个月。

八、牛蒡

牛蒡又叫东洋萝卜、白肤人参、树根菜、蝙蝠刺、牛菜、牛翁菜。我国东北、华北、西北、西南地区均有野生种。我国常采其果实入药，称大力子或牛蒡子，恶实等。或采其叶作饲料。原产于亚洲、欧洲和北美等地。公元940年前由我国传入日本，目前栽培和食用牛蒡的地区主要为日本、东南亚、美国、德国、法国等国和我国台湾省。我国大陆过去基本不作菜用，也无食用习惯，1986年我国从日本引入后迅速发展。近年已在北京、上海、四川、重庆、西安等大城市郊区及山东等地，开展规模化生产。除出口外，主要供来华旅居的日本友人和餐馆应用。主要食用肉质根，叶柄和嫩叶也可食用。根和叶柄质细脆嫩，并有特殊香味，除煮食外，还可酱渍或加工成牛蒡汁作饮料。切片后和鱼或排骨同煮，也可油炸后食用。此外可腌制或榨汁做饮料。日本人认为嫩根有壮阳补肾的作用。另外，欧洲各地有食用嫩茎叶的习惯，嫩茎叶为西餐的冷餐佳品，炒食或作汤均可，味美可口，并具有保健作用。牛蒡的肉质根中含有丰富的菊糖、维生素B、维生素C及铜、锰、锌等，营养价值高。因含菊糖，所以特别适宜糖尿病患者食用，老少皆宜，是强身保健蔬菜。牛蒡入药，具有抗菌作用，能治疗风热感冒，咽喉肿痛，流行性腮腺炎等。目前开发的牛蒡保健茶，牛蒡饮料等备受消费者青睐。

牛蒡为我国古老的药食两用食物蔬菜，明朝李时珍称其"剪苗汋淘为蔬，取根煮，曝为脯，云其益人"，《本草纲目》中详载其"通十二经脉，除五脏恶气"；《名医别录》称其"久服轻身耐老"。世界著名的营养保健专家艾尔·敏德尔博士在其所著的《抗衰老圣典》中这样描述："牛蒡的根部受到全世界人的喜爱，它是一种可以帮助身体维持良好工作状态的温和营养药草。牛蒡可每日食用而无任何副作用，且对体内各系统的平衡具有复原功能。全世界最长寿的民族——日本人常年食用牛蒡根部。"

牛蒡营养价值极高，属菊科中的稀特蔬菜，富含菊糖、纤维素、蛋白质、钙、磷、铁等人体所需的多种维生素及矿物质，其中胡萝卜素含量比胡萝卜高 150 倍，蛋白质和钙的含量为根茎类之首。牛蒡根又叫恶实根，鼠粘根，味微苦性寒。含有菊糖及挥发油、牛蒡酸、多种多酚物质及醛类，并富含纤维素和氨基酸，且含量较高，尤其是具有特殊药理作用的氨基酸含量高，如具有健脑作用的天门冬氨酸占总氨基酸的 25%～28%，精氨酸占 18%～20%，且含有钙、镁、铁、锰、锌等人体必需的宏量元素和微量元素；其多酚类物质具有抗癌、抗突变的作用，因而具有很高的营养价值和较广泛的药理活性。牛蒡茎叶又名大夫叶，含挥发油、鞣质、黏液质、咖啡酸、绿原酸、异绿原酸等，含抗菌物最多，主要抗金黄色葡萄球菌。牛蒡果实含牛蒡甙、脂肪油、甾醇、硫胺素、牛蒡酚等多种化学成分，其中脂肪油占 25%～30%，碘值为 138.83，可作工业用油；牛蒡甙有扩张血管、降低血压、抗菌的作用，能治疗热感冒、咽喉肿痛、流行性腮腺炎等多种疾病及抗老年痴呆作用。牛蒡有明显的降血糖、降血脂、降血压、补肾壮阳、润肠通便和抑制癌细胞滋生、扩散及移弃水中重金属的作用，是非常理想的天然保健食品。我国《现代中药学大辞典》、《中药大辞典》等国家权威药典中把牛蒡的药理作用概括为三个方面：有促进生长作用、有抑制肿瘤生长的物质和有抗菌和抗真菌作用。2002 年国家卫生部把牛蒡列入可用于保健食品的物品名单。

随着经济的发展，人民生活水平的提高以及对牛蒡营养价值认识的增强，其消费量必将增加，栽培面积会迅速扩大。

（一）生物学性状

属菊科二年生大型草本植物。株高 1 米，叶片宽大，长50 厘米，心脏形，叶柄长，叶背密生白茸毛。肉质根外皮粗糙，暗黑色，根肉灰白色，细而长。花茎直立，高 1.5米，分枝多，枝顶簇生头状花序。种子为瘦果，长纺锤形，暗灰色，千粒重 11.2～14.4克。种子寿命约 5 年，使用年限 2～3 年（图 19）。

适应性很强，适宜温暖湿润的气候，平均气温 20～25℃的季节生长最快。喜强光，忌在背阴处栽培。地上部

图 19 牛 蒡

耐热力强，可忍受炎夏高温，35℃时仍可正常生长，但不耐寒，气温低于 3℃时茎叶很快枯死。肉质根耐寒力强，在 0℃下仍可生长，可忍耐-20℃的低温，越冬后可重新萌生新叶。种子发芽的最低温度 10℃，最适温度 20～30℃。温度低于 15℃或超过30℃时，发芽率降低。种子具强休眠性，宜用水浸、变温处理及硫脲浸种等方法解除休眠。吸水后的种子具好光性，置明处可促进发芽。

牛蒡为绿体春化型。一般讲，根茎直径达 3～9 毫米以上，在 5℃以下低温经过 140 小时可通过春化阶段，其后 12 小时以上的长日照可抽薹开花。秋播牛蒡为防止先期抽薹，除选用晚抽薹的品种外，要适期播种，使其冬前根头部的直径不超过 1

厘米。

牛蒡根系入土深，并需充足的氧气，适宜在疏松、中性的沙壤土或壤土中种植。若在沙质土中种植，则肉质根肥大，外皮粗糙，肉质粗硬，并且容易空心；若在黏土中种植，则肉质根致密，富有黏性和香气，渣少，空心也少，但成熟晚，根短，侧根和畸形根多，商品性较差。牛蒡肉质根是主根向下深入并变态膨大而形成，土壤中不能有太多直径大于 1 厘米的砾石、沙石等硬物，或者栽植垄下有塑料、泡沫等垃圾物。土壤要富含钾、钙，pH 值 6.5～7.5；忌涝，地下水位高及低湿处易产生歧根和腐烂。

（二）类型和品种

1. 类型 牛蒡的品种分根用和叶用两类。根用类主要有野川型和大浦型两个品种群。野川型产于日本关东地区，根长而细，其基本品种有泷野川（相似品种有常磐、新仓、柳川理想），渡边早生（相似品种有山田早生、渡边理想），中之宫（相似品种如新田、岛、斋田）和砂川（相似品种如泷野川白茎、南部白）等。大浦型产于日本关西地区，根短而粗，其基本品种如大浦。叶用牛蒡主要分获和越前白茎两个品种群，肉质根小，叶柄发达，以叶柄和嫩根供食。

2. 主要品种

（1）泷野川 主产日本东京都泷野川地区。中晚熟种。地上部长势旺，叶片、叶柄较肥大，直根长约 1 米，根头部粗大，皮深褐色。适宜在土层深厚的冲积土及沙壤土中种植。一般为春秋季播种，秋冬季收获。秋播春收者，容易发生先期抽薹现象。

（2）渡边早生 由泷野川选择改良而成。叶片大，缺刻少，叶柄带红色，毛茸少。根长约 80 厘米，根大，早熟，抽薹晚，肉质根香气浓，肉质软。春秋均可播种，品质佳。

（3）柳川理想 原产日本东京和京都一带。肉质根长 70～80

厘米，最长1米以上。外皮光滑，肉质细致、柔软，香味较浓，品质好。

（4）山田早生　由泷野川选育而成。早熟种。肉质根长70～80厘米，叶片圆，叶柄红色。产量高，春秋均可播种，但秋播不可过早，以免春季发生先期抽薹现象。

（5）新田　中熟种。叶片细长，叶柄白色而细，叶数少。根长约1米，表皮平滑，肉质较好。一般春播，7月份上市。

（6）中之宫　由泷野川选育而成。中熟种，叶片小，叶数少，叶柄红色。根长70～80厘米。肉质根肥大。适宜春季和秋季播种，先期抽薹率低。

（7）获　叶用种，极早熟。叶小，茎秆红色。根短，纺锤形，春季或秋季播种，不易抽薹。

（8）扎幌　原产北海道扎幌市郊。肉质根较粗硬，不易空心，品质中等，但适应性广，较易栽培。

（三）栽培技术

1. 茬口安排　江苏、上海地区一年种两茬，一般在春季或秋季播种，北京也曾进行了夏播秋收和秋播越冬栽培试验，效果尚好。牛蒡常见茬口有7种。

（1）冬春季小拱棚栽培　一般于12月至翌年1月播种，4～7月份收获。

（2）冬春季地膜覆盖栽培　一般于1月播种，6～7月份收获。

（3）早春地膜覆盖栽培　选冬性强、抽薹晚的品种，3月上中旬播种，播后盖地膜，5～7月份采收。

（4）春露地栽培　选中晚熟品种，4～5月份播种，10～11月份采收，可贮藏4个多月，并可进行贮运。

（5）夏茬　一般选叶用种，7～8月份播种，11～12月份采收。

（6）秋茬　选抽薹晚的品种，8～10月份播种，翌年5～7月份采收。

（7）补缺栽培　选越前白茎等叶用种，10月上中旬播种，密植软化，4～6月份采收嫩根和叶柄上市，补充淡季市场。

春季播种的，约经100天开始采收，陆续采收到入冬，产量高，供应期长，但杈根多；夏播冬收的，产量低，但根形好，收获期集中，适宜贮藏；秋播越冬栽培的，翌年春季收获，可在冬贮牛蒡供应结束后上市，但产量低，收获期严格，稍迟收获，容易发生大量抽薹现象，降低品质。

2. 整地　牛蒡系肉质直根作物，根入土深，为使其顺利伸入土中，并减少分杈等现象的发生，必须选择耕层深厚、疏松、无夹沙土等硬土层，无瓦砾、无硬杂质的沙壤土或壤土，地下水位在1.2米以下，含沙量在30%～40%，pH值为7左右。并行深耕、晒垡。忌连作，连作后根部易发生线虫为害，使植株枯萎或形成畸形根。耕作深度，短根种一般为50厘米，长根种为90厘米。耕后耙碎，每667平方米铺施有机肥4 000～5 000千克，尿素10千克，过磷酸钙50千克，硫酸钾20千克。氮、磷、钾的比例为6∶8∶15。混肥时每667平方米拌入辛硫磷2～3千克。施肥后浅耕，使肥、土混合均匀。如果土壤酸性过大，还应施入石灰。施入的有机肥料，一定要充分腐熟，并需打碎，否则容易引起杈根。施肥后经过浅耕，再用大水浇灌播种沟，使沟土沉实。待地面稍干时，在播种沟上做畦。做畦方式根据土壤和品种而异。地下水位低，短根种可用平畦；地下水位高，长根种可用高畦。高畦畦宽约70厘米，高15厘米，畦间距离50厘米。

3. 播种　除严寒和炎热季节外，全年都可播种，一般以春、秋两季播种为主。春播适期为3～5月份，秋播适期为9～10月份。

牛蒡种子种皮厚，有较强的休眠性。为促进发芽，要进行播前处理：先剔除瘪籽和过小的种子，放入50～55℃温水中，不断搅拌，浸泡15分钟，待水温降至30℃左右时，继续浸泡8～10小时，捞出晾干即可播种，或用纱布包好，在30℃下催芽，露白后播种。也可干籽直播，最好是用 0.5％硫脲或 1～5 毫升/升赤霉素溶液浸种 1 昼夜，破坏休眠后再播。如病害严重，可放入 1 000 倍甲氧乙氯汞液中浸泡 1 小时，取出后放清水中再泡 12～24 小时，捞出播种。

播种时先在垄面每 667 平方米撒施 5％丁硫克百威颗粒剂 2～3 千克，拌入土中，以防治地下害虫。然后，在垄面上顺畦向开两条 1～2 厘米深的浅沟，沟距 40 厘米。在沟中按穴距 10 厘米挖穴，每穴点播种子 2～3 粒，覆土厚 1.5～2 厘米，每 667 平方米播种量 0.5～0.7 千克。播后要用潮湿的细土培一小堆，也可覆盖薄膜保温、保湿、防暴雨。约经 10 天即可出苗。

4. 田间管理　出苗后间苗 2～3 次：第一次在子叶展开后；第二次在 2～3 片真叶时；第三次在 4～5 片真叶时。每穴留 1 株定苗，使株距保持 12～20 厘米。间苗时淘汰小苗，弱苗，过旺苗，畸形苗及根头部露出地面，或叶片下垂的异常苗。

及时中耕除草，结合中耕向根周培土。牛蒡耐旱怕涝，过分干旱时可适当浇水，雨季注意排水。

生长期间分 3 次追肥：第一次于 1～2 片真叶时，在植株一侧，距苗 8～10 厘米处开沟，每 667 平方米顺沟施腐熟厩肥 400 千克，尿素 5～7 千克，氯化钾 5 千克，过磷酸钙 15 千克，施后覆土封沟；第二次于 3～4 片真叶时，在植株另一旁开沟，每 667 平方米顺沟施入尿素 10 千克，氯化钾 5 千克，过磷酸钙 10 千克；以后根据苗情再施 1 次，即第三次。也可分次叶面补肥，用 0.2％尿素，或 0.1％磷酸二氢钾于下午 16 时至 18 时喷洒，每 7 天喷 1 次，共计 2～3 次。

5. 病虫害防治　主要病害有黑斑病、菌核病、根腐病和萎蔫病。除轮作，减少病原，改善植株群体结构，防止密闭，控制发病环境因素外，可及时用 70％甲基托布津可湿性粉剂 1 500～2 000 倍液，或 75％百菌清可湿性粉剂 600～800 倍液，或 50％福美双可湿性粉剂 500 倍液喷洒，7～10 天 1 次，连喷 2～3 次。

苗期，容易发生立枯病，可用 20％抗枯宁 400 倍液，或 40％多菌灵可湿性粉剂 800 倍液喷洒。另外，有时发生白粉病，在叶面上生很多粉霉状病斑，可用 20％粉锈宁 800 倍液喷雾。常见的害虫有根结线虫、牛蒡象虫、金针虫、蛴螬、蚜虫等。对线虫、金针虫、蛴螬等地下害虫可于播种前，每 667 平方米用滴滴混剂（D-D 混剂）30～40 千克，于播前 10 天施入土壤。牛蒡象虫及蚜虫用 50％马拉硫磷乳油 1 000 倍液，或 40％乐果 1 000～2 000 倍液喷洒防治。

（四）采收贮藏及利用

1. 采收 春播牛蒡从 6 月份开始至翌年 4 月份可随时采收；秋播早的从 12 月份起采收，晚的可延迟至翌年 6～7 月份。早收的产量低。但容易抽薹、空心的品种宜适当早收。

采收方法：先用镰刀割去叶片，留叶柄 15～20 厘米。从畦一端开始，在植株一侧挖宽 15 厘米，深 60 厘米的沟，顺次用直径为 6～6.5 厘米的挖掘棒，沿根插入地中摇动，使土松动后，将根向上拔出，切勿弄断（图 20）。拔出后除去泥土和须根，从叶柄 2 厘米处切齐，洗净，按大小分级，包装上市。

2. 贮藏 晚秋，牛蒡成熟后，可在地里贮藏至翌年春季，随时采收。收获后贮藏的关键是切忌干燥。短期贮藏，可扎捆后排放于阴凉的室内，并保持较高温度。秋冬季收获的，如需贮藏 1 个月以

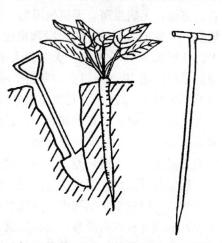

图 20 牛蒡的采收
左：挖沟 右：挖掘棒

上，可选择向阳、排水良好的地方，挖窖或挖坑贮藏。贮藏时，每排放一层肉质根，盖一层细土，共放5～6层后，上面盖1层细土，厚15厘米，防止干燥及雨水流入窖中。也可在收后去尖洗净，晾干，包以湿布，或装入塑料袋中密封，置0℃左右的冷库中，空气相对湿度保持95%，可保鲜30天以上。或选高燥阴凉的地块，挖坑埋入沙土中，其上覆盖塑料薄膜。

此外，也可用盐渍贮藏法，即将肉质根贮于缸内或用塑料薄膜衬垫的坑内，一层牛蒡一层食盐，可贮存数个月。

3. 利用　牛蒡可鲜食，也可腌渍加工。鲜食时可做汤，先用凉水泡，换水2～3次，再煮烂即可，汤汁清凉香甜。也可与胡萝卜一起配菜，剁碎拌米饭食用。油炸牛蒡片，质脆味香。也可火烤、炒食。腌渍牛蒡，香脆爽口，是酱菜中之上品。

（五）影响牛蒡品质要素分析及优质高产技术

牛蒡肉质根的出口主要由食品厂以保鲜、速冻和盐渍加工等形式，也有的以脱水干制运销。加工厂收购的一般要求是根体长直，完整，无病虫斑，无机械损伤，无霉变，不空心，无裂纹和硬伤，并要求达到一定的长度和粗度。一级品长度达75厘米以上，茎粗2.5～3.5厘米，无茎粗大于0.6厘米以上的侧根；二级品要求长达50厘米以上，茎粗2厘米；三级品要求长30厘米以上，茎粗1～3厘米。凡肉质根分杈、畸形或长度在30厘米以下者，均不合格。要想增加收入，必须提高正品率。牛蒡种植后常因生长期过长，后期干旱，密度小，个体大而引起糠心。糠心后肉质根重量轻，质量差，不耐贮藏。所以应适期播种，适时采收，遇旱及时浇水，密度也要适宜。裂根主要是土壤水分供应不均所致，所以遇旱必须浇水，遇涝要及时排水。有的植株的侧根膨大，形成分杈的肉质根，俗称叉根，叉根是影响品质最严重的问题。造成叉根的原因是种子质量差；主根生长点受到破坏，如移栽伤根，地下害虫为害，碰到未腐熟的肥料或化肥块；或主根生长点受阻，如土层浅而硬，碰上砖头瓦块等；土壤松散，肥料过多，也容易引起叉根。因此，种牛蒡一定要购买优质种子，提高播种质量，保证一播全苗，不搞移栽补苗，防治好地下害虫，肥料要充分腐熟细碎，挖好栽植沟，剔除砖头瓦块，栽植沟不宜过宽，肥沃土壤当年不施土杂肥。

（六）留种

冬前，选叶少、根部粗壮、颈短、不露出地面、须根少、形态整齐的植株作种株，切去根部 1/3，留根头部 2/3，长约 30 厘米作母株，按行距 50～100 厘米，株距 30～50 厘米，栽植到留种田中，冬季盖草防寒。也可经冬贮后，翌年春季地解冻后栽植。冬前或春植均在 4 月份抽薹，5 月下旬开花，7～8 月份种子成熟。当种子呈黄褐色时，从茎基部割下，脱出种子。种子不可过熟，否则籽粒大，用之播种后叶片大，根系不发达，抽薹也早。所以种子以粒小，种皮稍有皱纹，呈淡灰色的较好。

（七）牛蒡的开发现状

1. 入药　牛蒡的果实和肉质根都能作为药材利用。种子味苦无毒，具有疏热散风、宣肺透疹、解毒通便的功效，可治疗发热感冒、咽喉肿痛。肉质根能驱风、利尿、清热、解毒，对感冒、咳嗽、湿疹有一定疗效，特别是它含有菊酚，是糖尿病患者很好的食疗药物。科学研究进一步发现，经常食用牛蒡还可防止身体早衰和高血压病的发生。

2. 烹肴

（1）神奇蔬菜汤　又称"五色养生蔬菜汤"，就是将 5 种颜色的蔬菜混合煮成汤。五色即青、红、黄、白、黑，青为白萝卜叶、红为胡萝卜、黄为牛蒡、白为白萝卜、黑为香菇。其中的胡萝卜、香菇、牛蒡都是可以抗癌的蔬菜，并能帮助排除体内废物，长期食用对高血压、脑中风和癌症的病后调养及预防肝病、痔疮、糖尿病、十二指肠溃疡等病患有一定效果。以鲜牛蒡为主料的"神奇蔬菜汤"，在日本、韩国、东南亚及中国台湾地区倍受推崇，对许多有慢性和顽固性疾病的患者极为有益。

（2）牛蒡炖肉　牛蒡根洗净，去皮，切块，凉水浸泡，沥干。五花肉洗净，切方块。油锅爆香姜片、葱段，下肉块，加生抽、料酒、糖，翻炒上色。下牛蒡，加水适量，旺火烧滚，改文火焖至熟。其猪肉熟烂，肉色红润，牛蒡略脆。具有滋阴润燥、温中益气、祛风消肿的作用。

（3）牛蒡鸡汤　牛蒡根去外皮，洗净切片，凉水浸泡，沥干。鸡清洗干净，水适量，与牛蒡同煲，加入生姜、葱、料、花椒，旺火煲滚，改文火至熟，加盐撒胡椒粉，淋香油。汤色浓白，汤味纯正，肉粑烂，牛蒡细嫩。有补虚、温中益气、养身健体之功效。

（4）牛蒡粥　牛蒡根清洗，去皮切丝、洗净，水适量共煲粥，可加入盐、胡椒粉、香油。具有宣肺清热、利咽散结之功效。

（5）凉拌牛蒡　牛蒡根洗净，刮去外皮，滚水烫，凉水泡，沥水切丝或片，加盐、醋、糖，鲜香可口。具有清热解毒、降血压之功效。

（6）腌渍牛蒡　牛蒡去杂，洗净，用刀去皮，放入清水中洗净。置缸中，一层盐一层牛蒡，腌满容器，注入饱和盐水，最后加一层盐盖满，上压重物，用盖或塑料布盖严。15～20天取出，用清净盐水冲净。如咸度太重，可用适当淡盐水脱盐，取出切丝，用塑料袋包装销售。

3. 精加工

（1）牛蒡茶　工艺流程：原料→陈化→清洗→去皮→护色→吹风切片→二次护色→吹风→烘烤→出炉→粉碎→检验→包装→成品。

牛蒡茶在日本作为高档保健食品消费十分盛行，具有降低血压、健脾和胃、补肾壮阳之功效，对肾虚体弱者有较好的补益作用；它能清除人体内尿酸等代谢垃圾，有防癌、抗癌和美容等作用；对高血脂、糖尿病、便秘、类风湿、性功能减退和肥胖症等病症有一定疗效，经常饮用牛蒡茶对增强人们的体质将起到积极的推动作用。

（2）牛蒡饮料 用牛蒡、白沙糖、CMC、黄原胶、柠檬酸作原料，用夹层锅、均质机、杀菌釜、打浆机、胶体磨等设备。利用牛蒡→清洗→去皮→切碎→预煮→打浆→细磨→原汁→混合调配→均质→脱气→灌装封口→杀菌→冷却→成品。

牛蒡水洗后用刨刀刨去表皮，放水中防止变色。切成 1～1.5 厘米大小，放沸水中，热烫 10 分钟，冷却。将其和汤一起送入打浆机中打浆，然后再用胶体磨磨细，即得牛蒡原汁。将粉末状稳定剂拌入砂糖，加水加热制成糖水，然后再将牛蒡汁与糖水、柠檬酸液、稳定剂液（0.12% 抗酸性 CMC 和 0.06% 黄原胶）等其他辅料调配，每增加一种原料需搅拌，最后用水补加至规定量。将调配好的混合液预热至 50～60℃，用高压均质机均质。均质后料液应在 40～50℃，真空度 0.06～0.08 兆帕下脱气，避免料液氧化和风味变化。脱气后的半成品用灌装压盖机组定量灌装并封口，然后送入杀菌釜中加热杀菌，杀菌公式为 15 分钟～25 分钟/95℃～100℃。杀菌后放入流动水中冷却，使温度尽快降至 40℃以下。

（3）牛蒡罐头 工艺流程：原料→清洗→去皮→护色→切分→烫漂→装罐→排气→密封→杀菌→保温→检验。

（4）牛蒡酱 工艺流程：原料→清洗→去皮→切片→烫漂→打浆→浓缩→装罐→封口→冷却。

（5）牛蒡晶 工艺流程：原料→清洗→去皮→破碎→浓缩牛蒡汁→合料→成型→烘干→过筛→包装。

（6）速冻牛蒡 工艺流程：原料选择→清洗→刨皮→切丝→护色→烫漂→冷却→沥水→速冻→包装→冷藏。

（7）蒜芹调味酱　工艺流程：

牛蒡→清洗→去头尾、刨皮→护色切片→烫漂→打浆

大蒜→浸泡去皮→灭酶处理（脱臭）→打浆

生姜→去皮→切片→捣碎　→调配→

花椒、茴香→烘炒→磨粉

白砂糖、酱油、味精、精盐、植物油

胶磨→加热灭菌→真空封瓶→成品。

（8）牛蒡酒　用白酒 50 千克，牛蒡根 0.4 千克，冰糖 6 千克。

先将牛蒡根挑拣干净，用干净刀切成薄片。取干净溶器，将冰糖放入，加少量沸水溶解，然后将切片的牛蒡根放入，再将白酒放入，搅拌至混合均匀。将容器盖盖紧，放在阴凉处储存 1 个月，然后即可启封装瓶销售。

4. 深加工

（1）菊糖的提取　牛蒡根中菊糖含量较高。菊糖活性广泛，对控制尿糖有一定的辅助疗效，可作为防治肿瘤、冠心病、糖尿病、结肠癌、便秘等的保健食品配料和天然药物；还有可能作为植物抗病诱导子，激活植物的防卫免疫系统，抵御病虫害，可以用来开发新型的无毒、无公害的生防制剂。郝林华等对牛蒡菊糖的制备方法研究如下：牛蒡根洗净、晾干、切片，然后经干燥、机械粉碎、过筛，制得牛蒡根干粉，分次热水浸提并分次过滤，合并提取液。将提取液除去小分子杂质后脱色处理，减压浓缩。将浓缩液脱蛋白、离心除去滤渣；所收集的滤液进行乙醇沉析、离心，收集滤饼；用无水乙醇、丙酮反复洗涤；真空干燥、制粉得牛蒡菊糖成品。

（2）挥发油的提取　牛蒡子干燥后粉碎，水蒸气蒸馏，然后用有机溶剂萃取，干燥后过滤，得到挥发油。罗永明等用 GC-MS 从牛蒡子挥发油中分离并鉴定了 66 个化学成分，占挥发油总量的 90.8%，其中 R 和 S-胡薄荷酮含量较高。

（3）木脂素的提取　牛蒡子干燥后粉碎，用石油醚或乙醚于索氏提取器中脱脂后，有机溶剂浸泡、萃取、过滤得到木脂素提取物。Omaki，Ichihara 和 Yamanouchi 等先后从牛蒡子中分离到 12 个 2，3-二苄基丁内酯木脂素，木脂素能抑制血小板活化因子（PAF）对血小板的结合作用。

（4）多酚的提取　牛蒡根洗净切片，有机溶剂、组织捣碎、过滤，蒸发除去有机溶剂，提取物高压灭菌，分光光度法测定多酚含量。多酚类物质如咖啡酸、绿原酸等具有抗癌抗突变作用。

（5）从牛蒡叶中提取食用色素　提取色素的流程：牛蒡叶→清洗→切碎→浸提→过滤→二次浸提→过滤→滤液→离心→浓缩→干燥→成品。

将牛蒡叶洗净，切碎，分别放入 75％乙醇、丙酮、三氯甲烷、乙醚中浸提 40 分钟，二次浸提 7 小时，然后过滤、离心、蒸馏、浓缩、干燥，结果用乙醇作提取剂可提高绿色素的产率。在同一提取剂不同浓度下，产率随浓度的增加而提高。用正交试验得到 pH3.1，浸提时间 40 小时，温度 28℃时产率最高。

第四章

瓜果类特菜

一、小型西葫芦

西葫芦原产于美洲南部，又名美洲南瓜、角瓜、倭瓜、茭（搅）瓜等（图21）。小型西葫芦又叫金皮西葫芦，珍珠西葫芦，为西葫芦中的一些新品种。西葫芦在我国于19世纪中叶开始栽培，目前已遍及国内各地，尤以北方栽培较多。我国栽培的西葫芦一般为深、绿白色，成熟后为黄色。近年来从国外引进的小型西葫芦，外形奇特，果型细长，表

图21 小型西葫芦

皮有金黄色，深绿色，浅绿色，乳白色等多种颜色，光彩诱人，小巧玲珑，尤其金黄色的品种，外形似香蕉，所以被称为"香蕉西葫芦"；以食用嫩果为主，嫩果肉质细嫩，味微甜清香，适宜蘸酱生食或做沙拉，也可和其他瓜果蔬菜一起做成沙拉。老熟果可以做馅和炒食，嫩茎稍和花也可食用。老熟果带皮煮熟，横向切开，取出籽瓤，用筷子搅动果肉，果肉即成粉丝状，金黄晶莹，做汤或凉拌，清脆香甜。种子可加工成干香食品。西葫芦含

有较多的维生素 C，葡萄糖等营养物质，尤其是钙的含量极高。西葫芦调节人体代谢，具有减肥，有促进胰岛素分泌的作用，能预防糖尿病，高血压以及肝脏和肾脏的一些病变。由于能消除致癌物（亚硝酸铵）而具抗癌防癌的作用，并能清热利尿，除烦止渴，润肺止咳，消肿散结的功效，可用于辅助治疗水肿腹胀、烦渴、疮毒以及肾炎，肝硬化，腹水等症，市场前景看好。

（一）生物学性状

西葫芦为葫芦科南瓜属一年生草本植物。茎蔓生或矮生，5 棱，多刺。叶梗直立，粗糙，多刺。叶片宽三角形，掌状深裂，具有少量白斑。花单生，雌雄异花同株。果实多为长圆筒形，果面平滑，皮绿、浅绿、黄褐或白色，常具绿色条纹。成熟果实黄色，蜡粉多。种子扁平，灰白或黄褐色，千粒重 140 克左右。

较喜温暖，植株生长发育最适温度为 25～30℃，超过 35℃时，授粉不良，坐果差，且易患病毒病。西葫芦耐低温性强，对光照要求不甚严格，充足光照可以促进早熟，短日照可以增加雌花数，降低雌花节位。适宜于春季早熟栽培。根系强大，分布直径可达 2 米以上，吸收力强。耐旱又耐涝，生长速度快。对土壤条件要求不甚严格，各种土壤均可种植。对营养物质的要求较严格，氮肥过多时，会增加两性花的比例，肥料不足时，雌花数明显减少。

（二）类型和品种

按植物学性状分为 3 种类型

1. 矮生类型　早熟。蔓长 0.3～0.5 米，节间很短，第一雌花着生于第三至第八节，以后每节或隔 1～2 节出现 1 雌花。

2. 半蔓生类型　中熟。蔓长 0.5～1.0 米，主蔓 8～10 节着生第一雌花，目前很少栽培。

3. 蔓生类型　较晚熟。蔓长 1～4 米，节间较长，主蔓在第十节以后开始出现雌花。耐寒力弱，抗热性强。

彩色西葫芦是上述类型的一些品种：

1. 金皮西葫芦 由韩国引进。早熟、直立生长。果皮光滑，色泽艳丽，金黄色，果长 25 厘米，果径 4～4.5 厘米，单果重 250～700 克，果形均匀，棒状。雌花多，连续坐果，产量高，抗病力强，播后 50～55 天即可采收。

2. 金黄 009 由美国引进。中熟，长势强，株形大。果实长圆形，长 28 厘米，平均单果重 500 克，果皮金黄皮，有光泽，外形美观，品质佳，风味独特。连续坐果，产量高，抗病性强，适温范围广。

3. 珍珠 由美国引进。长势旺，株型矮生、直立、开放。果实圆球形、皮深绿、光亮，带灰绿斑点。开花后 5～7 天，单果重可达 300 克。极早熟，播后 36 天即可采收，采收 1 个月，667 平方米产 3 000 千克以上。

4. 金蜡烛 美国皮托种子有限公司育成。早熟，种植至初收 53 天，果实直而整齐，长圆筒形，上有微突起的浅棱，果实光滑如蜡，金黄色，果柄五棱形，浓绿色，果肉柔嫩，奶白色，商品果长 18～20 厘米。植株直立，矮生，主蔓生长粗壮，叶开张，容易采收，品质风味好。

5. 薄皮金黄 美国新泽西洲汤普森·玛格娜种子公司育成。植株紧凑、矮生、早熟，定植后 54 天采收，果实略弯圆筒形，如香蕉，适宜采收后幼果生食，以果长 8～10 厘米最合适。果实切成粗条作夏季沙拉或"迷你"餐前小吃，适宜作冷冻食品。

6. 黑美丽 由荷兰引进的早熟品种。在低温弱光照下植株长势较强，开展度 70～80 厘米，主蔓第 5～7 节结瓜，以后基本每节有瓜，坐果后生长迅速。瓜皮黑绿皮，呈长棒形，上下粗细一致，品质好，丰产性强。定植后 25 天可采收嫩瓜，一般 667 平方米可产 3 000 千克。

除上述品种外，最近中国农科院蔬菜花卉研究所也培育成一些品种，如中葫 1 号、2 号、3 号及绿宝石等，表现也好。

（三）栽培技术

1. 栽培方式 小型西葫芦常用栽培形式有 4 种：①地膜覆盖栽培。比露地提早上市 10 天左右，增产幅度 20%～40%，每 667 平方米可产 5 000 千克左右。②中小棚栽培。能显著促秧发棵，提早成熟，增产幅度大。陕西、新疆、青海、甘肃广泛采用。③大棚栽培。西葫芦植株矮小，大棚栽培者较少，但青海西宁等地春季气候寒冷，夏季温度又不太高，利用大棚春夏栽培，可起到提早延后供应市场的作用。④温室栽培。宁夏银川、青海西宁、甘肃兰州有少量应用，面积小，但产量高，上市早，经济效益好（表1）。

表 1 西北主要地区西葫芦栽培方式

地区	栽培方式	育苗期	定植期	采收始期	备　　注
西安	地膜	3 月上中旬	4 月上旬	5 月中下旬	或 4 月下旬直播
	中小棚	2 月上中旬	3 月上中旬	4 月中下旬	
	大棚	2 月上旬	3 月上旬	4 月上旬	
	秋冬茬温室	8 月下旬至 9 月初	9 月下旬至 10 月初	11 月中旬至翌年 1 月	
	越冬茬温室	10 月初	11 月初	元旦至 5 月	
	早春茬温室	1 月中旬	2 月中下旬	4～7 月	
兰州	地膜	2 月中旬	3 月下旬	5 月上旬	冷床育苗
	大棚	2 月上旬	3 月中旬	4 月下旬	温室育苗
银川	地膜	4 月上旬	5 月上旬	6 月中旬	或 4 月中下旬直播
	大棚	3 月上旬	4 月上旬	5 月中旬	
	温室	3 月上旬	4 月上旬	5 月中旬	3 月上旬直播
西宁	地膜	4 月上旬至 5 月上旬	5 月下旬至 6 月上旬	7 月上旬	直播
	大棚	3 月上旬	4 月中旬	5 月下旬	
	温室	3 月上旬	4 月上旬	5 月中旬	

（续）

地区	栽培方式	育苗期	定植期	采收始期	备　注
乌鲁木齐	地膜	4月上旬	5月上旬	6月中旬	
	中小棚	3月中旬	4月中旬	5月下旬	
	大棚	3月上旬	4月上旬	5月上旬	

2. 培育壮苗　小型西葫芦的苗龄一般为 25～30 天，播种期宜在定植前 30～40 天。早春温室或大棚栽培者采用温室育苗。中小棚栽培者可用电热温床育苗。地膜覆盖者采用冷床育苗。催芽后播种，苗距要大，最好用切块、纸筒或塑料钵等保护根系的方式育苗，苗钵直径不小于 10 厘米。

播种后白天温度维持在 30～35℃，最高不超过 40℃，夜温 18～20℃；空气相对湿度为 80%～90%。约经 3 天齐苗。幼苗出土后，温度白天控制在 23～25℃，夜间 10～12℃。

3. 整地、扣棚及定植

（1）整地　小型西葫芦根系发达，对土壤要求不严格，但因是以嫩果供食，多次采收的蔬菜，所以宜选择肥沃、保水力强的土壤。沙壤土提温快，用于早熟栽培效果更好。应避免重茬，最好选择 2 年未种过葫芦科作物的地，耕翻晒垡，每 667 平方米施厩肥或鸡粪 5 000～7 500 千克。耕地后做高畦，畦宽 1.0～1.3 米，沟宽 0.4 米，深 0.1 米左右。

（2）扣棚　定植前 1 周扣棚，并铺上地膜，以提高地温。

（3）定植　定植期宜早，露地栽培的可于 4 月中旬晚霜过后定植，覆盖栽培的可提早栽苗。最好用暗水栽苗法，即开沟灌水，放苗后覆粪土。这样底水充足，又盖有疏松土壤，可保持水分。选择晴天上午定植，定植密度因品种而异，一般矮性种的行株距为 0.6 米×0.7 米，蔓性种为 1.7 米×0.5 米。采用保护地覆盖栽培的，为提高棚温，定植后，1 周内一般不通风。之后，待中午温度升至 25℃时才放风。方法是：先揭开薄膜两头，再

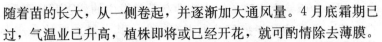

随着苗的长大，从一侧卷起，并逐渐加大通风量。4月底霜期已过，气温业已升高，植株即将或已经开花，就可酌情除去薄膜。

（4）肥水管理及中耕 小型西葫芦定植较早，这时因地温低，最好用暗水稳苗，合墒时立即尽早多次中耕，既保持水分，又提高了地温，还可以收到蹲苗的效果，植株生长健壮。前期缺水时，最好是开沟渗灌。

5月上旬气温已经升高，苗子开始迅速生长，对肥水的需要量增加。当约有半数瓜秧坐果后，结合灌水每667平方米追施硫酸铵20千克，满足早期果实生长的需要。到6月初再追肥1次，使植株生长更加健壮，为提高中后期产量奠定基础。结瓜期若每隔7~10天向叶面喷1次0.1%~0.3%的尿素或磷酸二氢钾，效果更好。

（5）整枝留蔓 坐瓜后及时吊蔓、绑蔓、调整龙头使其受光一致。栽植的早熟品种主要靠主蔓结瓜，细弱的侧蔓可及时摘除。定植后20天左右，主蔓坐瓜后可拆掉拱棚，立竿插架引蔓上架。当主蔓雌花数量不足时，可留强壮侧蔓结瓜，并在瓜前2片叶处摘心。当第1个瓜（根瓜）长至250克左右时及时摘除早上市，有利第二、三瓜的坐瓜和生长。

（6）保花保果 小型西葫芦是异花授粉作物，授粉受精是保证结果的重要条件。但在5月底以前，温度低，花器发育较差；再则雌花常比雄花开得早，授粉困难，所以落花落果严重。这时除行人工辅助授粉外，可用30毫克/升的2，4-D涂抹子房上端，以防早期落花，从而增加早期产量。但涂抹后营养物质转向果实，致使枝叶生长缓慢，所以更要加强水肥管理，增强植株长势，以期达到增产的目的。

（7）勤采收，壮秧促果 小型西葫芦多以采收嫩瓜为目的，必须适时早采，特别是根瓜更要早收。一般花谢后7~10天，瓜重0.5~1千克时就要及时采收，这样可减轻植株负担，有利于雌花的形成，促使多结瓜，提高产量，增加效益。

（8）加强病虫害防治　小型西葫芦常发生的病害有病毒病、白粉病、霜霉病和炭疽病。虫害有蚜虫。其中最重要的是病毒病，该病一般在5月中旬前后发生，它的流行与蚜虫传毒有明显的关系。此外，也可通过汁液接触和种子带毒传播。在高温干旱蚜虫多时最易发生，特别是苗期大水漫灌，缓苗迟，结瓜期又缺肥缺水时发病更重。主要的预防措施：选择健株留种，避病栽培，加强肥水管理，促进瓜秧生长，尽早灭蚜。因该病的传毒过程时间很短，常规药剂治蚜不能明显减轻发病，所以应在前期用银灰色塑料薄膜覆盖地面避蚜，后期再用药剂防蚜，效果更好。

二、丝瓜

丝瓜别名天丝瓜、天罗、天络、布瓜、蛮瓜、绵瓜、胜瓜。原产于亚洲热带地区，分布于亚洲、非洲和美洲等热带和亚热带地区。2000年前印度已有栽培，6世纪传入我国。丝瓜适应性强，生长势旺盛，病虫害少，我国南北方均可栽培，尤以南方栽培面积大（图22）。

丝瓜耐热耐湿，适于高温多雨的季节生长。采收期正值夏秋蔬菜淡季，是度淡蔬菜之一。以嫩果供食，每100克嫩果含蛋白3.6克、糖4.3克、维生素A72.6毫克、维生素C22.0毫克、脂肪0.1克、碳水化合物2.9～

图22　丝　瓜

4.5克，还含有钙、磷、铁等矿物质，营养价值较高。可烩、炒、烧或做汤等。做汤可配以豆腐、肉片、虾片、海米、鸡蛋之类，以清汤为主，荤素皆宜。也可制成干蚬烩丝瓜、清炒丝瓜、鸡腰丝瓜、蒜茸薰丝瓜等，也可水焯后加作料做凉拌丝瓜蚬。丝瓜嫩果和茎叶汁液中含有多种生物碱，嫩果中含有皂苷、丝瓜苦味素、瓜氨酸等，用来做汤或炒食，有清热化痰、凉血解毒之功效，可以治疗热病烦渴、咳嗽痰喘、便血尿血等症。丝瓜汁含有防止皮肤老化的维生素 B_1，增白皮肤的维生素 C 等成分，能保护皮肤，清除斑块，活血、美容、去毒，使皮肤洁白、细嫩，故丝瓜汁有"美人水"之称。丝瓜叶和藤中含皂苷，有止咳祛痰及抗菌作用。瓜叶内服可清暑去热，外用可止血消炎，捣烂外敷可治疗疮痛肿。瓜藤有舒筋活血、止血、健脾、杀虫的药用。瓜藤的汁液又叫天罗水，是霜降后取粗大瓜藤近地剪断，插入瓶中收集到的，可以镇咳和治疗头痛、腹痛、感冒、水肿、酒精中毒以及神经性皮炎等。丝瓜花中含多种氨基酸，性寒味甘，可清热祛痰、止咳、止咽喉痛。丝瓜籽有下泻作用，能润燥通便，并能清热化痰，还可杀虫。成熟果实纤维发达，称丝瓜络，可作洗涤工具，或煅烧，其灰入药，有通经活络、清热化痰、利尿解毒、消肿止血的功效。果皮可治疗疮，瓜蒂可治咽喉肿痛。丝瓜根能消炎解毒、活血通络，用其熬水洗患外，有去腐生肌的功效。

（一）生物学性状

丝瓜属葫芦科丝瓜属，一年生攀缘性草本植物。

根为主根系，侧根多，主根深 1 米以上，水平分布 2 米以上，主要分布 10～30 厘米的耕作层。根的再生能力较强，耐湿，较耐涝，也较耐旱。茎节容易发生不定根。茎蔓生，5 棱，绿色，长 5～10 米，分枝力强，一般发生 2～3 级侧蔓，主、侧蔓均可结瓜。茎上有卷须和花芽，卷须分枝。叶单生，掌状或心脏形，3～7裂，绿色，密被茸毛。叶柄圆，长10～15厘米。花腋生，雌雄同株异花。萼片5，深裂绿色。花瓣5，黄色，被茸毛。雄花着生于总状花序上，每花序10余朵花，偶有顶端着生雌花，但一般不能结果。雄蕊5，常两对连合，一单独，成为离生的3组；也有一对连合，另3枚单独离生的，还有5枚离生的。花药折叠弯曲，盘绕于花丝上，淡黄色。雌花单生，但有的品种在较低温度下有时同节着生多个雌花。柱头3裂，子房下位。异花授粉，花多在16～17时后开放，黄昏时开放多。虫媒。单性结实差，在保护地生产中，可进行人工辅助授粉。丝瓜花具有可塑性，雌、雄花的发生与外界条件关系密切。一般早熟品种在5～10节出现第一雌花，晚熟种通常在20节出现第一雌花，侧蔓上一般在1～5节出现第一雌花。果实短圆柱形至长圆柱形，嫩果绿皮，老熟后褐色或黑褐色。果面分有棱和无棱两类。无棱丝瓜（普通丝瓜）表面粗糙，有数条浅纵沟。有棱丝瓜（棱丝瓜）表面有皱纹，有7棱。一般嫩果面上着生茸毛，果肉白色或淡绿色。老熟果面光滑或有细皱纹，外皮下形成网状强韧的纤维称丝瓜络。种子扁平椭圆形，每果含100粒，有时多达400～800粒。种皮革质，坚硬，光滑。普通丝瓜种皮较薄，表面平滑，有翅状边缘，灰白色或黑色，千粒重90～100克。棱丝瓜种皮厚，表面有网纹，黑色，千粒重120～180克。种子发芽年限5年左右。

种子发芽期5～7天，幼苗期15～25天，抽蔓期约10天，开花结果期60～90天，自播种至采收结束需100～120天。在正常条件下，丝瓜在幼苗期便开始花芽分化。花芽分化初期为两性未定阶段，后期有些花芽的雌蕊原基正常发育，而雄蕊原基不能正常发育而成雌花，相反则形成雄花。在广东，有棱丝瓜主蔓多在9节以后发生雌花。出现第一雌花后能连续发生雌花20个左右，少数30个以上，结果1～4个，结实率约10%。侧蔓雌花着生节位比主蔓早，多从3～6节开始发生。丝瓜种子有休眠现象，浙江大学种子科学与工程研究所徐盛春等人，采用 30%双氧水浸种，0.1 摩尔/升硝酸浸种，超声波振荡和种子单侧缘破皮，处理 3 个丝瓜品种，结果种子单侧破皮处理效果最佳，种子发芽率分别从 7.8%～30.7%，提高到 88.2%～100%，其余 3 种处理破除休眠均有效，但差异不显著。

丝瓜喜温而且耐热。种子发芽适温 25～35℃，20℃以下发芽慢，茎叶和开花结果都要求较高温度，温度在 20℃以上时生长快，在 30℃时仍然能正常开花结果。40℃以上时，功能失调，亦会造成死亡。15℃左右生长缓慢，10℃以下生长受抑制甚至受害。怕霜，−1℃时植株冻死。喜短日照，短日天数越多，对丝瓜越有明显的促进作用，不但能降低雄花和雌花的着生节位，甚至可使植株首先发生雌花。丝瓜短日照处理在子叶展开后便有效。

Bose 等（1970）报道，有棱丝瓜种子在播种前用 6 种生理特性不同的生长调节物质的溶液浸种 24 小时，播后观察其对最初 10 节性别的影响。处理后的影响一般都达到第 7 节，萘乙酸稍微促进雌花的发生；赤霉素也能稍微促进雌花，且抑制雄花的形成；6-苄基腺嘌呤能明显刺激雌花的形成，即使在长日照下也有这种作用；矮壮素只有很不明显的作用；形态素则完全抑制雌花而明显增加雄花；乙烯则没有作用。Hideyuki Takahashi 等（1980）研究了 6-苄基腺嘌呤对普通丝瓜性别表现的影响。用 6-苄基腺嘌呤直接处理雄性花序可诱导两性花和雄花，最后使花序顶端发育成茎。雄花序的性转变顺序自下而上为雄花、两性花、雌花和叶（茎）。摘除侧蔓的同时，进行主蔓摘心，可进一步使花序顶端发育成茎（叶），植株上叶数增加时，6-苄基腺嘌呤诱导雌性会加强。另一方面，于两真叶期在主茎茎端用 6-苄基腺嘌呤处理，则降低主蔓上的雄花花序和雌花的节数。

丝瓜果实发育从开花至果实成熟需 40～50 天。果实长度和横径在开花至花后 15 天迅速增长，以后保持稳定，最后果长略有缩小。果实鲜重在开花至花后 18 天内达到最大。果实重在开花至花后 10 天左右缓慢增加，花后 10～18 天增长迅速，至后期有所降低。

丝瓜可耐高湿，适宜空气湿度较大和土壤水分充足的环境。当植株高达 9 米时，只要顶芽和幼嫩部分不受水浸，48～72 小时的水涝也不会死。对土壤营养要求较高，尤其进入生殖生长后，若营养不足，则茎叶生长变弱，坐果率降低。

（二）类型和品种

1. 类型 分普通丝瓜和有棱丝瓜两个种。普通丝瓜，别名圆筒丝瓜、蛮瓜、水瓜。生长势强，容易栽培。叶掌状，3～7 裂。果实无棱，绿至绿白色，短圆柱形至长棒形。表面粗糙，并有数条墨绿色纵纹。种子扁平，表面黑色光滑，四周常带有羽状边缘。有棱丝瓜别名棱角丝瓜、棱瓜、胜瓜。植株长势比普通丝瓜稍弱，需肥多。果长圆锥形、棒状或纺锤形，具 6～11 条凸起的棱线。种子表面较厚，粗糙而有不规则的突起，无明显边缘。

按果实大小又可分为长棱丝瓜和短棱丝瓜。长棱丝瓜果实长棒形，长 30～70 厘米，有明显的棱丝 8～11 条。皮色青绿，无茸毛。肉质细嫩，清香味浓。短棱丝瓜果实纺锤形，长 20～30 厘米。有明显的棱线 6～8 条。表皮光滑，内部纤维发达，品质较差，适宜采收小嫩瓜供食。

2. 优良品种简介

（1）翡翠 2 号 湖北省武汉市蔬菜科学研究所育成的早熟一代杂种。植株蔓生，分枝力一般。生长势和抗逆性较强。叶掌状，绿色。主、侧蔓结瓜，以主蔓结瓜为主。主蔓 7～8 节着生第一雌花，连续 3～4 朵，间隔 1 节后又可连续出现 3 朵左右。商品瓜浅绿色，长条形，光滑顺直，有光泽。瓜顶部平圆，果面有少量白色茸毛。瓜长40～50厘米，横径4厘米，重300克。果肉绿白色，肉质柔嫩香甜，不易老化，耐贮运。一般每667平方米产量3 000千克，高产的4 000千克。种子千粒重105克，每667平方米需种子200～250克，设施栽培需300克。长江流域利用日光温室、大棚设施于1月下旬至2月上旬播种，早春露地早熟栽培于2月下旬至3月上旬育苗。

（2）早冠　湖南省衡阳市蔬菜研究所2001年育成的极早熟一代杂种。生长势和分枝性中等，主蔓4～7节着生第一雌花，以后连续着生雌花。嫩瓜深绿色，长棒形，瓜蒂大，瓜纵径25～40厘米，横径5.0～5.6厘米，单瓜重800～1 000克，嫩瓜外皮披浓霜，肉瘤明显，肉厚味鲜，口感微甜，风味极佳。极早熟，从定植至始收30余天。产量高，前期每667平方米产量1 500～2 000千克，总产量每667平方米4 500～6 000千克。抗枯萎病，较耐热，适宜长江流域栽培。

（3）江蔬一专　江苏省农业科学院蔬菜研究所1999年培育的早熟一代杂种，具有耐低温、早熟、抗病、丰产、耐老化、商品性佳、前期产量高等特点。长势旺盛，第一雌花着生于主蔓5节，以主蔓结瓜为主，连续结瓜能力强，瓜条发育速度快，一般花后7天左右即可采收。商品瓜长棒形，长40厘米左右，横径4厘米左右。粗细均匀，瓜皮绿色，有光泽，瓜面较平。商品性好，皮薄籽少，果肉绿白色，肉质嫩，有香味，不易老化。单瓜重400克左右，每667平方米产量5 900千克以上。耐贮运，抗病毒病和霜霉病，适宜于长江中下游地区作早春保护地栽培和露地早熟栽培。

（4）绿旺　广东省广州市蔬菜研究所育成的新品种。生长势强，蔓长4～6米，叶长24厘米，宽28厘米，绿色。主蔓7～8节着生第一雌花。果实长60厘米，横径4.5厘米，绿色，具10棱，棱墨绿色。单果重300～500克，耐贮运。早中熟，播种至初收，春栽约需60天，延续采收50～80天；秋栽约需45天，延续采收 30～40 天。丰产，一般每 667 平方米产量 2 000 千克。适应性强，较耐旱。纤维少，味甜，品质优良。

（5）夏绿 1 号 广东省广州市蔬菜研究所育成。蔓长 500 厘米，叶长 15.4 厘米，宽 23.2 厘米，叶柄长 12.6 厘米，叶色深绿。生长势强，耐热，耐雨水，早熟，主蔓 7～11 节着生第一雌花，侧枝少，主蔓结果为主，连续结果能力强。商品瓜长 50～60 厘米，横径 5 厘米，瓜皮深绿色，少花点，棱角色墨绿，瓜条直，匀称，棱沟浅，肉质密，味甜，口感爽脆、较滑。北方播种期 4～7 月上旬，播种至初收 35～45 天，连续采收 50～60 天。单瓜重 400 克，每 667 平方米产量 2 000～2 500 千克。

（6）特长 2 号 四川省通江县两河口农校选育的优良品种。植株蔓生，生长势强，分枝力强，主侧蔓均结瓜。瓜呈长圆柱形，一般长 60～90 厘米，最长可达 150 厘米，横径 4～8 厘米，单瓜重 2～3 千克。瓜皮绿色，有纵条纹，肉厚，白色，质脆细嫩，不易老化，品质佳。采收期长，每 667 平方米产量 10 000 千克左右。老熟瓜的瓜络洁白，可作中药材，也可加工成天然植物浴巾等多种保健用品，供出口。较耐热，耐湿，喜肥，忌碱，怕旱。北起黑龙江，南至海南岛，凡有丝瓜栽培史的地区皆可种植。

（7）早杂 1 号肉丝瓜 湖北省咸宁市蔬菜科技中心选育的一代杂交种，1999 年通过湖北省农作物品种审定委员会审定。生长势强，根系发达，茎蔓生，主茎长达 10 米，分枝力较强，但很少发生二级分枝，节间长度中等。叶色深绿，掌状，5～7 裂。结瓜早，一般主蔓 5～6 节着生第一雌花，以后每节均着生雌花，雌花节率高达 78% 以上。雄花为总状花序，自第一雌花出现后，每个叶腋都着生雌花。果实长圆柱形，长 38～48 厘米，粗 7～10 厘米，4 心室。果皮绿色，果面多细小皱纹，披白霜，皮薄，纤维少，肉厚，洁白细嫩，柔软有弹性。味甜，风味清香淡雅。营养丰富，每百克鲜重含维生素 70 毫克，蛋白质 1.2 克，脂肪

0.35 克，纤维素 1.2 克，氨基酸 0.8 克。单瓜重 450 克左右，一般 667 平方米产量 5 500 千克以上。极早熟，从播种至初收 55～80 天，从开花至成熟约需 10 天，持续采收期 60～70 天。抗逆性强、耐热、耐涝、耐瘠薄，早熟，丰产，品质好，耐贮运。适宜于我国南北各地栽培。

（8）浙丝 1 号　浙江省农业科学院园艺研究所选育的杂交一代。植株长势强，侧枝多，结实率高。叶掌状。早熟，第一雌花着生于主蔓 5～8 节，连续结瓜能力强。果实长棒形，粗细一致，长 40 厘米左右，品质好，单瓜重 0.3～0.5 千克。种子黑色。从定植到初收 45 天左右，采收期长。早熟，高产，优质，抗病，耐热、耐涝，适合早熟设施或露地栽培，一般 667 平方米产量 3 000 千克左右。

（9）寿研特丰 1 号　山东省蔬菜工程技术研究中心用河南黑筋和寿光黄皮杂交育成。无限生长，抗逆性强，分枝多，叶片掌状 5 裂，第一雌花节位 12 节。成品瓜呈圆筒型，有细棱，黄皮，筋细小呈黄色，瓜条生长期全程带花，瓜面平滑，三心室，断面有 3 个明显小孔。果实长短均匀，约 40～45 厘米，单根重 500 克左右。果肉白绿色，肉质硬实，弹性好，挤压后肉不变色。播种到采收 45 天左右，667 平方米产量约 17 000 千克，抗霜霉病、白粉病、疫病。

（10）线丝瓜　又叫马尾瓜，云南、四川等省栽培较多，长江流域及长江以北地区均有种植。植株蔓生，生长势强，分枝力强，叶掌状 5 裂。主蔓 10～12 叶节着生第一雌花。瓜长圆柱形，长 50～70 厘米，最长 100 厘米以上，横径 4～6 厘米，果皮浓绿色，有细皱纹或黑色条纹，肉较厚，品质中等。单瓜重 500～1 000 克。较耐热、耐湿，具有较强抗逆性和适应性，适于春夏季露地栽培。667 平方米产量 2 000 千克左右。

（11）棒丝瓜　北京地方品种，北京市郊区有栽培。植株蔓生，生长势强，掌状裂叶。单性花，雌雄同株。果实棒形，下部略粗，长 33～37 厘米，横径 3～3.6 厘米。果皮绿色，有 10 条淡绿色线状突起，多茸毛。肉厚 0.5～0.6 厘米，白色，肉质细软，品质中等。单瓜重 150 克左右，生长期 180 天左右。耐热性强，不耐寒，较耐湿，病虫害较少，适于春夏季露地栽培。每 667 平方米产量 1 500～2 000 千克。

（12）蛇形丝瓜　又称南京丝瓜，是从南京市雨花台区地方品种中经系统选育而成的优良品种。长江流域各地均有栽培。植株蔓生，生长势强，主蔓长 7.37 米、粗 0.76 厘米，分枝力强，分枝数平均 8.8 个。掌状裂叶，主蔓 7～8 叶节着生第一雌花，此后能连续着生雌花。果实长棒形，长 1.3～1.7 米，最长 2.0 米以上，横径上部约 3 厘米，下部 4～5 厘米，似长蛇形，外皮墨绿色，棱纹密生白色茸毛，肉质柔嫩，纤维少，品质好。

（13）白玉霜　湖北省武汉市地方品种。武汉市郊区有栽培，近年来北方等地区引种较多。植株蔓生，生长旺盛，分枝性强，掌状裂叶。主蔓 12～15 叶节着生第一雌花，侧蔓第 1～2 叶节着生雌花。瓜长圆柱形，长约 60 厘米，横径 4～5 厘米，果皮淡绿色，中部密布白色霜状皱纹，两端皮质粗硬，具纵纹。肉乳白色，柔嫩，品质好，单瓜重 500 克左右。耐涝，耐热，不易老，但耐旱力较弱，适于春、夏季露地栽培。667 平方米产量 5 000 千克左右。

（14）冷江 1 号丝瓜　湖南省冷水江市蔬菜种子公司从长沙肉丝瓜中经 19 年精心选育而成。具有早熟、高产、抗病、生长势强、适应性广、商品性好的特点。一般主蔓上 5～7 节着生第一雌花，一节一瓜，每株可结 30～40 条瓜，多的可结 60 条以上。外形美观，商品性好，瓜条长筒形，绿色，长 0.4～0.6 米，直径 5～8 厘米，单瓜重 0.5 千克左右，重的可达 2 千克以上。品质好，肉质白色细嫩，纤维少，不易老，味鲜美，品质佳。现已推广至湖南、四川、湖北、江苏、上海、浙江、福建、广东、北京、河北、新疆等地。一般 667 平方米产 2 000 千克，高的可达 2 500 千克。

（15）早杂 1 号丝瓜　扬州大学农学院园艺系育成的一代杂种。植株繁茂，蔓生，主茎长 10 米以上，分枝力较强，但分枝上很少发生第二侧枝。叶色深绿，叶掌状 5～7 裂。结瓜早，一般主蔓上 5～6 节着生第一雌花，以后每节均着生雌花，雌花较粗壮，雌花节率高达 78％以上。果实长圆柱形，长 38～48 厘米，横径 7～10 厘米，4 心室。果皮绿色，果面多小皱纹，披白霜，皮薄，纤维少，肉厚，洁白细嫩，柔软，有弹性，味甜，风味清香淡雅。营养丰富，每 100 克鲜重含维生素 70 毫克，蛋白质 1.2 克，脂肪 0.35 克，纤维素 1.2 克，氨基酸 0.8 克。耐贮运。单瓜重 450 克左右，一般 667 平方米产 5 500 千克以上。极早熟，从播种至初收 55～60 天，持续采收期 60～70 天。抗逆性强、耐热、耐涝、耐瘠薄，南北方均可栽培。

（三）栽培技术

1. 日光温室冬春栽培

（1）栽培季节　淮北地区一般在 9 月下旬至 10 月上旬播种，春节前后上市，一直供应至翌年 6～7 月。华北地区冬茬宜在 8 月中下旬至 9 月中下旬播种，冬春茬可于 12 月下旬至翌年 6 月上旬播种。

（2）播种育苗　选用耐低温，耐弱光，长势旺，主蔓连续结瓜能力强，瓜条发育速度快，对霜霉病、白粉病及根结线虫有较强抗性的品种，如五叶香、江蔬 1 号、早杂一代等。一般 667 平方米需种子 250 克左右，浸种 8～10 小时，催芽 2～3 天后用营养钵等护根育苗。

丝瓜新种子有休眠现象，收后如需马上播种，可用剪刀剪破种子单侧沿种皮，然后催芽。

（3）整地定植　施基肥后深耕耙平，沿南北向做宽 50 厘米的小高垄，垄距 70 厘米，或做宽 130～150 厘米的畦，幼苗 4 片叶时定植。华北地区冬茬可在 9 月中下旬，冬春茬在 2 月上旬，每畦（垄）定植两行，垄栽株距 20～30 厘米，畦栽 20～40厘米。

（4）管理　一般采用单干整枝，摘除第一雌花以下侧枝，以后侧枝留 1 叶摘心，同时剪除卷须。随着茎蔓生长，及时落蔓。对中下部的老叶、病叶及时除去。全田留 1/3 的植株保留雄花作授粉用，其余雄花全部摘除。丝瓜是异花授粉作物，冬春温室内昆虫少，须进行人工授粉，或用植物生长调节剂保花、保果。如用 0.1% 氯吡脲可溶性液剂 10 毫克，加水 750～1 000 毫升，于雌花开放当天或前后 1 天浸花或子房 1 次，可促进细胞分裂，诱导单性结实，促进坐果和果实肥大；或当瓜蔓生长到 5～6 片叶时，用 40% 乙烯利水剂 1 毫升加水 3.5～4 升稀释喷施；或于雌花开放时，用 1.5% 2，4 - D 水剂 2.5～3 毫升加水 5 升，涂抹瓜柄或点花心，均可提高坐果率，增加产量。开花结果期每 10～12 天追施稀粪水或 667 平方米随水冲施尿素 10～15 千克。整个开花结果期保持土壤湿润。施肥水后及时通风排湿，以免棚内湿度过大。整个生长期间注意防寒保温，草帘应早揭晚盖，保持室内温度白天 25～30℃，夜间不低于 15℃，至翌年 5 月份气温较高时撤去覆盖物。

（5）采收　日光温室丝瓜以主蔓结瓜为主，同一条瓜蔓上同时能保证有 2～3 条瓜，如不及时采收，就会影响高节位瓜和正在发育着的雌花的发育，引起化瓜。另外，丝瓜以嫩瓜供食，若采收过迟，纤维增多，种子变硬而不堪食用。因此，需适时采收。一般从开花至果实采收需 10～12 天，以瓜皮颜色变为浅绿色，果面茸毛减少，用手触果皮有柔软感，而无光滑感，即达商品采收标准。采收宜在早晨进行，并用剪刀将果柄剪断。采收时必须轻放，忌压。一般 667 平方米产量 2 000～3 500 千克，高的可达 5 000 千克以上。

2. 大棚早春栽培 一般于1月中下旬至2月中下旬育苗，4月中下旬上市，一直供应至8~9月份。品种要选早熟、产量高、耐热、耐低温、耐弱光性强、长势旺、连续结瓜能力强的品种，如蛇形丝瓜、早杂1号、五叶香等。采用电热温床或其他加热设施育苗，苗龄40天左右。多层覆盖，定植时盖地膜，小拱棚、草帘、大棚等保温，棚内温度保持白天25~30℃，夜间不低于15℃。一般实行大小行栽培，大行行距70~80厘米，小行行距50厘米，株距30~40厘米。植株调整、肥水管理等基本同于日光温室栽培。

3. 露地栽培 华东、华北、华中等地，主要利用丝瓜耐热特性作为度秋淡季栽培，所以露地可于3月下旬进行保护地育苗，断霜后定植大田。华南地区以春播为主，但广东、广西的大中城市分春播、夏播和秋播延长供应期。品种多选耐热性强、抗病毒病性好、产量高、品质优良的品种，如棒糙丝瓜、蛇形丝瓜、白玉霜、八棱丝瓜等。多在断霜前40天左右保护地育苗，3~4片叶时定植。畦宽150厘米，每畦栽两行，株距30~50厘米。也可与其他作物，如苋菜、夏小白菜等间作套种。蔓长40厘米时搭棚架，开始植株调整，一般不摘侧蔓，可选留3~4条壮蔓，引蔓上架。结瓜后加强肥水管理，一般每收1~2次追1次肥，每次施硫酸铵15千克或尿素8千克，或硝酸铵10千克，也可施复合肥10千克。还可结合喷药进行叶面施肥，如0.4%尿素。丝瓜喜湿，须及时灌水，但雨季应注意排水。

（四）病虫害防治

猝倒病 主要危害育苗期的幼苗。应加强苗床管理，选择地势高、地下水位低，排水良好的地块做苗床。播种后提高苗床温度，注意放风排湿。一旦发病，应在初期用铜铵合剂，即一份硫酸铜加两份碳酸氢铵，分别磨成细粉充分搅拌，放在密闭容器内24小时后，每次用铜铵合剂50克，兑水12.5千克，或用90%

乙磷铝 400 倍液和 50%甲基托布津 700 倍液混合喷洒。

疫病 在丝瓜苗期和成株期均可感病，尤其阴雨天，出现烂叶、烂瓜症状，减产幅度很大。为防止发生，可将丝瓜与瓜类作物实行 2～3 年轮作；加强田间管理，多施有机肥，改善土壤条件，采用高畦栽培，雨后及时排水，及时中耕，整蔓，摘除病果、病叶、老叶。发病期间可喷洒 75%百菌清 500 倍液，或 40%乙磷铝可湿性粉剂 200 倍液，或 80%代森锰锌 800 倍液防治。药剂喷洒要均匀，同时注意保护果实，遇雨要补喷。

霜霉病 主要危害叶片，叶缘或叶背面出现不规则形水浸状褪绿斑。除可采用培育壮苗，提高抵抗力，地膜覆盖栽培，降低空气湿度，加强田间管理等方法外，发病初期可用 50%甲霜灵可湿性粉剂 600～700 倍液，或 40%乙磷铝可湿性粉剂 200 倍液，或 64%杀毒矾可湿性粉剂 400 倍液喷雾防治。

瓜蚜 是一种抗药性强，一般农药较难杀尽灭绝。喷药防治一定要在初发阶段，各种农药间隔、交替使用。防治时可用 2.5%天王星乳油 3 000 倍液；或 25%的抗蚜威 1 000 倍液；或 20%灭扫利乳油 2 000 倍液等。

瓜绢螟 应重点防治 1～3 龄幼虫，及时清洁田园、清除瓜园中的枯枝败叶并摘除受害卷叶烧毁。目前防治瓜绢螟效果较好的农药有：2.1%杀灭毙乳油 4 000 倍液；或 2.5%功夫乳油 3 000 倍液；或 20%氰戊菊酯 3 000 倍液等。

黄守瓜和黑守瓜 幼虫危害根部，成虫危害茎、叶、花及幼瓜，是苗期毁灭性害虫。防治幼虫用 80%敌百虫 1 000 倍液灌根，成虫可用 40%氰戊菊酯 2 000 倍液，同时在瓜苗周围土面撒施草木灰、石灰粉等防成虫产卵。

瓜实蝇 成虫产卵于幼瓜表皮，产卵部位常有白色胶状物流出。卵孵化后幼虫在瓜内取食。须及时摘除受害瓜，深埋烂落瓜，严重地区幼瓜套袋，并用 58%敌敌畏 1 000 倍液或 2.5%溴氰菊酯 3 000 倍液喷洒。

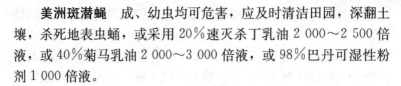

美洲斑潜蝇　成、幼虫均可危害，应及时清洁田园，深翻土壤，杀死地表虫蛹，或采用20％速灭杀丁乳油2 000～2 500倍液，或40％菊马乳油2 000～3 000倍液，或98％巴丹可湿性粉剂1 000倍液。

（五）留种

常规品种留种，可结合生产进行，但须进行品种间隔离，一般要求不同品种相隔1 000米以上。最好用精选的丝瓜原种专门设繁种田采种。留种时，选择生长健壮，无病虫害，具有本品种典型特征的植株，以离地面1米左右的雌花作留种瓜，将1米以下的瓜全部摘除。对隔离条件好的采种田，利用昆虫自然授粉的同时，结合人工辅助授粉，可使采种量提高30％～40％。在不能满足品种隔离时，可采用人工授粉、扎花、标志的方法进行留种。

杂交制种时，父母本按1∶10～12比例分行或分田定植。父本加大密度，株行距均为30厘米。母本大小行栽植，大行行距60厘米，小行行距40厘米，株距40厘米。为使花期相遇，常将熟期相同的父本较母本提前播种7～10天。蔓长30厘米左右时搭"人"字形架，架高1.8米以上。母本上架时打去侧蔓，仅留主蔓结瓜。蔓长1.5米时，可选留2～3个侧蔓，增加光合面积。人工杂交常从主蔓第一雌花开始。为了省工，可采取授粉前不扎（套）雄、雌花，而在开花期的下午3～4时摘下将要开放的雄花，待其开始散粉时，剥去花瓣，露出花药，直接与当天将要或刚刚开始开放的雌花柱头轻轻摩擦，然后将已授粉的雌花进行束花隔离，并在花柄上扎线标志。一般每株人工授粉3～5朵雌花，选留1～3条种瓜即可。

还有一种隔离去雄制种的方法：周围1 000米范围内无其他丝瓜品种，父本与母本按比例隔行或隔株种植。在母本雌花开放始期，除去母本上所有雄花和小的雄花序，确保始花15天内母本上无雄花开放。任由蜜蜂等昆虫自由授粉，同时进行人工辅助授粉。

雌花授粉 50~60 天后，种瓜皮色枯黄，重量变轻时，及时采收。采收后后熟 7~10 天，使其自然干燥。也可在瓜的顶部打几个小孔，或切除尖部，挂在通风处，使瓜内的水分迅速散发，待瓜条充分晾干后，再掏取种子。一般一条瓜可采收 200~400 粒种子，种子千粒重 100~200 克，667 平方米采种量 70~80 千克。

（六）丝瓜简易加工技术

1. 丝瓜脯 选新鲜嫩瓜、食用蔗糖、柠檬酸、硫酸钙、硫酸锌等为原料。将丝瓜刷净，用刀将表皮刮干净，切去头和尾，用流动水冲净，切成 1 毫米厚的片。再把配制成的 pH4.0 的柠檬酸液和硫酸锌 10 毫克/千克的混合液加热至沸腾，将丝瓜片加入，95℃下热处理约 30 分钟，捞出后用流动自来水冲凉。将丝片浸入 0.5％的硫酸钙溶液中 1~1.5 小时，使呈明显的瓜纹状，即钙化结束。然后，用流动自来水冲洗，沥干。置 40℃糖液中，浸至瓜片基本透亮，加热煮 2 分钟后捞出。再加入 38％的糖，加热使其溶化，然后加入瓜片，煮 2 分钟，浸渍 12 小时。再加热煮约 2 分钟，将瓜片捞出，加入比第一次多 1 倍的糖，加热使其溶化后，再加入柠檬酸调至甜微酸，热浸约 12 小时后，瓜片透亮。将糖液煮至稍凉拉丝，继续浸至瓜片透亮，将瓜片捞出，沥尽糖液，在 55~60℃烘 2 小时，吹至不黏，表面粘一层糖，手折又断，甜酸适口，即为成品。用玻璃纸包装。

2. 丝瓜香肠夹 选料、预处同丝瓜脯。选取预处理后的丝瓜，用刀切成 1~1.5 毫米厚的"连刀"或"连三刀"片段；香肠切成 1 毫米厚的片，把香肠夹在丝瓜中。将面粉加入适量的水，搅拌呈糊状，再加入椒盐，搅拌均匀，丝瓜香肠放面糊中，包被。油烧至 6~7 成热时，把丝瓜香肠夹放入，锅内油炸至金黄时出锅食用。

3. 三色丝瓜汤　选 5、6 成成熟的新鲜丝瓜。洗净、刮皮、冲净。将瓜瓤去掉，在瓜内涂黏结剂。火腿肠加入丝瓜中，稍放置，即可切片。切片后把红绿的结合部分加黏结剂粘牢，即为三色丝瓜片。在锅中加水，沸腾后加入虾皮、紫菜、盐、调味料，再加三色丝瓜片，烧煮 3～5 分钟，打入散鸡蛋 1 个，加小磨香油、味精、离火。

4. 丝瓜饮料　选 8～9 成成熟的丝瓜，采用沸水预煮，灭酶护色，软化组织，煮熟为度，即时出锅，迅速用冷水冷却至室温。为使榨汁顺利，装入破碎机内切碎，可反复破碎 2～3 次。破碎后的碎块为 1～2 毫米，然后装入螺旋式压榨机榨汁，榨出的汁液经过 180 目（2.54 厘米）的过滤器过滤。过滤后的汁液加入 0.1％的羧甲基纤维素钠作稳定剂，再根据口感配方，调配成甜配味、咸鲜味、辛香味等。甜酸味主要添加糖和有机酸；咸鲜味添加盐和味精，辛香味添加 5％～10％芹菜汁、1％～2％姜汁及糖、盐、味精等；也可不加任何调味剂，制成原味汁等。调配好的汁液须高压均质处理，均质压力在 18 兆帕以上，均质后用真空脱气机脱气，再灌装，装袋温度不低于 65℃，以 180～210℃温度熔封。采用 100℃5 分钟杀菌。杀菌后用流动水冷却至常温。

三、蛇瓜

蛇瓜又叫蛇丝瓜，有的误称蛇豆、大豆角。果实长条形有扭曲，似蛇。原产于印度、马来西亚，广泛分布于东南亚各国和澳大利亚。西非、美洲热带和加勒比海等地也有种植。我国广东、贵州、河南、山东、陕西、甘肃等省都有种植。蛇瓜特别耐热，耐旱、耐瘠，喜肥水，对土壤适应性强，容易栽培，高产稳产，是 8～9 月份供应的较好蔬菜品种。近年来在陕西西安、咸阳等地已大量种植，甚受欢迎。蛇瓜嫩果含有丰富的碳水化合物，维生素和矿物质，肉质松软，有一种轻微的臭味，但煮熟后则变为香味，微甘甜。蛇瓜性凉，入肺、胃、大肠经，能清热化痰，润肺滑肠，嫩果和嫩茎叶可炒食、作汤，别具风味，是很有发展前途的蔬菜新品种（图23）。

图23　蛇　瓜

（一）生物学性状

蛇瓜为葫芦科栝楼属一年生攀缘性草本植物。主根4～6条，粗壮，略呈肉质，分根少。蔓长6米，分枝多。茎5棱，粗0.6～1厘米，节间长20厘米，具短毛。叶互生，叶柄长约9厘米，幼苗时叶近圆形，成株叶由浅裂至深裂，裂片3～5个，通常5裂。阔卵圆形，叶基为深而宽的心脏形。叶片长15～18厘米，宽16～22厘米，叶表深绿色，稍带亮光，有少数刺毛。叶背浅绿色，常沿叶脉上生短茸毛，脉间生多数短茸毛。卷须先端2～3个分叉。叶与卷须间生侧枝和花。雌雄同株异花，花单生。雄花成总状花序，每9～15朵着生于总花梗之先端，花序柄长10～15厘米；雌花单生，子房长棍棒状，长4.5厘米。雌雄花的花萼管状，上裂成5片，绿色，披针形，向后反卷；萼筒长3厘米左右。花冠白色，5裂，与萼片相互排列，花瓣边缘分裂成流苏状长丝。花冠直径5厘米，雄蕊3，花药连合，雌蕊子房1室，侧膜胎座3。一般在14～18节发生第一雌花，此后可连续发生雌花。嫩果淡绿色，稍灰，细而长，上有绿色条斑；长成后长达 1 米，甚至 2 米。中间粗处直径约 5 厘米，两端渐细，稍弯，形状似蛇，故名蛇瓜。嫩果果肉绿白色，完熟时果皮橙红色，变软，果肉变成红色。果重 0.5～1 千克，每果有种子 25～35 粒，多者达 65 粒。鲜种子被红色肉瓤包裹，除去后为深灰色或灰褐色，长 1.7～2 厘米，宽 0.9 厘米，略呈长卵圆形，中部有不规则的长圆形斑纹，边缘有锯齿状凸起，表面粗糙，皮厚。生长势强，抗病，丰产，每株结果可达 11 条之多。

耐热，不耐寒。生长适温为 30～35℃，超过 40℃ 或低于 5℃ 时生长不良。要求月平均适温 21℃ 以上，最高 35℃，最低 18℃。对光照要求不严，在长日照和短日照下都能开花结果。对土壤适应性强，对土壤含盐量的适应范围为 0.25％～0.3％。

（二）栽培技术

1. 播种育苗　蛇瓜从播种到果实商品成熟约 100 天，到果实生物学成熟需 130 天。所以无霜期在 100～130 天以上的地区都可种植。因其耐热，畏寒，所以 1 年中只在夏季种植。一般多于 3 月底至 4 月初用阳畦播种育苗，5 月上旬露地定植；无阳畦育苗设备时，也可在 4 月中旬露地播种育苗，5 月中下旬定植。

蛇瓜种子种皮厚，吸水慢，发芽困难。播前可用 70℃～80℃ 的热水烫种，种子投入水中后不断搅动。约经 10 分钟，当水温降至 40℃ 时停止搅动，浸泡 12 小时，然后用湿布包好，置 25～30℃ 温度处催出芽后播种。

宜用纸钵或切块育苗，株行距各 8～10 厘米，苗龄约 30 天，有 3～4 片真叶时定植。

2. 整地和定植　蛇瓜生长势强，蔓叶茂盛，蔓长达 6 米以上，且分枝多，加之果实为长圆筒形，细而长，通常达 1～2 米，横径 4～7 厘米，所以宜用宽窄行架式栽培。蛇瓜对土壤适应性强，各种土壤都能种植，除成片大面积生产外，也可利用田边地角零星地栽培。喜肥，耐瘠薄，但为求丰产，定植前要多施基肥，深耕耙耱后，做成宽窄畦。窄畦宽 60～80 厘米，宽畦1.5～2 米。根据茬口安排和苗大小，从 4 月下旬断霜后开始至 6 月上中旬单行定植于窄畦中，穴距 60 厘米，双株丛栽。

3. 肥水管理 缓苗后勤中耕，适当少灌水，促进根系发育，植株生长健壮。一般从 14～18 节起开始着生第一雌花，以后能连续发生雌花，单株结果数可达 10 余条。结果后，植株生长旺盛，必须经常灌水，并每隔 10～15 天追肥 1 次，每次 667 平方米追施稀粪 500～700 千克，或尿素 10 千克，促其生长。蛇瓜采收期长，从开始采收到结束，前后延续 60～90 天，所以到 8 月中旬应再追肥 1 次，使后期结果增多。

4. 整枝、搭架 植株基部 0.7～1 米的茎蔓，爬地生长，应及时压蔓，扩大根系，其上着生的侧枝宜早摘除，以后再发生的侧枝除将弱者摘除，减少养分消耗外，其余均任其生长。

5 月下旬，苗高 30 厘米左右时，在爬蔓畦上搭平棚架，高1.8～2 米。架材要结实，横杆要多，防止茎叶下垂。在架前植株旁插立杆，引蔓上架。蛇瓜以支蔓结瓜为主，一般不打顶，上架后需摘心，促使分枝，开花结果后需再摘心，以利于果实肥大。需及时绑蔓，使茎叶均匀地分布在棚架上。

蛇瓜幼果细而长，较脆嫩，生长过程中稍遇阻力容易盘扭变形，因此结果期要勤检查，对有夹挤现象的及时进行顺果，使瓜由架上向下垂直生长。

（三）采收和食用

蛇瓜对采收期要求不严格，开花后 10 余天，当瓜基本长足，长 1 米左右，果皮尚呈绿色，质嫩时采收。因瓜条很长，容易折断，采收后最好用与瓜条长度相等的筐、箱盛放，或用与瓜条长度相似的竹竿夹托捆好，防止折断。

蛇瓜以嫩果供食，成熟果实有苦味，供观赏或饲用。此外，蛇瓜果面分泌物有腥臭味，食用前要先用清水冲洗至无腥臭味后再炒食，荤、素均宜，尤其与肉共炒，清脆可口，味美。此外，也可切成丝，焯熟凉拌或生食均可。常食能促进尿液分泌，消肿清热。肠胃有燥热疾患者，煮食蛇瓜有缓解之效。

（四）留种

选瓜条粗长，形状端正，色泽鲜艳，生长健壮、无病的植株作种株，每株留 2～3 条瓜作种果。瓜皮呈火红色，充分成熟后摘下，切开，将种子从红色瓤肉中取出，洗净，晒干，贮藏。每果有种子 25～35 粒，少者 10 余粒，鲜有超过 50 粒者。种子深灰色或灰褐色，长 1.7～2 厘米，宽 0.9 厘米，略呈宽长卵形，中间有不规则的椭圆形斑纹，边缘有锯齿状凸起，表面粗糙，千粒重约 300 克。

四、飞蝶瓜

飞碟瓜又叫碟瓜，碟形瓜，齿缘瓜，扁圆西葫芦，也有称作扇贝瓜，为葫芦科南瓜属，美洲南瓜的一个变种。原产中南美洲和北美洲，在我国栽培的历史很短，最初作为一种名特蔬菜，于 20 世纪 90 年代从俄罗斯、韩国、美国等地相继引入进行栽培（图 24）。

飞蝶瓜为一年生草本植物，茎短缩、蔓性、半蔓性或矮生。真叶近五角掌状，浅至深裂，互生，绿色。花黄色、腋生、

图 24 飞蝶瓜

花径 10～12 厘米。瓠果、分白，黄、绿三种基本颜色。果缘具梭齿、扁圆、碟形或钟状。因果形美观，状如飞碟，故命。

飞碟瓜的嫩果、嫩花、嫩梢、叶柄、种子均可食用。飞碟瓜含有丰富的维生素 C、维生素 B_1、维生素 B_2、胡萝卜素，尼克酸及钾、钙、磷、铁等多种矿质元素。食用后有助于胆汁的分泌，肝脏中糖原（肝糖）的还原，对治疗肥胖症，动脉粥样硬化，肝肾疾病，调节微循环有益。果实可食用，一般食用嫩果，可凉拌或作沙拉。

飞碟瓜从颜色大致分为黄、绿、乳白或微绿 3 类。分别叫作黄色飞碟瓜、绿色飞碟瓜和普通型飞碟瓜。主要品种为：

1. 白玉碟瓜 中国农科院蔬菜花卉研究所育成。早熟，植株矮生，长势较强，主蔓结瓜为主。瓜皮白色，瓜型飞碟状，第一雌花出现在第 7 节左右，节成性好，可连续采收。商品瓜一般直径 10 厘米左右，但也可在谢花后 3～5 天采收直径 4 厘米的小瓜。嫩瓜炒食、生食均可。保护地条件好的，定植后 20 天左右即可收嫩瓜。

2. 兴农玉黄飞碟瓜 韩国引进。瓜体扁、平、薄，瓜边反卷多齿，呈碟形飞轮状，株丛生，播后 50 天可采收。果皮蛋黄色，果肉浅黄色。盆栽，地栽均可。观赏食用均为上品。667 平方米产 3 000 千克以上，适于全国范围露地和保护地栽培。

3. 金碟 美国引进。植株丛生，长势强，早熟，播后 50～55 天采收。果形扁圆，似碟状，纵径 3.5～4.0 厘米，直径 5～6 厘米，果皮、果肉均为蛋黄色，口感致密鲜嫩。单果重 50～60 克，连续坐瓜能力强。适合我国大部分地区种植，保护地露地均可。

飞碟瓜喜温暖，适宜的温度为 13～28℃，温度过高，容易化瓜；温度低于 10℃，生长停滞，果实不膨大。喜光，但可耐一定程度的弱光，既适合露地栽培，也适合保护地栽培。喜湿，不耐旱，栽培时要注意水分管理。应保持空气湿度 70%～80%，湿度过大，容易发生白粉病。喜肥，以沙壤土、壤土栽培为宜。适宜的土壤 pH 值 6.5～7.0。夏季无霜期可以露地栽培；春秋季节可以利用简易设施进行春提早栽培，秋延迟栽培；秋、冬、春季日光温室可以秋冬栽培、越冬春季栽培。高垅，株行距 50 厘米×60 厘米。对矮生品种可不设支架，短蔓品种要及时设支架。飞碟瓜雌花分布较密，温度过高或过低，肥水管理欠佳时，常常出现化瓜，可用 30～50 毫克/升的坐果灵（PCPA）点花柄或花瓣，也可在上午 6.00～8.00 时进行人工辅助授粉，提高坐瓜率。飞碟瓜当第一个雌蕾受精发育成瓜后，每株可出现 10 多个雌蕾，而且比较整齐一致。此时消耗养分特别大。因此，第一个瓜结合食用及时早摘除，不仅能有效地促进后面雌蕾发育成瓜，还能综合提高单株瓜的产量。飞碟瓜无论大小都能摘采食用，但一般当瓜长到直径 6～8 厘米时采摘为宜。飞碟瓜主要的病害是白粉病和高温季节的病毒病及蚜虫。白粉病发病初期选用 40%福星乳油 800 倍液，或 2%加收米水剂 600 倍液，或 62.25%仙生可湿性粉剂 600 倍液，或 10%世高水分散粒剂 2 000～2 500 倍液喷雾。保护地种植，选用 5%百菌清粉尘剂，或 5%加瑞农粉尘剂，667 平方米 1 千克喷粉。病毒病初发期用 20%病毒 A 可湿性粉剂 500 倍液，或 1.5%植病灵乳剂 1 000 倍液，或 83 增抗剂 100 倍液，或抗毒剂 1 号 250 倍液喷洒，10 天 1 次，连续 2～3 次。蚜虫可用 20%杀灭菊酯乳油 800～1 000 倍液，或 50%辟蚜雾 2 000～3 000 倍液防治，也可采用防虫网栽培，既可防蚜，又可防病毒病。

五、节瓜

节瓜又叫毛瓜，为葫芦科冬瓜属中一个变种，原产中国南部，在中国广州有 300 多年的栽培历史。目前广东、广西、台湾种植普遍，是广东广西瓜类面积中最大的一种。全国各地都有种植，上海、南京及北方各大城市郊区面积都有发展。含有丰富的钾盐，还有胡萝卜素、钙、磷、铁、维生素 A、维生素 C 及维生素 B 族，老瓜和嫩瓜均可供炒，煮食或作汤用，但以嫩瓜为佳。常吃可以起到减肥和降低胆固醇的作用。它还具有清热、清暑、解毒、利尿、消肿等功效，是炎夏的理想蔬菜。

（一）生物学特性

根系发达，主根深 50 厘米，侧根分布直径可达 2 米以上。茎蔓生、五棱、被茸毛，分枝性强。叶掌状、叶缘 5～7 裂、绿色，叶面有茸毛；花单性，雌雄异花同株，花冠黄色；瓠果（瓜）圆柱形或长椭圆形，绿色或浅绿色，果面有茸毛，一般每个嫩瓜重 250～500 克，老瓜最大的重达 5 千克左右（图 25）。

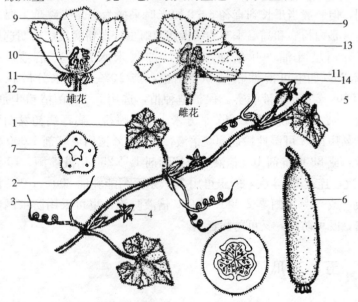

图 25 节瓜的茎、叶、花和果实

1. 叶　2. 茎　3. 卷须　4. 雄花　5. 雌花　6. 果实　7. 茎横切面
8. 果实横切面　9. 花瓣　10. 雄蕊　11. 花萼　12. 花柄　13. 雌蕊　14. 子房

节瓜主蔓一般在第 3～5 节开始发生第一雄花，在第 5～8 节发生第一雌花，以后连续发生 4～5 节雄花，再发生 1 个雌花，有时连续 2 节雌花。主蔓多在 9～12 节发生第 2 雌花，在第 13～17 节发生第 3 雌花，第 17～20 节发生第 4 雌花，第 20～24 节发生第 5 雌花，第 25～30 节发生第 6 雌花。侧蔓一般在第 1～2 节便发生雌花，发生雌花的顺序与主蔓相似。雌花的坐果率不高，且随着雌花发生节位的上升而降低。

（二）类型和品种

节瓜在果实性状上，从短圆柱形到长圆柱形，皮色浓绿色、绿色到黄绿色；适应性上有比较耐低温，适于早春播种的，有比较耐热适于夏季播种栽培的，还有适应较广，春、夏、秋均可栽培的品种。主要品种有：

1. 菠萝种节瓜　生长势强，侧枝多，主蔓 5～6 节着生第一雌花，以后每隔 4～6 节着生一雌花。瓜短圆柱形，长 25 厘米，横径 11 厘米，重 500 克。瓜皮黄绿色，被茸毛，肉质致密，白色，品质好。早熟，生长期 120～130 天，667 平方米产 2 500 千克。宜春植，较耐寒，耐贮运。

2. 七星仔节瓜　生长势强，侧枝多。主蔓 5～7 节着生第一雌花，以后每隔 2～4 节着生一雌花，或连续 4～5 节着生雌花。瓜圆柱形，长 21 厘米，横径 6 厘米，青绿色，有光泽，有绿白色斑点。肉白色，厚而致密，品质好，单瓜重约 250 克，成熟瓜被白色蜡粉。适应性强，早熟，春植为主，也可夏秋植。生长期 90～120 天。667 平方米产 2 000 千克。

3. 孖鲤鱼节瓜　生长势较强，侧枝多。主蔓 3～5 节着生第一雌花。多数植株每隔 2～5 节连续着生 2 个雌花。瓜圆筒形，长 21 厘米，横径 6 厘米，被茸毛，青绿色，具光泽。瓜肉白色，单瓜重 500 克左右。春夏秋均可种植，生长期 80～120 天，667 平方米产 2 500 千克。

4. 冠星 2 号节瓜 广东省广州市蔬菜研究所育成。生长势强，侧枝多。春植主蔓 4～6 节着生第一雌花，以后每隔 2～3 节着生一雌花，有时连续几节着生雌花。瓜圆筒形，长 18.5 厘米，横径 7.3 厘米，重 500 克左右。瓜深绿色，有点状黄色花斑，无棱沟，肉厚致密，微甜，品质佳。早熟，耐热性强，适应性广，抗病。春植 667 平方米产 3 000～5 000 千克，秋植产 1 500～2 000 千克。

5. 贵州黑毛 又叫黑皮青、鸟皮七星仔。植株长势较强，主蔓第 7～10 节着生第一雌花；果实长圆柱形，长约 25 厘米，横径 5.2 厘米，顶部较粗，中部略细；果皮深绿色，有光泽，具黄色小斑点，多茸毛，单果重 0.3～0.4 千克。晚熟、耐寒、耐湿、耐贮运，抗病力强，产量稳定，春、夏、秋三季均可栽培，一般 667 平方米产 2 000～3 000 千克。

（三）栽培要点

节瓜喜温耐热，生长发育适温为 20～30℃。喜光好湿，一般在良好的光照和土壤湿度条件下，有利于生长发育。对氮素肥料较敏感，氮素过多易徒长，影响开花结瓜，抗性降低，品质下降，减产减收。在我国南方春、夏、秋季均可栽培，1～3 月播种，4～7 月收获；4～6 月播种，6～10 月收获；7～8 月播种，9～11 月收获。长江流域，从春季到夏季排开播种，分散上市。北方春、秋两季栽植，春节瓜一般采用温室或阳畦育苗，播种期 1～3 月份，然后定植在保护地或露地，4～6 月采收。秋季 6～7 月份播种，9～10 月份采收。北京露地从 5 月至 7 月播种。

种子发芽不整齐，育苗或直播，都应作浸种催芽。春节瓜最好用营养钵或营养盘育苗。秋季应采用遮阳网或搭遮荫棚育苗，防止阳光曝晒和大雨冲刷。定植密度因品种、季节、管理水平不同而异，行距一般为 45～60 厘米，667 平方米 2 500～3 000 株左右。支架栽培的可适当密些。节瓜长出 5～6 节时，开始抽蔓，并在节上生出卷须，必须及时支架引蔓、缚蔓，蔓长 3～4 米，基部 30 厘米要爬地生长，引蔓时要将茎蔓沿支架方向理顺，用细土压蔓，增生新根，然后引蔓上架。支架可用竹秆或树枝，多为人字架，高一般为 1.5～2.2 米。节瓜前半期靠主蔓结果，后半期靠侧蔓结果，以主蔓结果量多，约占整株产量的 80%，栽培上应培育健壮的主蔓，结果期前要及时摘除全部侧蔓，集中养分培育主蔓，保证主蔓结果。在主蔓座果后，再选留植株中部以上侧蔓结果，增加后期产量。

节瓜嫩果，一般重 250～500 克，花后 7～12 天采收。出口的采收标准要嫩，一般 150～300 克采收。花后至生理成熟需 40～60 天。

六、瓠瓜

瓠瓜别名扁蒲、蒲瓜、葫芦、夜开花等，原产于赤道非洲南部低地，主要分布于热带非洲以及哥伦比亚、巴西、印度、斯里兰卡、印度尼西亚、马来西亚和菲律宾等国家（图 26）。我国和

图 26　瓠　瓜

美洲远在 4 000～6 000 年前已有之,《诗经》早有记载,明《本草纲目》记述了各种瓠瓜的性状。瓠瓜在我国各地都有栽培,是夏季的重要瓜类蔬菜之一。食用嫩果,西非国家还用其嫩梢和嫩叶做菜。充分成熟的果实,果皮坚硬,取出瓜瓤和种子可作贮水容器等。此外,可作西瓜等砧木。每百克嫩果含蛋白质 0.6 克,脂肪 0.1 克,碳水化合物 3.1 克,此外,含有胡萝卜素、维生素 B、维生素 C 及矿物质。以嫩果实供食,味清淡,品质柔嫩,适于煮食、不宜生吃。瓠瓜具有利水消肿、止渴除烦、通淋散结的功效,主治水肿,腹水,烦热口喝,疮毒,黄疸,淋病,痛肿等病症。

(一)生物学性状

瓠瓜属葫芦科葫芦属一年生攀缘性草本植物。根系发达,呈水平伸展,主要分布在表土下 20 厘米深处,耐旱力中等。茎节接触土壤易发生不定根,根系吸收面积大。茎五棱,横茎 1～1.4 厘米,茎间长 10～15 厘米,绿色,密被茸毛。分枝力强,如广州青葫芦,在主蔓长 1 米左右时摘心,保留 2 子蔓,任其自然生长,子蔓最长达 14 米以上,最多具 110 节以上。发生 15 条孙蔓,最短孙蔓有 46 节,最少也有 3 节。每个茎节上均生腋芽、卷须、雄花或雌花。主蔓 5～6 节开始发生雄花,以后每节都发生雄花,很少发生雌花。子蔓 1～3 节开始发生雌花,孙蔓上发生得更低,一般在 1 节开始发生,以后隔数节发生 1 个雌花或连续 2～3 节都发生雌花。5～6 节开始发生卷须、分歧 4,其中一个极短。雌雄异花同株。花一般单生,个别 1 对着生。钟形,花萼和花瓣各 5 枚。瓣白色,每个花瓣具 3 条浅绿色纵纹。雄花花丝很短,花药 5 枚,呈旋曲状,2 室。花柄长 20～23 厘米,被茸毛。雌花子房形状因种类而异。柱头 3 枚,膨大,2 裂。子房下位,被白色茸毛。花柄长 10～12 厘米。有时也发生两性花。果实为瓠瓜,短圆,长圆柱或葫芦形。嫩果表皮绿色,淡绿色或有绿色斑纹，被茸毛。果肉白色，胎座发达，完全成熟时果肉变干，茸毛脱落，果皮坚硬，黄褐色，单果重 1～3 千克。瓠瓜从开花至果实成熟需 50～60 天，开花后 25 天内鲜重增加并达到最大，以后减少。种子短矩形，扁平，淡灰黄色，边缘被茸毛，千粒重 125～170 克。

瓠瓜适宜温暖、耐高温、怕低温霜冻的气候。种子发芽的始温 15℃，在 30～35℃时发芽最快。生长发育适温 20～25℃，15℃以下生长慢，10℃时停止生长，5℃以下受害。属短日照，日照较短，有利于雌花形成。对光照强度较敏感，在傍晚或弱光下开花。阴雨连绵、空气湿度过大时，易烂花、化瓜。生长前期喜湿润，开花结瓜期宜适当降低土壤及空气湿度。瓠瓜要求湿润、疏松、通透性良好的肥沃土壤。黏重低洼地种植易感病，产量低且不稳。全生育期需适量的氮肥，结瓜期需充足的磷、钾肥。

瓠瓜在自然条件下，主蔓上多发生雄花，侧蔓上的雌花发生早，发生多。Singh 等（1983）报道，瓠瓜用硼、乙烯利、赤霉素和青鲜素等处理，可以促进雌花的发生，而以乙烯利处理的效果最佳。瓠瓜的雄花芽发育初期，都有雄蕊和雌蕊发育的雏形，是花芽发育的两性期。李曙轩（1981）指出，当雄花的花蕊长度在 0.2～0.4 毫米以下时，才能为乙烯利处理转变为雌花，如果雄花药已发育到 0.4～0.5 毫米以上，则不能为乙烯利处理所转变。在 5～6 片真叶的苗期用 100 毫克/千克乙烯利处理，无论光周期长短，都使主蔓在 10 节（长光照）或 11 节（短光照和自然光照）以上发生雌花。用 50 毫克/升赤霉素处理，不论长光照、短光照或自然光照，每节都生 1 雄花。用乙烯利与赤霉素混合处理时，赤霉素对乙烯利促进雌性有拮抗作用，作用大小与赤霉素的浓度有关。1500 毫克/升赤霉素与 150 毫克/升乙烯利混用时，在主蔓 10 节以上均生雄花，但 10～20 节间有一半左右的节位着生雌花。以 50 毫克/升赤霉素与 150 毫克/升乙烯利混用时，则大部节位着生雌花。这表明高浓度的赤霉素对乙烯利的诱导雌性有拮抗作用。乙烯利与 2 000 毫克/升赤霉素混用时，主蔓 1~12 节仍只生雄花，但 12~20 节，在长光照和自然光照下，只有一部分节位着生雄花，而在短光照下则几乎大部分节位着生雌花。这表明，高浓度赤霉素对乙烯利性别效应的拮抗作用，在长光照和自然光照下较明显，而在短光照下则不明显。应振土等（1987，1989）证明，ACC（1-氨基环丙烷-1-羧酸）对瓠瓜也有促进雌花的效应。瓠瓜不同品种对乙烯利的反应不同，赤霉素和 STS（硫代硫酸银络合物）几乎都能抵消乙烯利诱导瓠瓜产生雌花的作用。

（二）类型和品种

1. 类型　瓠瓜按果实的形态和大小分为 5 个变种：

（1）瓠子　古代称长瓠。李时珍描述其"长如越瓜，首尾如一者"，唐朝苏恭提到它具有"夏中便熟"的早熟特点。果实圆柱形，在我国栽培普遍，品种较多。按果实长短又分为长圆柱和短圆柱两类，前者果长 42~66 厘米，最长 1 米，横径 7~13 厘米。如浙江长瓠子、南京面条瓠子、湖北孝感瓠子和广州大棱等。短圆柱类型的果实长 20~30 厘米，横径 13 厘米左右，如江苏棒槌瓠子、湖北狗头瓠子、江西三河瓠子、七叶瓠子等。

（2）长颈葫芦　古称悬瓠。李时珍描述其"瓠之一头有腹，长柄者为悬瓠"。果实棒形，蒂部圆大，向上渐细，至果柄处细而长。如广州长颈葫芦、鹤颈、石家庄瓠子、江西长颈葫芦等。

（3）大葫芦　古称匏。李时珍称"无柄而圆大形扁者为匏"，亦称圆瓠、楼蒲。果实圆形、近圆形或扁圆形，横径 20 厘米左右。如温州圆瓠、江西米勺蒲、武汉百节葫芦、河北青龙葫芦等。

（4）细腰葫芦　李时珍以"壶之细腰者"称之，其果实蒂部大，近果柄部分较小，中间缢细，呈葫芦形。嫩时可食，老熟可做容器。如广州青葫芦、大花、花葫芦等。

（5）观赏腰葫芦　果实形状与细腰葫芦相似，但果实小，果径 10 厘米左右，作观赏用，无食用价值。

2. 品种简介

（1）长棒种　又叫线瓠子。茎叶繁茂，蔓长 3～4 米，侧蔓结瓜为主。瓜形长圆筒形似棒状，瓜长 50～60 厘米，粗 6～10 厘米。瓜皮淡绿色，有白色茸毛，单瓜重 0.5～1.0 千克。早熟性好，生育期 80～90 天。瓜肉细嫩，纤维少，品质好。

（2）长筒形种　俗称牛腿瓠子。瓜圆筒形，颈部细，稍弯曲，形似牛腿而得名。瓜长 30～40 厘米，粗 15 厘米，瓜皮绿色，品质中等。茎蔓长势强，较抗热，为中熟丰产品种。

（3）短筒种　瓜形似圆筒，长 20～33 厘米，粗 13～15 厘米，瓜皮嫩绿色，表面有茸毛，单瓜重 0.5 千克。侧蔓结瓜为主，较早熟，抗热性强。

（4）青雅　湖北武汉顶峰种业有限公司与武汉市蔬菜科学研究所选育。早熟，商品瓜深绿色，瓜长 50 厘米左右，横径 4.5～5.0 厘米，单瓜重 0.5～1.0 千克，667 平方米产量 3 500 千克。适宜大棚、温室和早春露地栽培。

（5）丽秀　湖北武汉顶峰种业有限公司与武汉市蔬菜科学研究所选育。早熟，商品瓜绿色，长圆筒形，瓜长 40 厘米左右，横径 4.5～5.0 厘米，单瓜重 0.5～1.0 千克。品质佳，商品性好，是蔬菜基地栽培的首选品种之一。

（6）娇龙　湖北武汉顶峰种业有限公司与武汉市蔬菜科学研究所选育。早熟，商品瓜浅绿色，短圆筒形，瓜长 25～30 厘米，横径 5 厘米左右，单瓜重 500 克。品质佳，侧蔓结瓜为主，较耐白粉病和炭疽病。适宜大棚、温室和早春露地栽培，亦可作西瓜嫁接的砧木。

（7）浙蒲 2 号　浙江省农业科学院蔬菜研究所育成。早熟，耐低温、弱光能力特强。瓜长棒形，长 40 厘米，皮绿色，单瓜重约 0.4 千克。肉质致密，微甜。特适于保护地栽培。

（8）超级早生 湖南常德市鼎牌种苗有限公司培育。早熟，从移栽到出现雌花坐果仅 28 天，从第一批瓜采收，经过 1 个月，667 平方米产量达 4 250 千克，总产量为 6 500 千克。果实长棒形，上下大小基本一致，果形美观，嫩绿色，果肉细白，柔嫩多汁，口感好，具超级商品性。保护地、露地都可栽培。

（三）栽培技术

1. 播种育苗 育苗与直播均可。华南地区在 2～3 月份播种，冬春寒冷处在断霜后播种。育苗可以提前，华南地区在 12 月中旬开始，长江流域和长江以北，一般在 3 月下旬至 4 月初。北方，例如山东一般 4 月上中旬进行阳畦育苗。播前先用 10％磷酸三钠溶液浸种 20～30 分钟，或用 1‰高锰酸钾溶液浸种 30 分钟，或温汤浸种 20～30 小时，然后在 30～35℃处催芽，有 1/3 露白时在 0～1℃处冷冻 2 天，然后播种到温室或大棚的营养钵中，每钵 1 粒。播后覆一层薄膜，上面扣一层小拱棚，有条件的应在营养钵下加一层电热线，保持床温 30～35℃，出苗后白天保持 20～30℃，夜间不低于 15℃，地温 20～25℃。当子叶展平后，喷施 0.2％磷酸二氢钾 1～2 次，并结合浇水，施一次腐熟的人粪尿稀液。一般苗期 40～50 天。

2. 整地定植 种植前深翻土壤 20～30 厘米，充分晒白，使之疏松，为根系生长创造良好条件。一般畦宽 1.5～2 米，支架栽培的双行定植，株距 60 厘米。也可在宽 2.7 米的畦上两边各栽 1 行，株距 20～33 厘米。地爬或棚架栽培，行距 2.7～3.0 厘米，向一个方向引蔓的株距 45～60 厘米；向四面引蔓者穴距 2.7～3 米，每穴留 4 株。定植期可在露地断霜后。

由于幼苗柔嫩，定植时宜用手轻捏子叶，不宜捏嫩茎，以免损伤幼苗。定植后周围地面可撒些切碎的稻草，以免雨溅泥浆黏附幼苗。

3. 立支架、整枝与性别控制 瓠瓜一般于抽蔓后用 2.7～

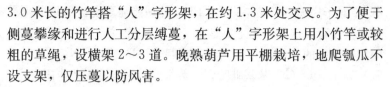

3.0米长的竹竿搭"人"字形架，在约1.3米处交叉。为了便于侧蔓攀缘和进行人工分层缚蔓，在"人"字形架上用小竹竿或较粗的草绳，设横架2～3道。晚熟葫芦用平棚栽培，地爬瓠瓜不设支架，仅压蔓以防风害。

瓠瓜主蔓发生雌花迟，而子蔓、孙蔓发生早。晚熟品种，主蔓、子蔓发生雌花迟，而孙蔓、曾孙蔓发生雌花早。所以栽培晚熟品种时，在蔓上棚后将主蔓及子蔓提早摘心，促使孙蔓及曾孙蔓的发生。中熟品种在主蔓上棚后也即行摘心。子蔓结果后又行摘心，促使多生雌花。栽培地爬瓠瓜也进行2～3次摘心。早熟架瓠瓜可不进行摘心。

李曙轩等（1979）研究发现，当杭州长瓠瓜幼苗在4～6片叶时用乙烯利150毫克/升喷2次，可使主蔓从8～9节起到20节，从原来只生雄花改变为每节都发生雌花，使前期产量较对照增加64.2%，总产量增加25.5%，可提前1周左右采收，较早熟种采收仅迟了3～4天；晚熟种杭州牛腿，用300毫克/升处理，采收期较对照提前1个月。瓠瓜为雌雄异花同株植物，虫媒花。露地生产，昆虫传粉授粉，坐瓜良好。早春保护地栽培，昆虫活动受阻，坐果率低，而且，依靠自然授粉所结的果实常不能膨大，而成为"僵果"。必须人工辅助授粉，方法是：每天清早，将当天盛开的雄花摘下，去掉花瓣，将花粉均匀涂在雌花柱头上，一般1朵雄花粉可供2～3朵雌花授粉。为提供足够花粉，授粉株的播期应较结果株早播7～10天。瓠瓜是蔓性蔬菜，整个生长期间能发生数十朵雌花，但通常只能结5～6条瓜。多数雌花，不能结果或不能膨大成商品果，而出现"化瓜"或"僵果"。为此，除施足肥水外，应将花后5天左右未明显膨大者摘除。

为解决瓠瓜设施栽培中普遍存在的化瓜问题，浙江农业大学园艺系喻景权等人，在花期分别进行自然授粉、人工授粉，50毫克/升NAA（萘乙酸），50毫克/升GA₃（赤霉素）和50毫克/升CPPU（脲类细胞分裂素［N-（2-氯-4-吡啶基）-N′-苯脲]）对子房喷雾，结果只有 CPPU 处理能显著促进瓠瓜的坐果与果实发育。这种作用主要是由于 CPPU 能诱导单性结实之故。但相同浓度的 6 - BA（6 -苄基腺嘌呤）、D - PU（N，N'-二苯脲）和 4 - PU（N -苯基吡啶脲）等细胞分裂素则无此作用。CPPU 在所试的 10～100 毫克/升浓度范围内，均能有效地诱导产生具有商品价值的单性结实果，50 毫克/升 CPPU 处理可提高田间产量 91.7%。另外，CPPU 诱导产生的单性结实果的内源 IAA（吲哚乙酸）和 t-zeatin（玉米素）浓度均低于授粉果和未授粉果。因此完全可以通过利用 CPPU 诱导单性结实，从而防止化瓜的产生。

4. 施肥灌水　瓠瓜需多次施肥，一般定植后及次日浇清水，第三天浇 10% 人粪尿，以后晴天每天施一次 10% 人粪尿。主蔓摘心后，结合培土压蔓和上架前用复合肥和有机肥进行施肥，结果盛期可再追肥。灌溉方面，定植后根系未扎稳，可适当灌溉，结果期间，如晴天干旱，也应灌溉。雨季或雨天注意排水，防止渍涝。

5. 瓠瓜变苦的原因及其防治　瓠瓜出现全株严重变苦是由于不同基因型的品种天然杂交，后代因基因互补而产生葫芦苷 B（$C_{32}H_{46}O_8$）引起的。此种变苦与外界环境及栽培条件无关。防止变苦的措施是引入外地品种时，必须先与本地品种杂交，测定是否属于同一基因型，如属同一基因型的才可大量引种。

6. 病虫害防治　瓠瓜抗病力强，一般无病害，个别地区或连年种植，可能有炭疽病和白粉病，如有炭疽病，可在生病初期喷 50% 代森锰锌 500～700 溶液，白粉病喷 70% 甲基托布津可湿性粉剂 1 000 溶液。如有害虫可用速灭杀丁、敌百虫乳剂、氧化乐果、灭百可乳剂等药剂防除。

（四）采收与留种

瓠瓜以嫩果食用，采收延迟，果实各部分纤维化，品质迅速下降，丧失商品价值。采收嫩果，以开花后 15～20 天，而旺果期则在开花后 11～14 天。此时，胎座组织已相当发达，种子只有初期生育，果肉表皮茸毛减少，果肉呈淡绿色，皮薄幼嫩，品质佳。667 平方米产量一般 1 500～2 500 千克，中、晚熟瓠瓜 2 000～2 500 千克。

留种时宜选植株生长健壮，无病害，形长而粗细一致的第二个为种瓜。并将其余雌花和果实摘除。待果实表皮十分坚硬，由淡绿转为褐色，开花后 50～60 天，达到完全成熟时采下。置室内通风处自然干燥，翌年播种时取出种子播种，或经后熟一段时间，取出种子洗净晒干贮藏。每个种瓜可收籽 250～350 粒，大约 50 个种瓜可收 1 千克种子。

七、苦瓜

苦瓜又叫凉瓜、锦荔枝、癞葡萄、金荔枝、癞蛤膜、癞瓜、红姑娘、红绫鞋。因其果实中含糖苷量高，有苦味，故名苦瓜。果实为长纺锤或长圆筒形，表面有突起，幼时绿色或白绿色，瓤白色；成熟后黄赤色，果肉、瓤为鲜红色，故《辟芳谱》称之为红姑娘，《泉州本草》称之为红羊（图 27）。原产于东印度热带地区，明初传入我国。日本的宾馆、餐厅常用鲜苦瓜汁加工成冰冻饮料，味甘略苦，饮后顿感清凉舒爽。苦瓜果实中除含有较多的脂肪、胡萝卜素和磷外，维生素的含量很高，营养丰富，多以嫩果供食，印度和东南亚人食用嫩梢和叶，

图 27 苦 瓜

印尼和菲律宾还食用花。苦瓜中的维生素 C 含量居瓜类之首，是黄瓜的 14 倍，冬瓜的 5 倍，番茄的 7 倍，与号称水果维生素 C 之王的猕猴桃含量相当。苦瓜中还含有苦瓜苷、5-羟基色胺和多种游离氨基酸，如谷氨酸、丙氨酸、苯丙氨酸、脯氨酸、a-氨基丁酸、瓜氨酸，以及果胶等物质。苦瓜肉质柔脆，味甘带苦，可开胃清热，明目止痢，提高机体免疫力，民间常以其治疗中暑、痢疾、赤眼疼痛和痛肿丹毒等症。

1998 年，美国凯里博士从苦瓜中提取了一种极具生物活性的成分——高能清脂素，每天服用 1 毫克，可阻止 100 克左右的脂肪吸收，并可使腰围瘦小 2 毫米之多。如果每天服用持续 1 个月，那么，吃进的食物有 6～12 千克脂肪未被人体吸收，而储存在臂、腹、腰、大腿等处的脂肪有 3～7 千克被分解供人体利用。药理研究证实，高能清脂素不进入人体血液，只作用于人体吸收脂肪有重要部位的小肠，通过改变肠细胞网孔，阻止脂肪、多糖等高能大分子物质的吸收，从而加速体内小分子营养的吸收代谢，所以适度剂量下基本无毒副作用。

苦瓜提取液对 G＋球菌（金葡萄、表皮葡萄球菌），G＋杆菌（苦草杆菌）和 G－杆菌（大肠杆菌、绿脓杆菌、痢疾杆菌、变形杆菌、肺炎杆菌、产气杆菌、阴沟杆菌、伤寒杆菌）都有抗菌作用。

动物实验证实，苦瓜素每毫升 50 微克就可使人的舌癌、喉癌、鼻咽癌及大鼠肝癌 H35、小鼠黑色素瘤 B16 的生长完全受到抑制，对淋巴肉瘤和白血病小鼠也有治疗作用。

苦瓜中的配糖体，味苦性寒，能刺激唾液及胃液的分泌，有增进食欲和帮助消化的作用。近年来，苦瓜药用价值的研究有了很大进展，已从苦瓜茎、叶、果中提取出苦瓜素。苦瓜素是葫芦素三萜类物质，目前已发现 6 种苦瓜素，它有降低血糖的作用，治疗糖尿病的苦瓜针剂已运用于临床。苦瓜中的有些成分可抑制正常细胞的癌变和促进突变细胞的恢复，具有抗癌作用。美国科学家发现苦瓜中有抗艾滋病毒的功能成分苦瓜蛋白 MAP_{30}，它能阻止艾滋病毒 DNA 的合成，抑制艾滋病病毒的感染与生长。胰岛素口服液制剂的研究一直是医学界的一大难题，而从苦瓜中得到的口服有效的植物胰岛素将会成为此领域的突破点；苦瓜作为非激素类男性避孕药具有一定的开发潜力。我国南方普遍种植，是良好的夏季佳蔬，现已引入北方，备受消费者青睐。不习惯苦味的人，可在苦瓜割开后用水浸泡或用精盐腌渍一下，可大大减轻苦味。

（一）生物学性状

苦瓜为葫芦科一年生蔓性蔬菜。根系较发达，吸收肥水能力强，喜湿不耐渍。茎细长，分枝多，主侧蔓都能结果。雌雄异花同株。在同一植株上，一般雄花发生早，在 4～6 节始生。花单生。第一雌花一般着生在主蔓上 8～20 节处、侧蔓 1～2 节处，以后每隔 3～7 节再生雌花。果实长圆锥形或短纺锤形，果面有许多瘤状突起。嫩果浓绿或绿白色，老熟后橙红色，易开裂。果瓤红色，味甜。种子被果瓤包被，种子盾形，种皮厚，干粒重150～200 克。每果含种子约 30 粒。

Ghosh 等（1982）研究了赤霉素（GA_3）、矮壮素（CCC）、6-苄基腺嘌呤（BA）和青鲜素（MH）对苦瓜性别表现的作用，较高浓度（150 毫克/升）青鲜素处理可促进雌花形成，降低每一雌花节位，降低雄花和雌花比率。而较低浓度的矮壮素和 6-苄基腺嘌呤才有这些效应，4 种浓度的赤霉素处理对苦瓜两个品种都有促进雌性的效应。结果表明苦瓜的性别表现与黄瓜、甜瓜和丝瓜不同，即赤霉素处理在低浓度时促进雌性，高浓度时则抑制雄性。

苦瓜喜温暖。种子发芽适温为 30～33℃，生长适温 20～30℃。耐热，温度达 30℃时，生长仍甚繁茂，也能适应 10℃的低温。采果从 6 月下旬起，一直可以采收到 9 月下旬。根系发达，喜湿，但不耐涝，多雨季节要注意排水。

（二）类型和品种

按果实形状和果面特征，分长圆锥形和短圆锥形两类。前者果实长 20～25 厘米，最长达 50 厘米以上，横径 5～6 厘米，单果重 0.2～0.3 千克，早熟，品质好。如广东滑身苦瓜、湖南长白苦瓜等。按果实颜色的深浅，分为浓绿、绿和绿白等类。绿色和浓绿色品种味较苦，长江以南栽培较多；淡绿和绿白色品种，苦味较淡，长江以北栽培较多。

我国苦瓜资源丰富，著名品种有：大顶苦瓜，又名雷公凿，广东广州市郊地方品种，瓜短圆锥形，长约 20 厘米，果皮青绿色，肉厚，适应性强，耐热、耐肥；南昌扬子洲苦瓜，瓜长棒形，长 53～57 厘米，果皮绿白色，肉厚，微苦；江西吉安长苦瓜，瓜长 67～85 厘米，最长达 1 米，重 0.75～1 千克，果皮淡绿色，肉质脆嫩，清香，品质好，为全国稀有品种。如玉 5 号，福建省农业科学院育成。早熟，第一雌花着生于主蔓 8～15 节，果实平蒂棒状，长 30～34 厘米，横径 6.5～7.5 厘米，肉厚 1.1厘米左右，几无内纤维素层，平均单果重 400 克以上。皮青绿色，有光泽，纵条间圆瘤，瓜形美观，品质好，主侧蔓雌花率高，结果量大，产量高，耐寒、耐热性较强，较抗枯萎病。春帅，湖南省蔬菜研究所育成的早熟苦瓜一代杂种。早熟，播种至始收 75 天，蔓生，第一雌花节位 10～12 节。果长圆筒形，果皮白色，半突瘤，长 28～30 厘米，横径 5 厘米，肉厚 0.85 厘米，重 400 克，每 667 平方米产 3 400 千克左右。绿箭，四川省农业科学院园艺研究所育成的苦瓜一代杂种。早熟，第一雌花和坐果节位在主蔓 7～9 节，中部侧蔓 2～3 节，以后主、侧蔓每隔 2～3 节出现 1 雌花或连续 2 节出现雌花。瓜长棒形，长 30～40 厘米，横径 5～7 厘米，肉厚 1～1.3 厘米，重 500～700 克。果皮绿色，肉质脆嫩，味微苦。每 667 平方米产 2 500～3 000 千克。

此外,成都大白苦瓜、汉中长白苦瓜、正源玉绿白苦瓜等都属优良品种。

(三) 栽培要点

一般在春夏栽培,1年1季,终霜前30～50天播种育苗,华北、西北多在3月中下旬用阳畦育苗,4月下旬至5月上旬定植。在辽宁海城一带露地在5月中旬下旬定植,在4月下旬开始育苗。在福建福安市为保证早季苦瓜在6月中旬上市,7月底收获结束,使后茬晚稻生育期不受影响,苦瓜育苗宜安排在2月中旬初下种育苗。育苗期应采用塑料薄膜小棚酿热物温床育苗,确保全苗壮苗。由于苦瓜种壳硬且厚,吸水慢,需进行种子的"人工破壳",并进行保湿适温催芽。待种子破胸露白后即可播种,播种后要覆盖1厘米厚的湿细土,并盖稻草保湿,稻草上再盖薄膜保温。近年来随着保护地的日趋发展,苦瓜也有日光温室、大棚、中棚等多种栽培方式,可四季种植,周年供应市场(表2)。

表2 华北地区苦瓜周年栽培茬口安排

栽培形式	育苗方式	播种期(月/旬)	定植期(月/旬)	供应期(月/旬)
日光温室越冬茬	温室	9～10/上	10～11/中	1～6月
日光温室冬春茬	温室	1/上	2/中下	3/下6/中
日光温室秋冬茬	荫棚(可直播)	7～8/上	8～9/上	10～翌年1月
大棚春提前	温室	2/上中	3/中下	5/上～6/中
小棚(盖草帘)	阳畦	2/中下	4/上中	5/下～6/中下
露地栽培	阳畦	3/上～4/下	4/中下	6～7月
露地栽培	直播	5/中		7～9月

定植的行距0.7～0.8米,株距0.3米。蔓长20厘米左右时搭架。一般任其自然生长,不整枝。但因分枝力强,为保证主蔓正常生长开花,最好进行整枝。爬蔓初期,人工绑蔓,引蔓上

架，并随时将主蔓 1 米以下的侧芽大部摘除，仅留几条粗壮的分枝让其开花结果。生长中后期时，注意摘除老叶、黄叶、病叶，以利于通风透光。

苦瓜早熟栽培常出现先开雌花、后开雄花的现象，加上气温较低，昆虫较少，传粉困难造成化瓜。可选晴天上午 8～9 时，用剥去花冠的雄花，涂抹当日开放的雌花柱头，进行人工辅助授粉。也可用 20～40 毫克/升的 2，4-D 涂抹雌花，防止化瓜。

苦瓜喜肥，结瓜后勤追肥，勤浇水。

苦瓜的病害主要有蔓枯病、炭疽病和枯萎病。蔓枯病由小双胞腔菌引起，主要危害叶片，茎和果，以危害茎蔓影响最大。叶片染病初现褐色圆形病斑，中间多为褐色，后期病部出黑色小粒点。茎蔓染病，病斑初为椭圆形或梭形，扩大后为不规则形，灰褐色，边缘褐色，常溢出胶质物，引起蔓枯；果实染病，初生水渍状小圆点，逐渐变为黄褐色凹陷斑，病部生小黑点，后病部变糟破碎。发病初期喷洒 70%甲基硫菌灵悬浮剂 800 倍液，或 75%百菌清可湿性粉剂 600 倍液，60%防霉宝超微可湿性粉剂 800 倍液，56%靠山水分散微粒剂 800 倍液，10 天 1 次，连防 2～3 次，采前 7 天停止用药。炭疽病主要危害叶片、茎和果实。叶片染病，出现圆形至不规则形中央灰白色斑，后产生黄褐色至棕褐色圆形或不规则形病斑。茎蔓染病，病斑呈椭圆形或近椭圆形边缘褐色的凹陷斑，有时龟裂。瓜条染病，病斑不规则，初期病斑黄褐色至黑褐色，水渍状，圆形，后扩大为棕黄色凹陷斑，有时有同心轮纹，湿度大时病部呈湿腐状，干燥时病部呈干腐状凹陷，颜色变浅，但边缘较深，四周呈水渍状黄褐色晕环，后期病瓜组织变黑，但不变糟，不破裂，别于蔓枯病。病叶上的小黑点，即病原的分生孢子盘，很小，肉眼不易看清。由葫芦科刺盘孢引起，可引起各种瓜类炭疽病。主要以菌丝或拟菌丝在种子上或随病残株在田间越冬，越冬后产生大量分生孢子，成为初侵染源。此外潜伏在种子上的菌丝体，也可直接侵入子叶，引起苗期发病。湿度是诱发本病的重要因素，空气湿度 93% 以上，相对湿度 97%～98%，温度 24℃ 潜育期仅 3 天，发病快，早春塑料棚温度低，湿度大，叶面常有大量水珠，苦瓜吐水或叶面结露，易流行。防治方法，首先采用综合防治，选用抗病品种，如绿宝石、湘苦瓜 4 号，播前种子处理，如用 30% 双氧水浸种 3 小时，然后用清水冲净后播种，或用 56℃ 温水水温烫浸种。施用酵素菌沤制堆肥，实行 3 年以上的轮作，加强通风排湿，使湿度保持在 70% 以下，减少叶面结露和吐水等。塑料棚室尽量采用烟雾法或喷粉法：如用 45% 的百菌清烟雾剂，667 平方米 250 克，隔 9～11 天熏 1 次，连续或交替使用；或于傍晚喷撒 8% 克炭灵粉尘剂或 5% 百菌清粉尘剂、667 平方米 1 千克；发病初期喷洒 50% 甲基硫菌灵可湿性粉剂 700 倍液加 75% 百菌清可湿性粉剂 700 倍液，或 36% 甲基硫菌灵悬浮剂 400～500 倍液，50% 苯菌灵可湿性粉剂 1 500 倍液，60% 防霉宝超微可湿性粉剂 800 倍液，或 2% 抗霉菌素（农抗 120 水剂）或 2% 武菌素（B0 - 10）水剂 200 倍液，隔 7～10 天 1 次，连续 2～3 次。

枯萎病　病株表现黄化和萎蔫，茎基部组织导管褪色褐变。病原为尖镰孢菌苦瓜专化型，属半知菌亚门真菌。尖镰孢菌丝瓜专化型也可引起苦瓜枯萎病。病菌以厚垣孢子或菌丝体在土壤、肥料中越冬，成为翌年主要初浸染源，病部产生的大、小分生孢子，通过灌溉水或雨水飞溅，从植株地上部的伤口侵入，并进行再侵染。地下部当年很少再侵染，连作地或施用未充分腐熟的土杂肥，地势低洼，植株根系发育不良，天气湿闷发病重。防治时应避免与瓜类连作，利用苦瓜与丝瓜嫁接防病；用营养体育苗，营养土提前消毒，做到定植不伤根。施用充分腐熟的有机肥、适度浇水、促进根系健壮；喷施促丰宝 800 倍液，促进植株生长。发病后及时拔除病株，病穴及邻近植株灌淋 50% 苯菌灵可湿性粉剂 1 500 倍液，或 40% 多·硫悬浮剂 500 倍液，60% 琥·乙膦铝（DTM）可湿性粉剂 400 倍液，36% 甲基硫菌灵悬浮剂 400

倍液，10％双效灵水剂 250 倍液，每株灌药液 0.5 升。也可用
10％治萎灵水剂 300～400 倍液，每株灌药液 200 毫升，10 天 1
次，连防 2～3 次。采前 10 天停业用药。

苦瓜虫害，较难防治的是瓜实蝇、瓜蚜和瓜绢螟。

瓜实蝇俗称"针蜂"，成虫产卵瓜果中，幼虫在瓜肉内蛀食，
造成瓜腐烂，甚至落果。"针蜂"出现的高峰期，采取田园清洁、
诱杀成虫，药剂杀虫和套袋保瓜的综合治理办法。使用药剂推荐
用"功夫"，市面上卖的一小包（5 毫克）功夫，正好可兑 1 背
桶水（15 千克）。喷洒掌握在成虫活动盛期的上午 10～11 时前
或下午 4～6 时进行喷杀，在成虫交配产卵期，效果较好。诱杀
的办法是利用黄板，将黄色板或胶合板涂上凡士林，置菜园中，
667 平方米放 20 块，对成虫有较好的诱杀效果。大力推广套袋
保瓜新技术，既可减少各种病虫为害，又可提高果品品质和商品
价值。

瓜蚜 成虫、若虫多群集在叶背、嫩茎和嫩梢刺吸汁液，会
使梢受害，叶片卷缩、生长点枯死、叶片皱缩、枯黄，并提前脱
落，还可引起煤烟病，并可传播病毒病。药剂防治推荐高效、广
谱、安全、持续期长达 21 天的 25％阿克泰水分散粉剂 5 000～
10 000 倍，可有效防治瓜蚜，并可兼治蓟马、美洲斑潜蝇等多
种害虫。瓜绢螟的幼虫啃食叶片，致叶片穿孔或缺刻，常蛀入瓜
内，影响产量和质量。防治用 50％库龙 1 000 倍或 2.5％功夫
1 500 倍液喷雾，每 7～10 天一次。

（四）采收、贮藏和留种

苦瓜以嫩果供食，加之，种子发育迅速，因此采收要及时。
一般开花后 12～15 天，当果实的条瘤状突起比较饱满，果皮有
光泽，果顶颜色开始变淡时即可采收。采收时因果柄细长，最好
用剪刀从基部剪下，采后应整齐排放筐中或箱内，以备贮运。不
耐长期贮藏，一般采后在常温下 2～3 天果实黄化，种皮转红，

失去食用价值。适宜贮藏的温度范围较窄，10℃以下贮藏可能会发生冷害，高于13℃可能会加速衰老。

留种时，应选植株中部结的果实，当果顶转黄时采收，后熟2～3天再剖开取出种子，洗净，阴干，贮藏。

八、人参果

人参果又名长寿果、香瓜梨、凤果、茄瓜、人头七、开口箭、香瓜茄、香艳芒果、金参果、甜茄、香艳茄、瓜茄、香艳梨，属双子叶茄科开口箭属多年生草本植物（图28）。

图28　人参果

原产秘鲁、新西兰、南美的安第斯山北麓。1785年传入英国，1882年引到美国。目前欧美、大洋洲各国都有栽培，但只有新西兰和澳大利亚把它作为热带水果进行商品生产，畅销日本。我国20世纪80年代末南方城市开始引进，90年代初华北开始多点试种，现在在北京、福建、山东、河北、云南、四川等有较大面积种植。

人参果果肉爽美，清香多汁，口感好，具有高蛋白、低脂肪、低糖等特点，富含维生素C；并含钙、铜、钾、铁、硒等十几种对人体有益的微量元素，其中硒含量最高。硒能激活人体细胞，增强细胞活力，具有防癌和抑制心血管病的作用。人参果能补充人体所需的硒元素，而被誉为"生命火种"、"抗癌之王"。人参果的含钙量高于已知的一切蔬菜和水果，每100克鲜果含钙量高达910毫克，是番茄的164倍，黄瓜的36倍，可增强老年人体质和提高少年儿童智力及健康水平。人参果可以鲜食，炒、炸、焖、炖、作汤及加工成罐头，饮料等。

2002年古浪县南部山区引进试种，取得了很好的经济效益，2010年种植面积达到250公顷。新疆巴楚县2006年引进，经多年探索出温室周年栽培技术。

（一）生物学特性

人参果在热带、亚热带为多年生小灌木。在我国作一年生栽培。

人参果无主根，须根多，根系分布在植株周围70～100厘米内。茎杆不太坚硬，有不规则的棱，茎秆幼嫩时为绿色，较老化后为青灰白色。茎是人参果的主要扦插繁殖材料。叶绿色或淡绿色，长10～15厘米，叶形为卵形，单叶轮生，花为聚伞花序，花冠初期为白色，二期为淡紫色。从开花到幼果出现需7天左右，每个花序结果1～6个。幼果成熟100～150天左右，如气温偏低，成熟期会延长。

人参果喜温暖湿润的环境，在20～25℃下生长良好，温度高于30℃不利于开花结果。地温高于12℃以上时定植。属短日照植物。土壤湿度以70%～80%为宜。

（二）品种选择

选用优良品种长丽、大紫、阿斯卡等。长丽成熟果实表皮浅黄色，紫色条纹明显，抗性较强，坐果率高，单株结果最多50

个。果实大，平均单果重 180 克左右，最重可达 500 克，果实形状为长椭圆形，抗逆性强。大紫成熟果实紫色条斑较多，部分果实几乎全为紫色，叶片大，抗寒性较强，单株结果 35 个以上，平均单果重 170 克左右，最大 450 克以上，果实形状为长桃形；阿斯卡成熟果实以浅黄色为主，紫色条纹较浅，植株生长势强，茎秆粗壮，单株可结果 40 个左右，平均单果重 160 克左右，果实形状为桃形。

（三）茬口安排

一般采用秋冬茬和冬春茬栽培。秋冬茬栽培在 6~7 月育苗，8~9 月定植，10~11 月开花结果，冬季开始采收；冬春茬栽培在 11~12 月育苗，下年 1~2 月定植，3~4 月开始坐果，夏季开始采收。

（四）栽培要点

1. 育苗　苗床选在排水良好、2~3 年未种植茄科作物的大棚内，苗床宽 1.2~1.5 米，高 10 厘米。用腐熟的有机肥与未种植过茄科作物的肥沃土壤各半，掺匀过筛，均匀撒于苗床上，并用 40% 多菌灵可湿性粉剂 400 倍液进行土壤消毒。畦面浇透水，扣棚提升地温。

人参果以无性繁殖为主，其中以苗床扦插方法最为简易。选择无病害、生长势强的枝条作母枝，剪枝长 12~15 厘米，带 1~2 片叶扦插，入土 6~7 厘米，株行距为 6~10 厘米。扦插后保持苗床湿润，适时浇水，10~15 天即可生根。秋冬茬栽培由于气温较高，幼苗生长较快，经 30~35 天即可移栽。冬春茬栽培气温较低，育苗时间相对较长，经 35~40 天即可移栽。扦插时用萘乙酸或吲哚乙酸，50~200 毫克/升溶液，快速蘸一下枝条下部 1/3 段，生根多而快。

2. 定植及定植后管理　日光温室选择改进型二代节能日光

温室，温室长度 60～70，跨度 8 米，脊高 3.8 米，后屋面长度 2 米。定植前用硫磺粉 11 千克加锯末 32 千克，混合均匀制成烟雾剂，密闭温室熏蒸 1～2 天。

人参果为多年生草本植物，应施足底肥，结合整地 667 平方米施优质腐熟羊粪 8 000～10 000 千克、或优质羊粪 6 000 千克加优质猪粪 3 000 千克，过磷酸钙 400 千克，硫酸钾 20 千克或草木灰 1 000 千克。将基肥的 1/2 均匀撒于地面通过深翻混匀到耕作层，然后起垄开沟，垄宽 70 厘米、垄高 30 厘米，定植沟宽 50 厘米，深 15 厘米，操作行宽 50 厘米，将另外肥料 1/2 施入定植沟内。

温室地温稳定在 12℃左右时，选健壮无病害苗，将大小苗分开，在垄上呈三角形定植，每垄栽 2 行，株距 0.25 米。起苗前 2～3 天苗床浇小水，起苗时尽量保全根系，最好带土定植。

定植初期，人参果的适宜生长温度 20～27℃，最高不能超过 33℃，夜间不低于 8℃。秋冬茬明水定植，先定植后浇水。缓苗后蹲苗，促进根系生长。白天温度保持 25～27℃，夜间 10℃以上。人参果生长适宜的相对空气湿度为 60%～70%，当棚内温度超过 28℃、湿度超过 80%时，要及时通风换气，降温排湿。在气温最低的 12 月至翌年 2 月，要加强保温措施，9：00 时左右揭帘，16：00 时左右盖帘。4 月以后气温开始回升，应逐渐加大放风量，延长放风时间。

人参果生长势强、萌芽率、成枝率高，抹芽是获得高产、稳产的重要环节。一般当腋芽抽出 1～2 厘米时及时抹掉。采用单秆整枝法，或多干整枝，侧枝全部去除。株高 30～40 厘米时吊蔓，以后随着秧蔓的伸长，将秧蔓吊在绳上。第 3 果穗采收结束后开始落蔓，结合追施农家肥，将秧蔓盘成环形埋于定植沟内，约 45 天待长出新根时剪去地上环形部分枝条。

在苗高 20～25 厘米时，用 140 厘米宽的地膜覆盖地面。

秋冬茬人参果栽培全生育期灌水次数为 25 次，灌溉定额 338 立方米，即泡地水 1 次，定植前 1 天灌定植准备水 1 次，定植 5 天后缓苗期结束时浇缓苗水 1 次，缓苗期结束后 30～35 天灌水 1 次，苗期结束后 75～85 天，间隔 13～15 天灌水 1 次，果实成熟期从第 1 穗果采摘完到整个生育期结束为止，大约持续 125～145 天，共灌水 15 次，即前 45 天每 9 天灌水 1 次，后期灌水 10 次。

当第 1 穗果长到核头大小时，开始追肥，采用滴灌专用肥，每次追施磷酸二氢钾 2 千克、沃力丰 2 千克。

人参果 1 个花序由 8～20 朵小花组成，选留先开放的 4～5 朵花，其余的全部疏除。人参果易落花落果，通常用 1‰防落素 （PCPA）水剂 2 毫升，对水 1 千克配制成药液，用家庭养花喷雾器喷雾，1 个花序喷射 1 次。当果实坐稳后选留果型整齐的大果，疏除小果、畸形果、病果。初果期 1 个花序保留 1～2 枚果，盛果期 3～4 枚果。

（五）人参果盆栽

一般选用直径 30～50 厘米的花盆，选 80％的草炭，加 20％ 的洁净河沙，或近年未种过茄科植物的土，将土与腐熟的有机肥混合，再加些氮肥作营养土，装入花盆内 1/3 左右，再将带土坨的人参果苗栽入，周围填满营养土，浇透水，摆放到温室。一般比地面栽培的多留主枝和侧枝，以 4 个主枝最好，每个主枝上再留 2 个侧枝，把其余侧枝全部剪掉，植株可结 2 年果，采成熟的摘掉后，可将老主枝剪掉，由新萌发的强壮侧枝代替，还能生长 5～8 年。

（六）病虫害防治

人参果常见病害主要有病毒病、疫病、灰霉病、叶霉病。防治病毒病最关键的措施是选用无病毒种苗，其次在放风口设置防虫网，阻断传毒昆虫进入温室，并在整枝打杈过程中，应先整健株，后整发病株。疫病、灰霉病、叶霉病的防治重在温湿度调控，提倡垄沟覆膜栽培，实行膜下暗灌，注意通风排湿，降低棚内湿度；及时摘除老叶、病叶、病果。化学防治应选用残效期短、对人畜安全的农药，如64%杀毒矾可湿性粉剂400倍液，或50%速克灵可湿性粉剂1000倍液，或代森锰锌可湿性粉剂500倍液，或58%甲霜灵锰锌可湿性粉剂500倍液喷雾，也可用45%百菌清烟雾剂，或10%速克灵烟剂250克于傍晚熏蒸。

虫害主要有斑潜蝇、白粉虱、蚜虫和红蜘蛛。斑潜蝇、白粉虱主要采用黄板诱杀、放风口设置防虫网等物理措施防治。化学防治，斑潜蝇可于多数幼虫2龄前，选用1.8%甲胺基阿维菌素苯甲酸盐乳油2000倍液，或75%灭蝇胺可湿性粉剂3000倍液喷雾防治；蚜虫和粉虱最好用25%阿克泰水分散粒剂5000倍液，幼苗移栽前灌根，每株40～45毫升，持效期可达30天，或用25%阿克泰水分散粒剂5000～7500倍液，或10%吡虫啉可湿性粉剂1500倍液喷防治；红蜘蛛用73%克螨特乳油1000～2000倍液，或1.8%阿维菌素乳油3000倍液喷雾防治。

（七）采收

人参果采用日光温室栽培可实现周年生产。定植后40～45天开始坐果，约130～140天开始采收，150天左右进入采收盛期。每花序由于坐果时间的不同及生长过程中营养分配的不平衡，造成果实成熟期不一致，当人参果果面呈现出明显的紫色条纹，果皮、果肉变成淡黄色时，即为采收适期。采收时戴上手套，轻轻托起果实，用剪刀剪下，按大小进行分级，每个果实套上包装网，装箱。人参果15～20℃下可贮藏3周；在10～15℃，可贮藏1个月。低于10℃易引起果实低温伤害。

九、黄秋葵

黄秋葵（*Abelmoschus esculentus* L.）又叫黄秋荚，羊角豆，秋葵，羊角菜，咖啡黄葵，为锦葵科一年生草本植物。自 8 世纪摩尔人入侵时带入西班牙，在西欧有了人工培育。进入美洲地区后，刚开始只在偏北的费城地区种植，但现在最大的生产地就在那里。原产非洲东北部，现在欧洲、非洲、中东及东南亚等热带地区广泛栽培（图 29）。

图 29　黄秋葵

我国明代李时珍的《本草纲目》中记载"黄葵二月下种，宿子在土自生，至夏始长，叶大如蓖麻叶，深绿色，叶有五尖如人爪形，旁有小尖，六月开花，大如碗，鹅黄色，紫心六瓣而侧，午开幕落，随后结角，大如拇指，长 2 寸许，本大未尖，六棱有毛，老则黑，内有六房，其子累累在房内，色黑，其茎长者六七尺"。据可靠记载，我国 20 世纪初从印度引入，70 多年前上海市宝山县大场镇农村有栽培。但未引起人们的注意。

黄秋葵嫩果含有丰富的蛋白质、游离氨基酸、维生素 C、维生素 A、维生素 E 和磷、铁、钾、钙、锌、锰等矿质元素及由果胶和多糖等组成的黏性物质，这种黏液状物质是由多聚半乳糖，半乳聚糖和阿拉伯聚糖与果胶的混合物。食用后保护肠胃，肝脏和皮肤，并能增强肾功能，因此被称为植物伟哥，绿色人参。以嫩荚食用，其肉质柔嫩黏质，可炒食、煮食、酱渍、醋渍、罐藏等。叶、芽、花也可食用。干种子能提供油脂和蛋白质，也可作咖啡的添加剂或代用品。花、种子、根均可入药，对恶疮、痛疮有疗效。华商报 2010 年 7 月 4 日报导，黄秋葵具有明显增强身体能量的效果，并对前列腺疾病有保健作用，对男性功能有促进作用，价格昂贵，需 298 元 1 盘，1 120 元 1 千克，近日落户北京、上海、广州等地高级饭店。国外进口，目前只有少许人餐桌上的食物，一般是企业老板，公司领导，外国游客食用。

黄秋葵喜温暖，在华南和长江流域广泛栽培，2009 年在临沂市同德有机示范园试验栽培成功，荚果产量 1 500～2 000 千克，平均价格为 30 元/千克，667 平方米收入 5 万多元。

（一）生物学性状

为锦葵科秋葵属一年生草木植物。直根系，主根发达。茎直立，木质化程度较高，圆柱形，有矮株和高株两类，矮株高 50～100 厘米，高株高 2 米以上。侧枝较少，均从基部长出。叶互生，叶片大，叶柄长，呈掌状 3～5 裂，第三真叶以上各叶腋均可着生一朵花。花单生，腋生，两性，花冠黄色，花瓣基部呈暗红色，花朵充分展开后直径可达 4～8 厘米，花瓣、萼片各 5 个，花萼表面有少量茸毛。果为蒴果，横切面五棱或六棱形，一般果长 5～28 厘米，横径 1.9～3.6 厘米。果实表面密生软茸毛。子房 5～12 室。每室有种子 7～8 粒，种子淡褐色，球形，外皮粗，表面被细毛，千粒重 55～74 克。嫩果一般呈淡绿色，以后逐渐为深绿色。一般开花后 4～7 天为适收期，单株产量 1～2 千克。播种至初收约 60 天，全生育期 160 天左右。

春温暖，耐热、不耐霜。种子发芽适温为 25～30℃左右，12℃以下发芽慢。生长适宜温度为 25～28℃。属短日照作物，喜强光，若种植过密，相互遮荫，生长和结实不良。对土壤适应性广，最宜选肥沃，土层深厚的土壤栽培。忌连作。植株生育期间，以吸收氮肥为多，但须辅之磷、钾肥。

（二）类型和品种

按果实外形可分为圆果种和棱果种，依蒴果长度可分为短果种和长果种，一般长果种栽培较普遍。

应选择节间短、叶小、缺刻深，花着生节位低，果实五角形，中等粗细的品种。

1. 绿空　从国外引进的杂交一代，早熟，低节位开始结果，连续坐果性强，成品率高。长势强，株高可达 1.5～1.8 米。采收期长，高产，果实棱角清晰，果形整齐，浓绿色。风味好，荚长 7～10 厘米为采收适期。

2. 纤指　由浙江省农科院蔬菜所选育而成。该品种丰产性好，品质优；植株直立，高大；适应性强，耐热、耐旱、耐湿，不耐涝；坐果能力强，单株可采 100 余个。蒴果无棱，绿色，羊角形，果面覆有细密白色茸毛。在浙江等地采收期长达 130 天左右。商品嫩果 667 平方米产量达 1 500 千克以上。

3. 妇人指　原产美国。为无限生长型，株高 1 米左右，生长繁茂，分枝多，主侧枝多，主侧枝都能结果。中熟，第 6～8 节始花。果实 5～6 室，细长似手指，品质好。

4. 长果绿　原产美国。为有限生长型，株高 70 厘米，长势中等，分枝较多，主茎侧枝都能结果。早熟，主茎第 5～7 节始花，采果期短，果实细长，品质好。

5. 绿星　原产日本。无限生长型，株高 1.4 米。茎粗叶大，缺刻较浅，以主茎结果为主，第 6～8 叶始花。果实 6～9 室，外观 6～9 棱，采收期长，产量高，品质好。

6. 黄丰 1 号　扬州大学选出。大叶长果。果重 20～30 克，第 4～5 节结果，花后 5 天采嫩果，植株矮小，适合盆栽。

7. 红秋葵　果实、叶脉红色。叶掌状、3～5 裂。花黄色，果圆柱形，五角，长 12 厘米。

8. 新东京 5 号　由日本引进。在东南亚和欧美等国栽培较

多。株形直立，高 1.5 米。茎部木质化。叶互生，掌状，3～5
裂，叶柄较长，中空有刚毛。侧枝多，主枝 4～5 节时开始着花，
每节一花。果长 20～25 厘米，心室 5 个。果实深绿色，有光泽。
质地较嫩，纤维少，清香，品质佳。

9. 玉龙 1 号　由日本引进。植株较矮，抗倒伏，高约 1 米。
叶互生，掌状，3～5 裂。侧枝多，茎木质化，主枝 3～5 节时开
始着花。果实五角形，深绿色，种子少，纤维少，品质优良。

10. 秋葵 1 号　辽宁省铁岭市农科院从美国引进。根系发
达、茎直立、粗壮，平均株高 2.0 米，节间 3～6 厘米。叶绿色，
掌状 5 裂，互生，叶身有茸毛。5～6 片叶始花，花着生于叶腋。
花黄色，直径 7～10 厘米。主茎结果为主，平均单株果 36 个，
果实先端细尖，略有弯曲，形似羊角。嫩果黄绿色，平均长
19.3 厘米，单果质量 26.7 克，667 平方米产 2 100 千克。种子
灰绿色圆形，千粒重 60 克。辽宁省一般春露地栽培，3 月末 4
月初播种，5 月中旬地膜定植，垄宽 1.0 米，株距 0.3 米。

（三）栽培要点

1. 整地施肥　黄秋葵对土壤适应性广，不择地力，但以土
层深厚、疏松肥沃、排水良好的壤土为宜。黄秋葵忌连作，应选
择前茬为非黄秋葵种植的地块。整地时首先清洁田园，结合翻地
667 平方米施入有机肥 3 000 千克作基肥，深翻耙平后起垄，双
行种植，畦宽 1.1～1.3 厘米，沟宽 40 厘米，畦高 20～30 厘米。

2. 播种育苗　黄秋葵喜温暖、怕严寒，耐热力强。应在断
霜后气温稳定在 13℃ 以上时播种。种子发芽和生育期适温均为
25～30℃。一般华南地区 1～3 月保护地育苗，华北可于清明后
播种，浙江平湖可在 4～6 月播种，也可利用大棚设施适当提前
或延后播种，山东地区可在 4 月中下旬播种。

用未种过黄秋葵的肥沃无病表土，掺入 30%EM 有机肥，
充分混匀，装入营养钵。

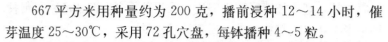

667 平方米用种量约为 200 克，播前浸种 12～14 小时，催芽温度 25～30℃，采用 72 孔穴盘，每钵播种 4～5 粒。

播种 10 天后出苗。苗期注意保温，夜间温度不要低于 14℃。苗期浇水不要过多，发芽期和幼苗期土壤湿度过大，易诱发立枯病。破心时第 1 次间苗，除去病、弱、小苗；两片真叶时第 2 次间苗，每个营养钵留 2～3 株。

3. 密植 苗龄 30 天左右，幼苗长至 3 片真叶时定植，株距 50 厘米，行距 60 厘米，667 平方米栽 2 200 株左右。直播的，出苗后及时间苗，3～4 片真叶时，每穴留一株定苗。

4. 田间管理 黄秋葵植株高大，结果多，采收期长，充足的养分是高产的关键。一般当第一真叶产生后第一次追肥，667 平方米施复合肥 10 千克，尿素 2.5 千克；第二次追肥在定苗后或定植时，667 平方米施复合肥 15～20 千克，或尿素 10 千克，钾肥 4 千克，或腐熟的豆饼水，豆饼用量 100 千克。苗高 30 厘米时根据情况，再施一次。特别是生长中后期更应注意追肥，防止早衰。

结果期干旱，植株长势差，品质劣，应始终保持土壤湿润。一般 7～10 天左右浇一次水。夏季是黄秋葵的盛果期，地表温度高，浇水应在上午 9 时前，或者下午日落后。生长期遇暴雨应排水。

幼苗出土或定植后，因气温较低，要及时中耕除草，并培土防止倒伏。开花结果后，植株生长加快，每次浇水、追肥后均应中耕。封行前中耕培土，防止植株倒伏。

黄秋葵植株生长旺盛，主侧枝粗壮，叶片肥大，往往开花结果延迟。可于株高 30 厘米左右时，近基部第 2～4 叶腋常萌发新枝，应抹去新芽，促进主茎开花结果。并可采取扭叶柄法，即将叶柄扭成弯曲状下垂，控制营养生长。

植株高达 1.2～1.5 米时及时摘心，促进侧枝生长，提高着果能力。为防止夏秋季暴风雨的袭击，当株高 40～50 厘米时应插立竹竿，把主枝缚紧防止倒伏。采收种果者及时摘心，可促使种果老熟，以利籽粒饱满，提高种子质量。

生育中后期，对已采收嫩果的各节老叶及时摘除，改善通风透光条件，减少养分消耗，防止病虫蔓延。

黄秋葵的病害较少，偶尔茎基部叶片零星发生叶斑病，可摘除病叶，或用65%代森锌可湿性粉剂500倍液喷雾防治。疫病在苗期，成株期均可发生。春播后，当苗高20厘米以上时，疫病由叶片向主茎蔓延，使茎变细，并呈褐色，致全株萎蔫或折倒。叶片染病，多从植株下部叶尖或叶缘开始，初期为暗褐色水渍状不整齐形病斑，扩大后转为褐色。防治时抓住发病初期用72%锰锌·霜脲（克露）500倍液或69%安克锰锌900倍液，或64%杀毒矾400倍液或58%甲霜灵·锰锌500倍液，7～10天喷雾1次，连防2～3次。病毒病是黄秋葵的主要病害，一般在5～9月发生，全株受害，尤以顶部幼嫩叶片表现明显，叶片表现花叶或褐色斑纹状，早期染病，植株矮小，结实少或不结实。可在发病初期用5%菌毒清400～500倍液或20%病毒A 400倍液或15%植病灵1 000倍液，或83增抗剂100倍液，7～10天1次，连防3次。幼苗期和开花结果期常有蚜虫、蓟马等为害。采用黄板诱杀；育苗床覆盖防虫网，大棚用防虫网阻隔；棚内悬挂频振式杀虫灯诱杀。露地可用50%辟蚜雾可湿性粉剂2 000千克溶液和40%蚜星乳油800倍液或40%乐果800～1 000倍液喷洒。还有毒毛虫，主要为害幼苗，取食叶肉成缺刻，可用10%除尽1 500倍液，或阿维菌素＋氰戊菊酯3 000倍液喷雾。斑潜蝇整个生长期均可发生，主要危害叶片，可用1.8%爱福丁（阿维菌素）5 000倍液或52.35%农地乐1 000倍液或48%乐斯本1 000倍液防治。

5. 采收 从播种到第一嫩果形成约需50～60天，整个采收期约3个月。采收最好在早晨或傍晚。加工要求嫩荚长6～7厘米，横径约1.5厘米为甲级品；嫩荚长8～9厘米，横径约1.7

厘米为乙级品；10 厘米以上为等外品。供鲜食的高温时嫩荚长7～10 厘米，横径 1.7 厘米即可采收。鲜食或加工用的嫩荚长度都不能超过 10 厘米。高温时嫩荚生长快，需天天采收或隔天采收。温度低时隔 3～4 天采收一次。

采收时因茎、叶、果实有刚毛或刺，应带上手套，防止被刺，如果被刺，可用肥皂水洗一下或放在火上烤一下，可减轻痛痒程度。采收用剪刀将果柄剪下。最好在清晨采收。

6. 商品化处理　采收后将不同大小的黄秋葵分成大、中、小 3 级，分别放置，剔除畸形果及受病、虫为害的等外果。采用统一无公害包装材料，按质量等级分别包装。包装物应标明产品名称、产地、生产者名称、采收日期、净重及有机产品标志。黄秋葵在室温下仅能贮藏 2～3 天，采收后应及早上市。采收后不能马上运输时，短期贮藏应在采后 2 小时内立即送入 0～5℃的冷库。

薯芋类特菜

一、芋

芋又叫芋头、芋艿、毛芋。原产印度、马来西亚和我国热带沼泽地带。印度、斯里兰卡和我国南方及西部青藏高原的林区都有野生芋。现主要分布于华南、西南和长江流域，愈向北种植的愈少。日本、印度、埃及、菲律宾和印尼也盛行栽培。

芋是菜粮兼用作物，食用地下球茎，含淀粉 $10\% \sim 25\%$，蛋白质 $1\% \sim 2.5\%$，由于芋的淀粉微粒很小，作成的塑料可以发生递降分解，如制造的食品袋大约 6 个月内就分解。纤维素的含量较少，钙的含量虽多，但多以草酸钙的形式存在，不易被肠胃吸收。且生食涩味重，加热后草酸钙被分解而不再有刺激性。也可作工业原料，制成淀粉和酒精。芋头含有丰富的纤维素，对便秘有一定疗效。日本平安时代医书《医心方》指出，芋头能缓和肠胃，充实脾胃，使内脏润滑。耐贮、耐运，容易栽培，叶柄和叶片可作饲料，经济效益高。

（一）生物学性状

芋属天南星科，多年生湿生植物，温带常作一年生蔬菜栽培。球茎供食并用之繁殖。根白色，肉质，弦线状，着生于球茎下部节上。根系发达，但根毛少，吸收力弱，不耐旱。球茎有圆、椭圆、卵圆或圆筒等形，上具显著的叶痕环，节上有棕色鳞片毛为叶鞘残迹。节上有腋芽，可发育成新球茎或匍匐茎，再于先端膨大成球茎。球茎中含草酸钙，生食涩味重。叶互生，叶片大，多呈盾形。叶面密集乳突，保蓄空气，形成气垫，使水滴形成圆珠，不沾湿叶面。叶柄长，中空，直立或披展，下部膨大成鞘，抱茎，中部有槽，风大时易受损。花为佛焰花序，花黄色，温带罕见开花。果为浆果，多不结籽（图30）。

图 30　芋的形态

　　芋喜高温多湿，13～15℃时开始发芽，生长最低温度为20℃，球茎在27～30℃时膨大快。为短日照植物，对光照强度要求不严，在阴湿环境中生长较好。不耐强烈日照，尤其强光又较干旱时容易使叶片枯焦。适宜肥沃疏松的土壤，喜钾，土壤pH值4.1～9.1范围内均可生长。

　　供繁殖用的球茎称种芋。种芋播种后顶芽基部首先生根，向上长出新叶，形成新生植株。之后，顶芽基部逐渐膨大成球茎，为母芋。母芋每伸长1节，地面上就长出1个叶片，进行光合作用，供给植株营养。幼小叶片若遭受损害，就影响球茎生长，使球茎形态不正。当植株生长健旺时，母芋中下部的腋芽可以膨大形成小球茎，谓之子芋，子芋与母芋一样可以长叶、生根，腋芽膨大又形成小球茎，称为孙芋。每个芋头常有10～20节，中部以下各节的侧芽，多发育成子芋，但最下部的1～2节的侧芽，常处于休眠状态，中部和稍下各节，所生的子芋非常肥大。种芋随新芋的长大逐渐干缩，四川农民称为"后把"。如此继续生长，产量逐渐增加，因此延长生长期，适当扩大叶面积是提高产量的有效措施。

（二）类型和品种

芋的变种和类型很多，大致可分为叶用芋和茎用芋两个变种。前者以涩味较淡的叶柄作产品供食，球茎不发达或商品价值低，不能食用，如广东红柄水芋、四川武隆叶菜芋等。茎用芋，以肥大的球茎为产品。其中按母芋、子芋发达程度及子芋着生习性又可分成 3 个类型。

1. 魁芋类 母芋大，重达 1.5～2 千克，占球茎总重的 1/2 以上，品质比子芋好，粉质，香味浓。如四川宜宾串根芋、长魁芋，福建槟榔芋，广西荔浦芋等。

2. 多子芋类 子芋多，无柄，易分离，产量和品质比母芋好，一般为黏质。其中按其对生态条件的要求又有水芋、旱芋和水旱芋之分。如宜昌白荷芋（水芋）、上海白梗芋（旱芋）、长沙白荷芋（水旱芋）等。

3. 多头芋类 球茎丛生，母芋、子芋、孙芋无明显差别，相互密接重叠成整块，质地介于粉质与黏质间。一般为旱芋，如广东九面芋、江西新余狗头芋、广西狗不芋、四川莲花芋等。

（三）栽培技术

1. 土地选择及整理 一般在水田、低洼地或水沟旁栽培，旱芋宜于潮湿地种植。地要肥沃、疏松、土层深厚，最好用高畦。忌连作，至少 3 年轮种一次。深耕 40～50 厘米，每 667 平方米施农家肥 4 000 千克，配合磷、钾复合肥 20 千克，可促进生长，提高球茎的品质及风味。

因芋播种后需 20～30 天才能出土，同时苗期生长较慢，为充分利用土地，可与生长期短的叶菜，如小白菜、葱苗以及早番茄、早黄瓜、早菜豆等套作，或与小麦、黄瓜、茄子、瓠瓜等间作，夏季阳光强烈的地区可用架瓜与芋间作。

2. 栽植 从无病田中的健壮植株上，母芋中部的子芋中择顶芽充实，球茎粗壮、饱满、形状完整的球茎作种芋。有白头（顶端无鳞片毛）、露青（顶芽已长出叶片）和着生长柄（大多为母芋基部的子芋）及组织不充实的，质量差，不宜作种。种芋一般以重 50 克左右，每公顷用种量 800～3 000 千克较为适宜。种芋取出后晒 2～3 天再行催芽。催芽最好用温床或冷床，温度保持 20～25℃，经 20～30 天，旱芋当芽长 3～4 厘米，水芋苗高 25 厘米左右，终霜期过后定植。气候温暖、生长期长的地方也可不经催芽直接播种。播种期，长江流域在 4 月上旬，华南在 2～3 月份，华北在 4 月下旬。

多用宽窄行，行距 60～80 厘米，株距 25～30 厘米。栽前开沟，深 20～25 厘米，栽后覆土，厚 2～3 厘米，盖土要少，以埋住种芋，微露其芽为准。然后再盖些垃圾、堆肥等，沟内再用乱草盖满，保温，保湿。

3. 田间管理　芋生长期长，植株高大，除多施基肥外，出苗后，苗高 20～30 厘米和封行前各需追肥 1 次，结合追肥进行中耕除草和培土。芋对水分要求严格，苗期土壤保持不干不湿，结芋期正值秋旱季节，要勤灌，保持湿润。水芋移栽成活后先放水晒田，提高地温，促进生长，以后水深保持 4～7 厘米。7～8 月份须降低地温，水深保持 13～16 厘米，天气较凉后再放浅水。子芋和孙芋形成时培土 2～3 次，厚约 20 厘米，抑制侧芽生长，并促进球茎膨大。

病害是芋疫和芋腐病。芋腐病是细菌性病害，多发生在高温多雨季节。必须进行综合防治。①实行轮作，最好水旱轮作，高畦种植，防止积水。②选择无病子芋做种，栽植前晒种并行种芋消毒。③多施腐熟有机肥，增施磷钾肥，避免偏氮肥。④做好防热遮荫工作。⑤进行预防为主，可用托布津 1 000 倍、百菌清 600 倍、可杀得 600 倍或 30%氧氯化铜 600～800 倍或菜丰宁粉剂 500 倍液，交替喷施，每 7～10 天 1 次。疫病可用 58%瑞霉锰锌可湿性粉剂 600～800 倍，72%普力克水剂 500～700 倍或 64％杀毒矾 M8 可湿性粉剂 500～600 倍液，交替使用防治。

主要虫害有芋皇和夜蛾等，可用 50％敌敌畏乳油 1 000～1 500倍或 10％兴棉宝乳油等菊酯类农药 1 000～1 500 倍液防治。

（四）采收与留种

芋叶变黄衰老后，表示球茎成熟，这时淀粉含量高，风味好，是采收的适宜时期。但为延长供应期，采收可适当提前或错后。留种及供贮藏的，须待充分成熟时，早霜后采收，稍经晾晒后窖藏。

二、草石蚕

草石蚕又名地蚕、地溜、甘露儿、玉环菜、螺丝菜、宝塔菜、罗汉菜、银条，重庆地区俗称地牯牛。原产东亚，我国自古栽培，各地均有，均系零星种植，分布较广，其中江苏扬州、河南偃师、湖北荆门栽培较多，重庆黔江区、武陵山区也有生产基地，但总体而言栽培面积不大，产量不多，为稀特蔬菜。1982年布勒士奈特由北京引入德国。1780 年引入美国，现各国都栽培，因产量低，球茎小，采收困难，栽培面积小。江苏如皋，扬州，河南洛阳，偃师，湖北荆门，青海西宁，陕西西安及大荔县，重庆、河北、内蒙古、宁夏、贵州务川，均有大面积生产。草石蚕块茎中含有 RNA，分子学研究对 RNA 的提取要求较高纯度，完整性好。草石蚕块茎中含有丰富的多糖和蛋白质等影响 RNA 的提取。谢兵等人采用 RNAiso Reagenl 法，王艳红法和 TR1201R Reagenl 一步提取法 3 种方法提取块茎中的总 RNA，结果认为 RNAiso Reagenl 法是提取的最佳方法。草石蚕食用部分是地下块茎，质脆味甜，无纤维，含丰富的蛋白质及多种维生素，是腌制酱菜的上等佳品，具有鲜、嫩、脆、甜四大特点，不但是佐餐佳品，也是筵席上的爽口菜。出口日本、韩国及东南亚等国，受到广泛欢迎。

草石蚕有较高的保健和医疗作用。据测定，草石蚕鲜品每百克含水分60.8克，蛋白质4.1克，脂肪0.3克，碳水化合物23克，还含有多种矿物质、维生素、水苏碱、胆碱、水苏糖等物质，性味甘平、入肺、脾经，有润肺益肾，滋阴补血等功能，可治气喘、肺虚咳嗽、肾虚腰痛、淋巴结核、肺结核等病症。地上部茎叶还有治疗风湿性关节炎、肝炎、毒蛇咬伤和散瘀止痛等功效。被重庆市定为"消费者信得过商品"、"特色土特产与旅游指定农产品"重点开发。

（一）生物学性状

草石蚕属唇形科水苏属中能形成地下块茎的栽培种，一年生或多年生草本宿根球茎植物（图31）。浅根性，地上茎葡匐状半直立。植株矮小，30～60厘米，善分枝。苗期如遭强光照射易枯萎。接触地面处，节节生根，萌蘖力强。茎端有螺丝形的块茎。茎四棱，近方型，表皮粗糙，被有细毛。叶对生，长卵圆形，叶柄短或无柄，先端尖，叶缘钝锯齿，带紫红色，茎叶上密生茸毛。

图31 草石蚕的植株

花序着生于主茎及上部侧枝顶端，花向四周轮状排列。每轮

3～6朵，共12～13轮。花期5～6月，花序淡紫色，远望略似宝塔。花无柄或具短柄，花萼紫褐色，密生绒毛，上萼筒呈钟状或漏斗状，有柔毛，宿存。花冠白或淡紫色，直径1.8～2.0厘米。上唇二片合生，下唇三片，雄蕊四枚，二强。雌蕊花柱光滑，先端二裂，二心皮。子房四室，四室中各倒生一枚胚株。子房下有泌腺，虫媒。果期6～7月。小坚果，含种子一粒，无胚乳，黑色，卵圆形或长卵圆形。

秋季地下茎先端膨大形成连珠状球茎，长约3～6厘米，3～7节，粗如姆指，似蚕蛹，节间膨大，节上芽对生、色白、质脆，除直接煮熟、炒熟食用外，主要供作加工腌制酱菜，也可作成蜜饯。球茎小，500克约有250个。一般667平方米可收350～1 000千克以上。

草石蚕为短日照植物。喜湿润，不耐高温干旱，地上茎遇霜枯死。地下块茎耐寒力强，可以露地越冬。地下块茎在春分前后，当地温达8℃时开始萌发，初生白色嫩茎，清明地温达15℃时出土，叶片展开，见光后成绿色。立夏至夏至温度上升到20～24℃时生长渐旺，6月中旬至秋分温度达28℃时自茎顶端叶腋先后开花。处暑后地上部生长缓慢时地下茎先端数节开始膨大，霜降后块茎成熟。因块茎先端较大，似蚕，故名草石蚕、螺丝菜；加之，色白质脆，味甘甜，又有甘露儿之名。

（二）草石蚕扦插繁殖

草石蚕传统的选苗移栽种植，不但耗用块茎，而且出苗不整齐，不利于壮苗，更不利于提高产量。西南大学农学与生物科技学院李关荣等采用盆栽方法，取西南大学校园土壤，用体积约3升的盆钵栽培，每钵2株。每两天浇水1次，每周施爱佳尔1号可溶性复合肥1次。扦插处理，分春（5月20日）、秋（10月15日）两季，分别取成年草石蚕植株上的幼嫩枝条，带2～3片小叶用适宜浓度生根粉液处理1小时，春秋两季各扦插35钵

（小盆钵），每钵 2～3 枝。扦插后用遮阳网遮阴（每日 12：00 至 17：00），考察其生根情况，然后扦插在小盆钵中，观察生根及幼苗生状况，计算成活率及繁殖系数。结果扦插 20 天后，春季扦插苗长出白色的根，生根率达到 95％（图 32、图 33）而秋季扦插苗长根率只有 10％左右。

图 32　用于扦插的草石蚕幼枝　　图 33　扦插苗的生根状况

12 月后，当扦插成活苗地上部茎叶萎缩后，收获小块茎。部分留在盆钵土壤中越冬。发现能正常越冬，次年 3 月左右萌发，整齐度较高。草石蚕的扦插繁殖时间以春季（5 月 20 日左右）为宜。

（三）品种

1. 地蚕　植株较矮，高 50～60 厘米。叶片小，卵圆形。块茎由 2～7 节组成，长 2～4 厘米，有时有分枝。节间较短，整个块茎形如蚕蛹。块茎组织致密多汁，半透明，玉白色，加工品质好（图 34）。

2. 地藕　植株较高，生长旺盛。叶片卵状宽披针形。地下匍匐茎长 5～22 厘米，大多在 10 厘米以上。块茎节间较长，节与节间粗细相仿，由 5～10 节组成。组织松，容易空心，有异味。产量较高，加工品质差。

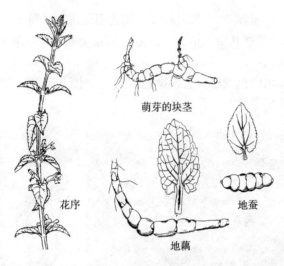

萌芽的块茎

花序

地藕

地蚕

图 34　草石蚕的形态

（四）栽培技术

草石蚕对气候适应性强。南北各地均可种植，尤以秋季稍清凉处更为相宜。栽植草石蚕以土壤肥沃，有机质丰富，pH 值 5～7 的疏松砂质壤土为宜。栽植前施入充足的农家肥耕翻后耙平。因植株矮小，从种到收，生育期长达 270 天，宜连作 2～3 年换茬，最好间作，3 行草石蚕，间种玉米或丝瓜 1 行。又喜阴湿，除可在房前屋后零星地种植外，大量的是常与蔓生作物或高杆作物如丝瓜，玉米等间作套种。又因其发芽出苗较晚，苗期生长又慢，所以也可和小麦、洋葱、黄瓜、豇豆等早熟作物套种。江苏如皋采用大麦、春玉米、草石蚕三熟制栽培，效果良好。方法是秋播时作成宽 0.5 米畦，畦侧开排水沟。畦中间按行距 18 厘米种 4 行大麦，次年 3 月中下旬，在大麦两侧各播 2 行玉米。为使玉米早熟，采用育苗移栽，或播种后用塑料膜覆盖。初春再将草石蚕点种到排水沟旁及麦行间，每畦 7 行。

草石蚕喜肥怕涝，要施足基肥。3 月中下旬整地，按畦宽

2.6米，沟宽40～50厘米，开好排水沟，防止田间积水。

选土质疏松，保水力强的壤土或沙壤土，耕后作成平畦。选择大小适中，健壮整齐，芽全，无损伤的种球（块茎）做种。3月上旬或10月下旬，按行距40厘米，株距33厘米，挖深6厘米，每穴放一个球茎，芽眼向上，覆土厚5厘米，667平方米约需种球15～30千克。种子不足时，也可将块茎分切成小芽块播种，或用移栽甚至压条的方法。

生长期间勤中耕，除草，一般不浇水。5月上旬，茎叶盖满地表，停止中耕。一般追肥2～3次，原则是前期要促，中期要稳，后期防衰。秋后追施10千克左右复合肥促块茎膨大。通常重庆草石蚕追肥分2次，第1次于苗移栽后20天，第2次在9月地下茎开始膨大时进行。第1次追肥施入畜肥500～1 000千克或复合肥30～40千克，添加硫酸钾5～10千克，离根部6.6厘米处窝施浅培土。第2次追肥时间在地上部基本封行，植株匍匐茎向四面蔓延时，一般在7月左右，其施肥类型同第1次，添加硫酸钾8～10千克。立秋后球茎开始迅速肥大，尤以9～10月间肥大最快，10月底肥大结束。一般可于开花前追施一次粪水。夏季生长旺盛，6月地上茎高30厘米可摘心1～2次，既防倒伏，又促进地下茎的发育。霜降后茎叶枯黄时开始，至次年初春陆续采收。一般667平方米产700千克左右，高产者1 500千克。块茎长者7.5～8厘米，粗1.3厘米，大的由8节组成，小的由3节组成。

生长期间，及时锄除多余的苗子。如果缺苗，可用压条方法补栽：将植株压倒，用泥土埋入1～2节，仅将植株顶端露出即可。

忌连作，播种当年产量最高，次年后常因残留的球茎长成大量植株，枝叶密闭，根茎入土深浅不一使产量锐减。因此，如需连作时，应于整地时尽量挖净球茎，另行播种，使株行距及种球入土深浅一致。

草石蚕腐烂病发生普遍而严重，一般田块发病率达 30％～70％，重病地腐烂绝收。李红玖等人采用菌丝生长速率法，在室内测定了几种杀菌剂对腐烂病病原菌的毒力。结果表明：50％霉菌净可湿性粉剂对病菌菌丝生长的抑菌效果最好，其抑制中浓度为 1.68 微克/毫升，其余依次为 40％多菌灵可湿性粉剂，99％恶霜灵可湿性粉剂，3％广枯灵水剂，70％代森锰锌可湿性粉剂，50％福美双可湿性粉剂，42％克菌净可湿性粉剂和 80％代森锌可湿性粉剂，分别为 4.00 微克/毫升，70.79 微克/毫升，141.25 微克/毫升，179.76 微克/毫升，182.77 微克/毫升和218.52 微克/毫升；80％代森锌抑制活性最差，为 648.36 微克/毫升。

球茎耐寒，不经采收，在土中可以安全越冬。

草石蚕的留种，通常待地上茎叶萎缩后采挖块茎，或次年春季萌芽前采收块茎。留种选取较大的块茎，于室外选择排水良好处，用湿砂土与块茎分层堆积越冬，也可把草石蚕块茎留于地里越冬，于次年萌芽新株。

（五）加工腌制

采收后洗净泥土，剔除杂质，每 100 千克用波美 19 度盐水，食盐 4 千克，分层盐渍，每隔 10～12 小时翻一次，共 4 次。二天后捞出，即成咸坯。换用波美 22 度的盐水浸泡贮存备用。贮存时要压紧，缸上用盐封严。一般咸坯出率为 80％。

酱制时，每 100 千克咸坯，加水 105～110 升，浸泡 2～3 小时，漂洗拔盐。然后装入布袋中，放入 1∶1 重量的二酱内，经 4～5 天，拔去咸涩味，再换用新鲜甜酱复酱。每日翻转酱袋一次，一般夏天一周，冬天 18 天，春秋半月即可。

有的地方腌制时不经盐腌，而是每 100 千克直接用甜面酱100 千克酱制，每天翻动 4～5 次，约经半月即成。或者，每 100 千克用盐 7 千克，分层装入缸中压实腌制。腌时，头两天，每天翻缸一次，第 3 天后不再翻。7 天后捞出，沥干。再用食盐 7 千克，糖精 30 克，味精 100 克，放入 18 千克甜酱油和 18 千克豆饼酱油中，溶化后投入草石蚕咸坯，腌 3 天即可。

酱腌成熟的草石蚕，酱香气浓，具有酱菜所特有的风味，氨基酸含量在 0.18% 以上，糖分在 10% 左右，盐分在 12% 以下，具甜、脆、嫩 3 大特点。

三、菊芋

菊芋又叫洋姜、鬼子芋头、鬼子姜。我国各地均有，惟系零星种植，极似野生。茎叶、块茎可作饲料，块茎为制造酒精和醋的好原料。意大利栽培最多，主供蔬食，为常食之球茎菜类。生命力强，只是有泥土、有水分、有阳光的地方，都能生长。在年积温 2 000℃以上，年降雨 150 毫米以上，−40℃至−50℃高寒地带，甚至沙漠地区，只要根部块茎不裸露均能生长。菊芋一旦进入正常生长就具有空前的再生能力，一次种植可以永续繁衍。每一块茎都能分蘖发芽，年增殖速度可达 20 倍（图 35）。

图 35 菊芋块茎

无病虫害，菊芋在生长期内，一般不会发生病害与虫害，一旦形成连片，人畜都很难破坏。生长期短，菊芋一般 3 月前后播种，11 月前后采收，生长周期半年多点。而且正常情况下，生产过程中无需施用化肥和农药，生产投入和劳力成本低。667 平方米菊芋年产茎叶 5 000～10 000 千克，块茎 3 000～5 000 千克。

菊芋本身含有氨基酸、糖分等元素，对人体保健很有益处。加之肉质清脆、没有异味，生熟均可食用。同时，菊芋块茎耐贮存，加工简单、价格低廉，是广大老百姓较喜爱的绿色食品。

据中国扶贫基金会提供的信息，欧洲、美国等地，为了解决因长期食用蔗糖加工的食品而致人肥胖，近年来已限制生产和进口蔗糖，转而大量使用菊芋糖作为食品加工的配料，因而菊芋原料供不应求。荷兰每吨菊芋低聚果糖售价6万元，而在我国的生产成本仅1万元左右。

中国农村促进会在北京作市场调查时发现，我国已对菊芋产业的开发引起高度重视，生产、加工与销售都出现了前所未有的良好势头，市场菊芋的价格一直呈上升趋势。

表3　北京市场菊芋系列产品销售价格一览表

品名	规格	单位	单价（元）	件价（元）
菊芋酱香油辣椒	1×220g×24	瓶	3.60	86.40
菊芋生肉菜豉	1×330g×24	瓶	6.60	79.20
菊芋生肉菜豉	1×60g×100	袋	0.62	62.00
菊芋果酱	1×220g×24	瓶	3.12	74.88
菊芋果酱	1×60g×100	袋	0.72	72.00
酸甜菊芋	1×200g×24	瓶	2.40	57.60
酸甜菊芋	1×60g×100	袋	0.48	48.00
菊芋蜜饯	1×40g×80	袋	0.60	48.00
菊芋干	1×40a×80	袋	0.60	48.00
糟辣菊芋	1×60g×100	袋	0.54	54.00
风味菊芋	1×60g×100	袋	0.66	66.00
菊芋香辣酱	1×220g×24	瓶	3.36	80.64

（一）生物学性状

菊芋属菊科多年生宿根植物。茎粗硬，高2~3米，有茸毛，先端分枝多。叶尖卵圆形，下部对生，上部互生。秋季各分枝顶端着生头状花穗，花黄色，似菊花，可结种子。块茎系由地下茎之先端肥大而成，圆形或长椭圆形，块茎着芽处常向外凸起。皮色有黄、白、红3种。质致密，脆嫩，纤维少，味淡，生熟食均宜，最适腌渍。

菊芋喜温暖而稍清凉、干燥的气候。甚耐寒，在－30～－25℃处，块茎能完全越冬。也很耐旱，地上部喜光，但块茎需在黑暗中才能形成。

（二）品种选育

选用高产、抗逆性强，适应性广，菊糖含量高，适宜加工的品种，如青芋1号、2号等。青芋1号，块茎呈不规则瘤形或棒状，地下块茎着生较集中，表皮紫红色，肉白色，平均单株产量961克。青芋2号，块茎呈不规则瘤形或块茎状，地下块茎生长较集中，表皮浅红色，肉白色，平均单株产量1.243千克。另外较好的品种还有石河子的"红光一窝猴"、江西红皮菊芋、江西白皮菊芋等。

（三）栽培技术

对土壤选择不严，其中以沙壤土最好。地耕翻后按行距0.60～1米，株距30～50厘米开穴点播，每穴1株。种球用整芋覆土厚7厘米。生长期间结合中耕，除草，向根际培土。花蕾出现时打顶，以节省养分。目前多利用不适于其他蔬菜生长的瘠薄荒地或房前屋后零星地种植。选择30～50克左右无病无伤的整块茎播种，也可切块播种。切块时随时用盐水，或75%酒精，或5%高锰酸钾溶液对切刀消毒，每个切块必须保留1～2个芽眼。切块后及时用草木灰拌种。

菊芋可以秋播也可春播。秋播一般在10月下旬至11月上旬，春播在3月下旬至4月上旬。秋播比春播结薯期提早15天左右，薯块大，产量可提高12%左右。10月底，茎叶枯死后掘收，每667平方米产 2 000～2 500 千克，高的可超过 5 000 千克。收获后土中残留的块茎，翌年可以萌发新株，不必另行种植。

菊芋一般是随收随上市。如需保藏，可装入筐中，放在干燥通风、避光处或埋于沙土中。

菊芋主供腌、酱，炒、炖亦可。广东妇女用之与猪蹄炖煮，加糖醋食用，可增进体力并有催乳作用。

（四）加工

采用鲜品直接加工成菊芋系列食品，除酱洋姜、泡洋姜、洋姜脯外，还可制作成菊芋干、菊芋果酱、菊芋蜜饯，菊芋粉、菊芋汁、菊糖、果糖、低聚果糖等品种。其茎叶属高档蔬菜，可用于制罐头。菊芋膨化脆片，具有其他膨化产品不可比拟的特点：诸如能保持菊芋的天然色泽、营养和风味；口感酥脆、没有油腻，富含高纤维素、多种维生素和微量元素、低脂肪、低热量；没有化学添加剂和传统油炸食品可能形成的致癌隐患。

菊粉（Inulin）也称菊糖，是一种由呋喃构型的 D-果糖经 β （2→1）糖苷键脱水聚合而成果聚糖的混合物，其终端以 α （1→2）糖苷键连接一分子葡萄糖，聚合度一般在 2～60。菊粉可作为天然多功能食品配料，食用后不被人体消化，而是通过消化道直接到结肠，并在结肠内发酵和作为有益菌的食物，激活与增殖人体内的益生菌群，促进人体微生态系统平衡，提高人体免疫力。鲜菊芋的菊粉含量高达 13％～20％。

四、雪莲果

雪莲果国外称之亚贡（YACDN），意为"神果"。像红薯，但它与红薯既不同科又不同属，它上部像向日葵、菊芋（洋姜）一样，可长 1～2 米高。雪莲果又称地参果、菊薯、雪莲薯，属菊科向日葵属（图36、图37）。原产南美洲安第斯地区，属热带高山经济作物,是印第安人的传统食品,已有 500 年历史。块根即食用部分,极耐贮藏,每株 2～8 千克,最高单株 10 千克以上,常温下可存放到 5 月份鲜嫩如初。关于菊薯的拉丁学名,目前有五六种之多,最常见的是 *Smallanthus sonchifoliuus* 并无定名人。国际马铃薯中心提供的资料是 *Smallanthns sonchifolius* (Po-epp & Enal) H·Rohinson。不少资料认为,菊薯是菊科向日葵属的多年生草本植物。但经过核查,向日葵属的拉丁名应是 *Helianthus* L.,而 *Smallanthus sohchifolius* 及其中文种名,目前还未在相关工具书中查到,需进一步考证。

图 36　雪莲果的植株

图 37　雪莲果的块根

　　1985 年日本琦玉县引种成功,近年引入我国。2006 年,福建龙岩市永定县虎岗乡汉洋村从中国台湾引入,667 平方米产量达 2 550 千克。目前已在云南、福建、海南、贵州、湖南、台湾、陕西等省试种。生产示范面积逾 67 万公顷,产品多用于出口,部分进入超市。例如云南省昆明市农技中心于 2003 年引入,并在昆明 11 个水源保护县(市)种植,到 2006 年已种植近 667 公顷,总产量达 2 万吨,产值达 5 400 万元。

雪莲果是一种既可作水果，蔬菜食用，又具有药用价值。肉质晶莹剔透，酥脆多汁，甘甜爽口，含有丰富的带有甜味的果寡糖（低聚糖），是所有植物含量最高的，属于果寡低热量保健食品，特别适宜糖尿病人和肥胖病人食用。雪莲果还可以榨取果汁，配制多种饮料，果肉可作多种糕点馅料，并可制作干片果脯、茶叶。茎秆可制作优质饲料。日本人正在考虑开发雪莲果，提取低聚果糖的原料，研究一系列加工产品，如腌制品、风干片、果糖，在烹饪过程中可以保持脆性，因此有潜力成为爆炒菜肴中的一员。

（一）生物学性状

雪莲果系块根作物，地上部分由茎、叶、花组成。茎秆粗1.5～2厘米，直立，圆形，中空，紫红色，高2～3米，有稀绒毛。叶宽大，呈戟形，表面粗皱，稍厚，叶缘平滑，被稀绒毛。叶长25～30厘米，其中叶柄长10厘米左右，宽15～20厘米。花顶生，黄色，鲜艳，呈圆盘，酷似小向日葵。花径2.5～3厘米，从茎顶端1～3个叶腋中抽出，簇生，每族3～6朵，不结籽。根为须根系，分布于耕层5～30厘米。块根即食用部分，位于地下。在茎和块根的连接部，有许多芽眼。块根皮灰白色，肉淡黄色，形如甘薯，但比甘薯脆甜，肉质晶莹如玉，脆甜多汁，口感无渣，可溶性固形物含量7%～10%。每株块根6～15个，单个质量0.2～1.0千克。分枝力很强，每株达12.9枝，最多36枝，枝条平均高度108.34厘米，肥力水平高的可达220厘米。

雪莲果性喜温暖潮湿的环境，全生育期250天左右，具有耐强光，喜中低温，忌水怕旱等特性，一般春季或夏初栽植，秋季当茎顶开出的花凋谢后即表示块茎已经成熟，可以采挖了。适宜在低纬度，海拔800～2 300米，平均温度18℃以下，相对湿度80%～85%的湿凉地区种植。最适生长温度18～25℃，5℃以下停止生长，超过35℃生长缓慢。种块茎播种后2个月萌发，在

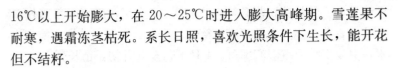

16℃以上开始膨大，在 20～25℃时进入膨大高峰期。雪莲果不耐寒，遇霜冻茎枯死。系长日照，喜欢光照条件下生长，能开花但不结籽。

（二）种植技术要点

1. 整地施肥 浙江省台州市等单位王仁华等人试验，雪莲果适应性较广，平原、高山都能种植，海拔 440～1 000 米范围内均可露地种植，但品质和口感以 700 米以上的高山种植为好。为保证良好的商品性，应选择海拔 700～1 000 米，气候凉爽，昼夜温差大，无任何污染的高山区种植。海拔 50 米处种植，前期苗长势较好，但高温期地上部枯死，地下部不结薯。雪莲果要求土壤肥沃疏松，土层深厚的沙壤土，保水保肥性能好，不会积水的台地、梯田、缓坡地。平原可以采取大棚春提早种植，7、8月份可以上市销售，此时露地栽培还未上市，可起到补淡作用，售价高。

不耐连作，应选前作未种过雪莲果，排灌方便、土质肥沃、疏松，有机质含量 1.5％以上的中性或微酸性砂壤土。土地平坦、灌溉方便，秋冬季深耕，早春结合浅耕施农家肥，种植前按1 米距离开沟。

2. 选好种块茎，切块催芽 选表面光洁、无斑点和霉变的种块茎，用高锰酸钾按 0.03％的比例浸泡，然后用 1 层细沙铺底，排上种块茎，再盖上 1 层沙，如此反复若干层，后盖薄膜保温保湿。萌芽后即可切块播种。切块时每块 40～60 克，保证每块种茎上有 1 个以上的芽。切割后用石灰水或多菌灵沾满伤口，用快速生根剂（惠农）2.5 克/升，处理 5 分钟。一般每株雪莲果的种块茎可繁殖 30 株左右。

3. 适时早栽 适时早栽是雪莲果增产的关键，最佳种植时期是 3 月中旬至 4 月中旬，在适宜条件下，种植越早，生长期越长，结果多，果实膨大时间长，产量高，品质好。3 月上旬待根芽萌发后，将根芽切割开，每块有 1～2 个芽，用草木灰裹伤口后装袋育苗，浇透水后覆膜，待长根出苗后揭膜。苗期不能多浇水，只要保持土壤湿润即可。4 月下旬至 5 月初，苗长到 12～14厘米高即可移栽。雪莲果应在保证成活的基础上争取浅种，种植深度一般以 5～6 厘米为宜。种植时要封土严密，深浅一致，使植株露出地面，浇水时不沾泥浆。

2008 年浙江省台州市农业局等 667 平方米种植 1 300 株，1 700株，2 100 株，2 500 株 4 个处理，产量以 2 500 株的最高，达 3 665 千克，然后依次是 2 100 株处理 3 449 千克，1 700 株3 119千克、1 300 株 2 619 千克。株产量密度从稀到密 4 个处理依次为 2.0 千克，1.79 千克、1.63 千克和 1.5 千克，大块果与小块果比例没有明显差异。由此可见，在土层较浅，肥力水平较低的山地种植，需适当密植才能获得高产。栽培中，肥力水平低的地块，667 平方米种植 2 000～2 500 株，肥力高的地块 667 平方米种植 1 500～2 000 株。但一般地种植密度为 800～1 000 株。采取单行种植，行距 140 厘米，株距 50 厘米。施基肥时在畦中央1 条深 20 厘米左右的小沟，在沟内均匀撒 1 层生石灰，后集中施肥。基肥每穴有机肥 1 千克，草木质 0.5 千克。基肥上施 1 层薄土后移植雪莲苗，并浇透定根水。

4. 田间管理　定植缓苗阶段是从栽培到生长稳定，历时 10天左右。雪莲果定植后要及时查苗补苗，保证全苗。种植后，浇一次缓苗水，以后每隔 10～15 天中耕一次，提温，消除杂草，促进植株迅速生长，田间湿度保持在 60%～80%，土温15～25℃。

栽培后 30～40 天，随着温度升高，植株生长加快，所需肥水量较大，应及时加强水肥管理。如遇天旱，可随水追施复混肥10 千克左右，浇后要及早中耕松土保墒，结合中耕进行培土扶垄，防止垄脊塌陷，造成伤苗死苗。

7 月下旬至 8 月下旬，此期茎叶旺长，果块形成，叶面积达到最大，要做到促中有控，控中有促。此期正值高温季节，为防止徒长，可用 50 毫克/升的多效唑均匀喷打，如遇伏旱需浇水。为促进果实膨大，667 平方米用 5 千克钾肥追施。9 月初，果实生长后期，茎叶由缓慢生长直至停滞，养分输送根部，生长中心由地上转到地下，管理上仍需保护茎叶，维持正常生理功能，促进果实迅速膨大，保证土壤含水量在 60%～70%。若遇秋涝，要及时排水，以防硬心与腐烂。在处暑，为防止早衰，可进行叶面喷肥。

雪莲果分枝能力强，如不整枝，肥水条件好，单株分枝数可达 30 多枝，养分消耗很大。为探索雪莲果最适宜的留枝数，浙江台州市农业局等单位。2007 年曾设立了雪莲果不同留枝数试验，密度统一为 80 厘米×50 厘米，于 7 月份植株进入旺长期，枝条疯长分枝过多，结合中耕培土进行修枝打顶，设留 1 枝、2 枝、3 枝 3 个处理，多余枝条全部打掉，整个生育期修枝 2～3 次。后期开花后摘花打顶，控制地上部分旺长，促进养分向地下块根转移。收获时，每个处理随机考查 30 株，记录各项经济性状和产量，进行方差分析。结果以留 3 枝最好，产量最高，单株块根总重达 3.41 千克，极显著高于 2 枝的 2.67 千克和 1 枝的 2.24 千克，并且平均株块根数、大块根数等经济指数明显优于 2 枝和 1 枝。因此，栽培中雪莲果应及时进行整枝，掌握每株留 3 枝为好。

表 4　雪莲果不同留枝数试验结果考查
（浙江省台州市农业局等）

留枝数	枝条数（枝）	最高枝高（厘米）	平均枝高（厘米）	块根数（块）	大块根数（块）	块根总重（千克）	大块根重（千克）	商品率（%）	种子（千克）	块根总重 0.05	多重比较结果 0.01
1 枝	1.00	103.13	103.13	6.80	4.20	2.24	1.96	87.63	0.73	c	C
2 枝	2.00	100.37	97.10	8.50	4.77	2.67	2.04	88.09	0.81	b	B
3 枝	3.00	102.83	95.20	10.00	6.20	3.41	3.01	88.17	1.16	a	A

雪莲果因果皮较薄，收获时见风极易裂果，为解决裂果问

题，2008 年安排了雪莲果施硼与不施硼对比试验。种植时 667 平方米基施 200 克持力硼，收获时随机考查 3 株，总块数施硼区 26 块，6 块裂；未施硼区 21 块，5 块裂，可见施硼与否对雪莲果裂果影响不大。但施硼区产量明显高于未施硼区，在种植 1 700～2 500 株密度的范围内，施硼区产量分别为 3 119.0 千克、3 517.8 千克、3 449.0 千克和 3 665 千克，平均 3 437.7 千克；比未施硼区量 2 524.1 千克、2 692.0 千克、2 972.5 千克和 3 542.4 千克，平均 2 932.8 千克，平均增产 504.9 千克，增加 17.22％，经方差分析，产量差异达显著水平。

表 5　雪莲果施硼肥与不施硼对比试验结果

（浙江省台州市农业局等）

处理 密度（株/亩）	1 1744	2 2014	3 2154	4 2500	平均产量 （千克/亩）	F 检验	
						F 值	显著性
施硼（kg/亩）	3 119.0	3 517.8	3 449.0	3 665.0	3 437.7	11.848	
不施硼（kg/亩）	2 524.1	2 692.0	2 972.5	3 542.4	2 932.8		
施硼比不施硼＋－千克	594.9	825.8	476.5	122.6	504.9		
＋－％	23.57	30.68	16.03	3.46	17.22		

亩为非法定计量单位，1 亩＝667 平方米。

雪莲果抗病虫能力较强，不易发生病虫害。如发生地老虎、蛴螬、蝼蛄等害虫的地块，可用 50％辛硫磷乳油 2 000 倍液浇灌在幼苗根际周围。地上部蚜虫、食叶青虫等危害，可用 25％对硫磷乳油 1 000 倍液，2.5％敌杀死乳油 3 000 倍液等防治。有时有茎腐病，可用 50％多菌灵可湿性粉剂 1 000 倍液喷洒。此外，注意野猪为害。

在适宜的管理条件下，雪莲果套袋一般要求在 5 月 15 日至 5 月底进行。套袋过早，幼果果皮较嫩，容易受刺激；如果套袋过晚，取袋后果子不易着色。通过套袋，可使果实果面光洁、着色容易、色彩艳丽且烂果率降低。

（三）适时采收贮藏

雪莲果的果实是块根，属无性营养体，没有明显的成熟标准和收获期，但收获早晚对雪莲果的产量、留种、贮藏、加工利用、轮作都有密切的关系。块根有后熟过程，待果肉转成橙黄色，糖分含量才高。由于雪莲果汁多、脆嫩，过早开挖块根易炸裂，影响商品性。雪莲果的种球一般在气温下降到 15℃ 时开始收刨，气温在 10℃ 以上或地温在 12℃ 以上，在寒露和霜降间收刨完毕（图 38）。

图 38　雪莲果及种球

收获时先把茎杆砍割，留下 20～30 厘米的基桩。挖时在植株四周挖，尽量不要伤及块根。挖开后连同基桩抬起，再剥离块根，将其摘下保持完整的商品性。

挖出的雪莲果须及时挑拣，尽量不要见风，将无伤口、商品性好的块根进行贮藏。贮藏采取沙土堆藏或薄膜密封贮藏。沙土堆藏的方法是一层雪莲果一层沙土，贮藏至翌年 2 月底不出现腐烂，3 月开始陆续出现腐烂，至 5 月份仍有 20％ 左右好果，果肉淡黄色，口感较好。薄膜密封贮藏，在 5 千克或 10 千克装的包装箱内铺食品包装膜，装箱扎紧袋口，可贮藏至 2 月底。可见，雪莲果的贮藏关键是密封保湿，一般贮藏期 3 个月左右，上市时建议采用薄膜包装箱密封贮藏，便于运输出售。

（四）产品食用与加工

雪莲果的食用部分是块根，其吃法有多种。最简单的是从土里采摘出来后，洗干净，削去外皮，便可直接生食。若在采摘后储放 3～5 天，更能增加甜度，凸显汁清甜，肉质脆嫩的特色。熟吃可炒肉丝，下火锅，炖煮鸡肉或排骨，烹调成多种美味佳肴。生食削下的皮，做汤也别有风味。在欧美、日本和台湾，还把雪莲果加工成果汁，果冻，果胶，罐头、果茶、含片和糕点及添加剂。

（五）留种

雪莲果的根茎上部着生无性种球，一株可采种 30 个左右。采收后将种球伤口晾干，以 1‰～3‰的高锰酸钾溶液或 500 倍多菌灵液浸 2～3 分钟，捞出后用湿沙贮藏于湿凉处，来年用于育苗移栽或直接栽植大田。

第六章

水生类特菜

一、茭白

茭白又叫茭瓜、茭笋、菰笋及菰首（手），四川叫高笋。原产于我国及东南亚。我国和越南作蔬菜栽培。目前在我国分布很广，北起黑龙江，南至两广，西到新疆都有种植，其主要产区在南方，特别是苏州、无锡一带产的最有名。除内销外，还大量出口。日本对茭白的研究开始于20世纪80年代初期，1986年成立了全国性茭白研究会。日本除种植正常茭白作蔬菜外，还专门种植灰茭，将其中的黑粉菌孢子混入清水中作为加工装饰品的原料。

茭白肉质柔嫩，可食部中含有蛋白质1.5%、糖4%，此外还有脂肪、维生素、无机盐等。营养价值高，滋味鲜美。除鲜食外还可罐藏，对解决秋淡季蔬菜供应有重要作用。

（一）生物学性状

1. 形态　为大型禾本科水生植物。株高1.5～2米，叶披针形，长1～1.5米，宽2.8～3.8厘米，叶鞘长40～60厘米，互相抱合为假茎。叶片与叶鞘相接处有三角形的白斑，为叶枕，通称"茭白眼"。此处组织较嫩，病菌容易侵入，灌水深度不可超过此处。茎有地上茎和地下茎之分。地上茎短缩，部分埋入土中，其上着生多数分蘖，呈丛生状态。地下茎是从主秆及分蘖苗接近基部各节的腋芽形成的变态茎，呈匍匐状。刚抽生时为白色，逐渐经黄色、绿色，变成茶褐色，直径1~1.5厘米。其上有节、每节有1个腋芽，1片苞叶状退化叶和许多须根。匍匐茎上的芽，当年能萌发成二次甚至三次匍匐茎，匍匐茎先端，向上生长能形成新分株，俗称"游茭"，是茭白进行营养繁殖的主要器官。茭白的主茎及早期分蘖的顶端能抽生花茎。这种花茎因受黑粉菌（*Ustiago esculenta*）的寄生和刺激而使先端数节畸形发展、膨大，形成肥嫩的肉质茎，这就是茭肉，是供食用的部分。茭肉在假茎中有叶鞘保护，且在水中发育，故非常肥嫩。茭肉常由5节组成，其中以基部第二、三节最肥大，基部第一节表皮坚韧，容易空心，品质差（图39、图40）。

图 39　茭白植株的形态

1. 主秆（除去叶鞘和须根）
2. 有效分蘖（除去叶鞘、须根和地下茎）
3. 无效分蘖　4. 侧芽
5. 地下茎（除去须根和变态叶，从它的节上可发生分枝或芽）　6. 茭白的食用部分

图 40　茭白的食用部分

左：孕茭外观

右：剥壳后的产品

2. 生育过程

（1）萌芽期　惊蛰后，当气温上升到5℃时，越冬母株开始发芽。一般短缩茎上部和匍匐茎先端的芽比基部的芽萌发早，早

萌发的芽大多为有效分蘖，容易膨大，形成肥嫩的茭肉。萌芽期为使发芽整齐，数量适中，水位宜保持3～4厘米，最深不超过15厘米，温度达15～20℃。

（2）抽叶生根　萌芽后开始抽生叶片。初期每10天左右1叶，气温达15℃时1周1叶。新栽的植株，整个主茎可抽生20～25片叶，经常保持5～8片。芽萌发后，新株基部各节上环生须根，主要根系集中在20～30厘米深的土层中。

（3）分蘖和分株　一般茭春季定植后，约经1周开始返青，谷雨后当气温达20～30℃时，主茎基部10节萌发第一次分蘖；气温达30℃时，从第一次分蘖基部产生第二次分蘖。与此同时，在健壮分蘖基部的侧芽，发生匍匐枝。5月中旬至6月下旬，平均每周发生1个分蘖。7月上旬至8月上旬，每周增加2～4个分蘖，9月上旬，气温低于25℃时停止分蘖，开始孕茭。1株春季萌发的单株，到夏季可发生10～20个分蘖，其中发生早的健壮分蘖，能孕茭，后期发生的分蘖，生长期短，瘦弱，多为无效分蘖。大致越冬茭墩上1个老茎能产生4～6个分蘖，全墩能产生60～100个分蘖，其中有效分蘖数为20%～50%。为促使分蘖早发壮长，分蘖前期要提高土温，使其尽量达到20～30℃，施足苗肥；分蘖后期适当加深水位，以抑制无效分蘖的发生，并做好疏苗，使前期分蘖都能孕茭。

（4）孕茭期　分蘖停止后，一般到8月中旬至9月中旬，开始孕茭。孕茭的适宜温度为15～25℃，高于30℃，或低于10℃时孕茭不良。孕茭时肥料要充足，水位保持15～25厘米，必须将孕茭处浸没。孕茭时茎基部老叶逐渐枯黄，心叶缩短，叶色较淡，假茎发扁，基部膨大，约经半个月开始成熟。成熟期间，每5～6天采收1次，共收3～4次。

茭白的肉质茎之所以肥大，是因黑粉菌寄生于植株内，分泌异生长素——吲哚乙酸，刺激花茎所致。黑粉菌蔓延于地下匍匐茎中，春季新芽萌发后，菌丝逐渐延伸到花茎中。此外，茭白体内的黑粉菌在秋末冬初形成的厚垣孢子，翌年产生的小孢子也可侵入嫩茎，进入生长点，刺激茎部。

茭白受黑粉菌寄生后，因二者之间生长强弱的差异，而使植株性状发生变化，产生雄茭、雌茭和灰茭等。

①雄茭　植株高大，叶片长而宽，先端下垂。因生长点未寄生黑粉菌，故叶鞘不膨大，不孕茭。有的能抽薹开花。

②雌茭　又叫正常茭。长势中等，偏弱，叶片宽阔，花茎受黑粉菌的强烈刺激，可肥大，形成茭肉。

③灰茭　花茎刚开始抽生就充满病菌孢子，使茭肉呈芝麻斑状黑点，甚至变成黑包，不堪食用。

用雄茭和灰茭繁殖的后代，仍为雄茭和灰茭。所以，严格选种是减少雄茭和灰茭的重要措施。

（5）越冬期　深秋后气温低于5℃时，地上部枯死，以土中的分蘖芽和根茎越冬。越冬期间，土壤要湿润，阳光要充足。

（二）类型和品种

按收获次数，分为两熟茭和一熟茭两大类。前者于春夏间育苗，早秋栽插，当年秋季，于9月下旬至11月上旬初次采收，俗称"寒露茭"或"八月茭"，产量较低，谓之小熟。翌年5月初至6月下旬，又从萌发的新株上收获夏茭，俗称"四月茭"，产量高，谓之大熟。主产于苏州。常见品种如大头青、二头早、小蜡台、中蜡台、大蜡台和无锡的中介茭等。一熟茭在春夏间栽植，当年秋季采收1次，产量虽低，但采收期比两熟茭的秋茭早，恰好在蔬菜淡季上市，对调节市场供应有重要作用。主要品种有江苏苏州的晚白种，江苏常熟和山东的寒头茭，浙江杭州的一点红和象牙茭等。

按孕茭的适宜温度、熟期和产量，可分为夏秋兼用型和夏茭为主型两大类。夏秋兼用型，孕茭的适宜温度为（22±4）℃～（23±4）℃；秋茭收获期较早，夏茭收获较迟；秋、夏两季产量较接近。如无锡的广益茭和刘潭茭。夏茭为主型的，孕茭适宜温度为（17±4）℃～（18±4）℃；秋茭收获期较迟，夏茭收获期较早，夏茭产量高于秋茭。如苏州的"小蜡台"和"中蜡台"。江南地区，夏秋兼用型的收获期，秋茭为9月中下旬到10月中旬，夏茭为5月下旬至7月中旬。夏茭为主型的收获期为5月中旬至6月初；秋茭为10月上旬至11月初。

（三）栽培技术

1. 整地　多用浅水洼地或稻田栽植，水位不宜超过25厘米，最好为黏壤土。

可放干水的田块，宜干耕晒垡，然后灌入浅水耕耙。不能放干水的低洼水田，可带水翻耕。北方茭白，大部分栽于湖畔、沟边及藕田周围，成片栽培的不多，故很少冬耕。

茭白生长期长，植株茂密，需肥多。北京市海淀区农业科学研究所试验表明，每生产1 000千克茭白需氮14.41千克，五氧化二磷4.87千克，氧化钾22.78千克。特别要重施基肥，基肥数量应占总用肥量的60%以上。基肥以有机肥为主，并配合些磷、钾等化肥。增施磷、钾肥，能提早成熟，提高经济效益。

2. 选种与育苗　采用分株繁殖。因其种性容易变异，必须年年严格选择优良母株留种。

选种的标准：生长整齐，植株较矮，分蘖密集成丛；叶片宽，先端不明显下垂，各苞茎叶高度差异不大，最后一片新叶显著缩短，茭白眼集中，白色；茭肉肥嫩，长粗比值为4～6；表皮不太光滑或皱缩，薹管短，膨大时假茎一面露白，孕茭以下茎节无过分伸长现象，整个株丛中无灰茭和雄茭。另外，茭白包茎叶的平均宽度和由心叶向外数第二片叶的宽度常与茭肉重量呈正相关，这种相关性可作为选种的参考。

种株选好后，做出标记。翌年春，苗高30余厘米时，将茭墩带泥挖出，先用快刀劈成几块，再用手顺势将其分成小丛，每丛 5～7 株。分劈时应尽量少伤老茎。分墩后将叶剪短到 60 厘米左右，减少水分蒸发。然后直接插到大田中。

育苗：春季从选好的茭墩上取下新株，每 2～3 株为 1 丛，按 25 厘米×20 厘米的密度插于秧田。待苗高 1.5 米，有 6 片叶时再移栽大田中。

3. 定植 晚熟种在孕茭前 100～200 天定植，早、中熟种70～80 天定植。定植时气温以 15～20℃ 为宜。力争定植后20～30 天内开始分蘖，当年能产生 10 个有效分蘖。

栽植密度，一般行距 60～100 厘米，株距 25～30 厘米，每穴 2 株，入土深 6～15 厘米。最好用宽窄行，2 行 1 组。

茭苗要随挖随栽。从外地引种时运输中要保持湿度。栽前割去叶尖。

4. 灌水 根据生长时期和季节严格掌握水层深度：萌发期到分蘖前保持 3～5 厘米，提高土温；分蘖后期，一般从大暑开始保持 10～12 厘米，控制无效分蘖；孕茭开始后，保持 15 厘米左右，使茭白浸于水中，促其软化；越冬期保持 3～6 厘米。水位要恒定，忽干忽湿容易产生雄茭。水位超过茭白眼时，容易感染病害。

5. 追肥和中耕 定植后 10 天开始施第一次肥。施肥后将行间的泥掘松，培于植株旁；孕茭期追施 1 次浓粪，催茭。生长期间中耕 2～3 次。

6. 割墩疏苗 立秋后将植株基部的黄叶剥除，以利于通风透光。翌年立春前后，用快刀齐泥割低茭墩，除去母茎上部较差的分蘖芽。谷雨前后，当分蘖高 30 厘米时，每隔 9～12 厘米留1 苗，将多余的用手拔除，这叫疏茭墩。疏墩后 10～15 天，向株丛上压 1 块泥，使分蘖向四周散开，改善通风透光条件。

7. 病虫害防治 小暑后，天气湿热，容易发生锈病，叶片先产生铁锈色小斑点，以后全叶枯黄。防治方法是控制氮肥，增施草木灰等含磷、钾多的肥料。并用 0.2 波美度的石硫合剂或

80％代森锌可湿性粉剂 600～800 倍液，或 25％三唑酮可湿性粉剂 40～60 克，加水 50 升喷洒。

主要虫害是大螟和二化螟，蛀食茭肉。可在摘除老叶后用 90％敌百虫 1 000 倍液，5％杀螟硫磷乳油 200 克，加水 400～500 升灌心。如果有叶蝉和蚜虫吮吸汁液时，可喷 40％乐果乳油 1 500～2 000 倍液防治。

（四）采收与贮藏

1. 采收　茭白成熟不整齐，每隔 4～5 天收 1 次。成熟的标准是：孕茭部显著膨大，叶鞘一侧裂开，微露茭肉；心叶相聚，两片外叶向茎合拢，茭白眼收缩似蜂腰状。

采收方法：用刀从茭白下 10 厘米左右处割下，从茭白眼处切去叶片。留 30 厘米左右的叶鞘，装入蒲包销售。带叶的茭白，俗称水壳，较易保持洁白、糯嫩的品质，也便于运输和贮藏。一般每 667 平方米产 1 000～1 300 千克。如果收后立即上市，应将叶鞘全部剥除，称为玉茭。1 000 克水壳可剥 600～700 克玉茭。

2. 贮藏　供贮藏的茭白，最好用晚熟品种，适时采收。采收时外面要带 2～3 张保护壳。叶鞘要削短，剔除青茭、灰茭、老茭、小茭及断裂茭。剥壳时，动作要轻，防止损伤。运送中严防风吹日晒，以免引起老化发青。进仓前置阴凉通风处摊晾，降温。

茭白贮藏的适宜温度为 0～2℃，空气相对湿度 95％～100％，并注意通风、消毒和防腐。

具体贮藏方法有 6 种。

（1）冷藏　有冷风贮藏和箱藏两种。前者，夏、秋两季均可。先将带壳茭白装入筐中，用骑马式堆藏，或扎成小捆，每捆重 5～7 千克，放于货架或垫仓板上。箱藏是将茭白剥光，装入板条箱或纸箱内，每箱约 15 千克，堆于库内。冷藏期间温度保持 0～1℃，一般可保存 2 个月。

（2）地下室摊藏　采收旺季，将带壳茭白摊放于地下室或库内地面上。这样在 14～24℃温度下，能保存 1 周；在 0～8℃温度下可保存 2 个月。

（3）清水贮藏　将带壳茭白放入大水缸或水池中，放满清水后，用石头压住，使茭白浸入水中，以后经常调换清水即可。清水保藏的茭白，重量无损失，外观、肉质均好。

（4）明矾水贮藏　茭白削去外壳，或不去壳均可。先分层铺放于缸内或池内，至距缸口 15～20 厘米高时，用消过毒的竹片呈"井"字形夹好。上压石头，再倒入明矾水，淹没茭白。明矾水的配法是：50 升清水，加入 0.5～0.6 千克明矾，搅匀，溶解即可。贮藏期间，每 3～4 天检查一次，及时清除液面泡沫。若泡沫过多，水色发黄时，要及时调换新溶液，以免茭白变质腐烂。

（5）盐封贮藏　先在缸（或桶）底铺 1 层食盐，厚约 5 厘米，再将茭白剥去鞘，带 2～3 张壳，顺次平铺缸内，至离缸口 5～10 厘米时加盐密封。

此法在空气干燥、冷凉地区效果较好。温度高、湿度大的地方，封盐易溶化，引起茭白发黄、变质。

（6）塑料袋密封贮藏　将去壳的茭白，装入 0.04 毫米厚的聚乙烯袋中密封。在 0～1℃温度下可保存 2 个月。

二、蒲菜

蒲菜又叫香蒲、甘蒲。世界各地几乎都有，多野生，美国间有作观赏栽培，只有我国作蔬菜栽培，是我国的特产。我国人民食用蒲菜至少已有 3000 多年的历史。《诗经》的《陈风·泽陂》章上曰："彼泽之陂，有蒲与荷"。陆玑疏云："蒲始生，取其心中入地蒻，大如匕柄，正白，生噉之甘脆，蠵（古煮字）而以苦酒浸之，如食笋法"。可见周代已经食用蒲菜。

我国蒲菜分布极广，处处自生，尤以黄河流域以南多水泽处更多，惟作蔬菜栽培者，以山东济南大明湖产的蒲菜，河南淮阳的陈州蒲菜和云南建水、石屏、开远、昆明等地产的草芽最为著名。其他各地，常任其野生，以采其叶编制蒲包、蒲席、蒲垫为主要目的。

蒲菜须根繁茂，根系腐烂后在土壤中积累的有机质多，可改良土壤。种植蒲菜后，改种莲藕、慈姑等需肥多的作物，常可获得高产。多风地区，在藕塘周围种植蒲草，能防风稳浪，减少损失。

蒲菜的食用部分有四种：一种是由叶鞘抱合而成的假茎基部，即山东济南大明湖产的蒲菜（又叫蒲儿菜）。二是地下幼嫩的匍匐茎和芽，即云南建水一带产的草芽，长约 30 厘米，粗如指，象牙色，又叫象牙菜。炒食或烩菜，特别是做成汤菜，味更鲜美。稍微衰老的草芽还能加工腌渍成咸菜。三是老后更新时挖出的短缩茎，肥而粗，俗称席草笋或面疙瘩，可以煮食。第四种是地下较老的匍匐茎，俗称老牛筋，除去外皮后取心煮食，或腌渍。

蒲菜的营养尚好，每 100 克可食部分含蛋白质 1.2 克，脂肪 0.1 克，碳水化合物 1.5 克，粗纤维 0.9 克，钙 53 毫克，磷 24 毫克，铁 0.2 毫克，胡萝卜素 0.01 毫克，硫胺素 0.03 毫克，核黄素 0.04 毫克，尼克酸 0.5 毫克，维生素 C 6 毫克。氨基酸含量丰富，每 100 克干物质中含 11.95 克，其中人体必需的占 36.066%。

蒲菜的质地脆嫩，颜色洁白，清香，是蔬菜中之珍品。蒲菜和草芽清蒸、炒食、烩制、做汤均可，还能腌制咸菜，酱渍成酱蒲菜。河南淮阳县（古称陈州）城关城湖中产的蒲草，每年 7 月和 10 月各挖收一次根茎。根茎青白色，长约 1 米，剥除外面硬青皮后，除生熟食外，主要是用甜面酱腌制成酱蒲菜，特称陈州蒲菜。目前当地生产的陈州蒲菜畅销省内外许多大中城市。蒲菜的老茎叶是造纸和人造棉的原料。用蒲草编织的地毯，美观、精致，受到国内外欢迎。蒲菜果实上的冠毛，叫蒲绒，柔软保暖，可制蒲鞋，垫褥，充装枕芯等。雄花的花粉叫蒲黄，可制花粉食品，如加蜜糖能作成满黄糕，又可入药。《神农本草经》云："蒲黄主治心腹膀胱寒热，利小便，止血，消瘀血。"久服可轻身，延年，益气。蒲笋可除烦热，利尿。

（一）生物学性状

蒲菜属香蒲科香蒲属多年生宿根性水草（图41）。株高1.5～2米，每株叶片6～22枚，着生于短缩茎上，呈左右两行排列。扁平线形，长1.5～2米，宽0.7～1.2厘米，深绿色，断面月牙形，内具白色长方形孔格，质轻而柔韧。各叶鞘基部相互抱合，十分紧密，幼嫩时可食。春、夏间，由短缩茎的顶芽抽生

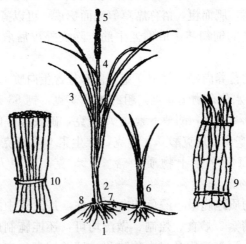

图41 蒲菜形态

1. 根 2. 假茎 3. 叶片 4. 雌花序 5. 雄花序

6. 新株 7. 地下茎 8. 侧芽 9. 商品草芽 10. 商品蒲菜

花茎，挺立于叶丛中，高约 2 米，顶端着生圆柱状肉穗形花序。花序成熟时褐色，粗 3～4 厘米，似棍棒或蜡烛，谓之蒲槌。花单性，雌雄同株同花序。雌花序在花序下部，圆柱状，肥厚，黄褐色，子房基部着生多数白长毛；雄花序在花序上部，雌、雄花序间相隔约 1 厘米。狭穗状，黄色，花药细长，花丝短。雄花开放后散出黄色花粉，谓之蒲黄。

抽生花茎的短缩茎，粗如指，长约 25 厘米，比不抽花茎的粗大些，俗称席草笋，可以食用。

短缩茎的节间极短，埋于土中，其腋芽萌发后形成根状匍匐茎，延伸于泥土中，长 30～60 厘米。白色，有节，节上有鳞片，嫩时作蔬菜食用，即草芽。若未及时采收，伸长到 0.5 米左右时，先端弯曲向上，长出地面，可形成新株。若气候适宜，从春到秋新株基部的侧芽可陆续形成，不断萌发生长。

蒲菜短缩茎老熟后，积累着大量营养，颇肥大，称"面疙瘩"，可煮食。

蒲菜喜高温多湿，适应性强，不论高纬度或低纬度地区，在沼泽区或江河湖泊边都能生长。适宜于深 30～90 厘米的浅水中生长，也可在潮湿土壤中蔓延。冬季地上部枯死，以地下短缩茎和匍匐茎越冬。翌年春，惊蛰后气温达 10℃时，开始萌芽。夏至到立秋间，气温达 28℃时，大量发生匍匐茎，一个植株一年可发生 5～10 个新株。芒种后开始抽薹开花。白露后进入休眠期。

（二）类型和品种

通常作菜用的香蒲有宽叶香蒲、长苞香蒲、水烛和东方香蒲等。主要品种如下。

1. 淮城蒲菜　江苏省淮安市的传统特产，主要栽培在淮城、月湖等湖沼中，食用假茎。假茎长 67 厘米，3～5 月份栽植，5～9 月份采收。按叶色不同，分青皮和红皮两类。青蒲植株高大，长势旺，分蘖较少，叶片大而厚，叶鞘绿白色，假茎扁而粗，产量高；红蒲分蘖多，抽薹晚，叶小而薄，春季出水时不易褪去红毛，叶鞘带红斑，适宜密植，产量也高。

2. 陈州蒲菜　河南淮阳县的著名特产。分布在城湖中，面积近 70 公顷。每年清明前后萌芽，6～8 月份采收，割取假茎，剥去外叶，10 个捆成 1 把上市。主要产收期是 7 月和 10 月，将匍匐茎挖出，剥除外面硬青皮后，除生吃或熟吃外，大部腌成酱菜上市。

3. 济南蒲菜　产于山东济南大明湖和北郊。有青皮和红皮两种。前者，植株粗大，近水面处呈青白色。长势强，生长快，早熟，容易抽薹，长出蒲棒，但冬季枯萎迟，群众称之为"两头鲜"。叶片狭而厚，先端似蛇尾状。后者，植株较矮，近水面处呈红白色，分蘖力强，每株可分生 20 多个。晚熟，抽薹迟，质地细嫩，品质好。

4. 建水草芽　产于云南省红河哈尼族彝族自治州建水县，分布于开远、蒙自、个旧一带。食用地下嫩匍匐茎，因其形似象牙，所以又叫象牙菜。该品种分蘖力强，短缩茎上每节向叶片生长的左右两侧抽生匍匐茎——草芽，草芽长 20～30 厘米，粗 1～1.5 厘米，有 5～6 节。当地全年均可种植，生长旺盛，四季常绿。栽植后 20～30 天开始采收，4～8 月每 5～6 天采收一次，每次每 667 平方米产 40～50 千克；秋冬季，每半个月收一次，每次 20～25 千克，全年可采 30～40 次，每 667 平方米产 1 500～2 000 千克。

5. 元谋草笋　产云南元谋。植株高大，最高可达 3 米以上，叶多而长，抽生匍匐枝较少，分蘖力弱。以植株的短缩茎拔节后抽生的幼花茎供食用，此茎长 25～35 厘米，粗 1～1.5 厘米，品质较好，但产量较低。

（三）栽培要点

清明至小暑间，新苗高 1～1.5 米时，带根挖苗，将蒲叶剪短，按 50～60 厘米见方距离插入泥中，深 12～15 厘米。栽一次可收 5～6 年。

生长期间勤锄草。春季水位保持 30 厘米，渐长后增加到 60 厘米，最大能耐短期 150 厘米深的水层。最好不要淹没假茎，以免引起腐烂。水位过浅时，生长弱，容易抽茎开花，产生"公蒲"，这时宜将其地面部分割去，加强管理，促其恢复生长。专供菜用的，水位可略深些，使假茎大部或全都浸在水中，促使软化。

（四）蒲菜软化栽培

为延长供应期，山东济南地区有采用软化栽培的。冬初，湖水结冰前，挖取蒲株，密植于地窖中，立即灌水。窖深 2 米，宽 1.3～1.8 米，窑顶用树枝、蒿秆、泥土密封遮阳，使之不见光。约经月余，即可采收。收后再灌水，1 个月后又可采收，共收 2～3 次。

（五）采收

1. 收蒲菜　栽植后 2 个月，当假茎高 30 厘米，粗如小指时起，每隔 5～15 天收一次。采收的方法有两种，一种是用镰刀从短缩茎上半部割下，另一种是将其与周围的匍匐茎切断后，用手拔出。收后，切取假茎，长 0.3～0.6 米，剥去外叶，捆成束出售。

2. 收草芽　栽植后 50～60 天，当地下匍匐茎长到 20～30 厘米时开始采收。云南省建水、开远一带，一年四季都可采收。草芽长在泥中，采收全靠手摸。匍匐茎伸长的方向与叶片排列的方向基本一致。为避免采收时踩断幼芽，应沿不长叶的方向前进。因匍匐茎是从下向上陆续长出，所以采收时，应将其从基部掐断后，再从植株侧后方抽出，以防碰断刚萌发出的小匍匐茎。

3. 收席草笋 席草笋是生产蒲叶时的副产品。云南元谋一带，野生蒲草分布广，长势旺，6 月末，为促进新株生长，提高蒲叶产量，常将抽薹植株从地面处割除，剥去外叶后剩下中心白嫩似茭白的短缩茎，谓之席草笋，是一种味美的特产蔬菜。

4. 收蒲叶 蒲叶应在寒露到霜降间，植株停止生长，叶肉充实，外部呈深绿色时收割。收割宜选择晴天，露水干后进行，从假茎上部将叶片割下，留着假茎不割，俗称"齐苞斩叶"。然后晒干，捆好贮藏，每 667 平方米约产 300 千克。

（六）加工

蒲菜可制成酱蒲菜。方法是：采收后，剥去外面老叶鞘，将基部用刀剖开，腌于 18% 盐水缸中，压实。每天翻一次缸，10 天后捞出，洗净，放清水缸中拔盐。至含盐量降低到 10% 左右时，放入二酱中预酱，每天翻缸一次。20 天后出缸，用 50% 甜面酱酱制，每天翻缸一次，计 15～20 天。再将 30%～40% 的甜面酱加热至 100℃，晾冷后每千克加白糖 5 千克，将蒲菜泡入，8～10 天即成。

三、慈姑

慈姑又叫茨菰、慈菰、藕菇、水萍、白地栗，因叶形似燕尾，又有燕尾草、剪刀草、剪搭草、槎丫草之称。

慈姑原产于我国，亚洲、欧洲、非洲的温带和热带均有分布。欧洲多作观赏，中国、日本、印度、朝鲜作蔬菜用。我国南北各地均有，尤以长江以南各省、太湖沿岸及珠江三角洲为主要产区。黄河中下游河谷沼泽处，野生者甚多。

慈姑栽培历史悠久。虽被当作珍奇蔬菜，但因植株大，不易密植，单株结实不多，产量较低，故栽培面积不大，特别是成片种植者少。大多利用田畔沟边种植。近年常将其与水稻、茭白、席草等进行轮作或套作，增加复种指数，提高土地利用率，效益尚好。随着耕作制度的改进，慈姑种植面积必将扩大。

慈姑以地下球茎供食。100 克球茎中含蛋白质 5.6 克，脂肪 0.2 克，碳水化合物 25.7 克，粗纤维 0.9 克，灰分 1.6 克，钙 8 毫克，磷 260 毫克，铁 1.4 毫克，钠 19.5 毫克，氯 48 毫克。味鲜，有清香味，可煮食、炒食、油汆及充作各种配菜，如慈姑鸡、慈姑肉、慈姑豆腐等。也可制淀粉。

慈姑的球茎味甘涩，微温，无毒，入肺、心经，可敛肺，止咳，清热止血，解毒，散肿，消炎，实肠，下石淋；全草味淡，性凉，可清热，利水。慈姑中含有胆碱和甜菜碱等植物碱类，对金黄色葡萄球菌、化脓性链球菌有强烈的抑制作用，是中医常用的解毒药。例如，将鲜慈姑捣烂加生姜汁，敷患处，可治疗无名肿毒，红、肿、热、痛等局部炎症；皮疹、痱子、瘙痒症者，全草捣烂取汁，加蛤粉调至糊状敷患处，每日 1～2 次，连用数日有效；毒蛇咬伤后，取鲜慈姑捣烂敷伤口，两小时换一次，并用全草取汁内服，可消毒、止痛。

（一）生物学性状

1. 植物学特征 属泽泻科，多年生浅水草本植物。株高 1 米，叶箭形，具长柄。茎短缩，秋季由其上向四周斜生匍匐茎，每株 10 余个，匍匐茎先端着生球茎。球茎高 3～5 厘米，横径 3～4 厘米，球形或卵形，有 2～3 道环节，环节上覆有很薄的膜质鳞片。每节一芽，芽按 1/2 到 2/5 的叶序，呈 150°的角度排列。球茎顶端有弯曲成弓形的喙状顶芽，大约由 10 节构成，其上也覆有鳞片。总状花序，雌雄异花，花白色。瘦果，扁平，内有种子，种子可发芽（图 42）。

2. 生育过程 生育期 180～210 天。喜温暖和湿润，适宜水层深 9～15 厘米。土壤要肥沃，软烂。

　　清明谷雨间，平均气温达 14℃时，开始发芽。立夏后生长加快，每 5～10 天抽生一片新叶。小暑后，当气温达 27℃，一般有 7 片左右大叶时，短缩茎各节叶柄基部，有叶柄一侧的腋芽伸长成匍匐茎。一次匍匐茎长 60～100 厘米，粗 6～18 毫米，有 5～6 节。从一次匍匐茎的节上还可产生二次匍匐茎。匍匐茎先从主茎下部节位开始逐渐向上发生。初期发生的匍匐茎细而短，栽后 45 日到 8 月份时，匍匐茎变粗、

图 42　慈姑的形态
1. 叶片　2. 花序　3. 根
4. 地下匍匐茎　5. 球茎
6. 匍匐茎的形态和球茎形成的状态

变长，以后再发生的又变细，直到结球茎时也不加粗。8 月中下旬，随着气温的降低，发生的匍匐茎又变粗，长度可达 1 米，这是形成正常大小球茎的匍匐茎。与匍匐茎发生的同时，也抽生花枝。一般早抽生的匍匐茎较长，结的球茎也大。匍匐茎抽生后 15～25 天，开始形成球茎，再经 25～35 天达到成熟。每株可结球茎 11～14 个。球茎形成期间，要求日夜温差大，水层保持 6～9 厘米。随着球茎成熟，水层渐浅，可以促进早熟。霜降后，地上部枯死。当土壤湿润，温度达 5～10℃时，球茎可以安全越冬。

（二）主要品种

1. 刮老乌　又叫紫圆、吭老乌、吭老五，原产于江苏高邮、宝应一带。植株矮壮，叶柄粗大，叶片较宽。生育期 180～190

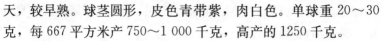

天，较早熟。球茎圆形，皮色青带紫，肉白色。单球重 20～30 克，每 667 平方米产 750～1 000 千克，高产的 1250 千克。

2. 沙姑 产于广州市郊。植株较矮。球茎长卵形，高 5 厘米，横径 4.3 厘米，皮黄白色，单球重 50 克。含淀粉量多，肉质松爽，无苦味，品质好，但不耐贮运。

3. 苏州黄 又叫白衣。产于江苏苏州市郊。植株较高大，生育期 190～200 天。球茎卵圆形，皮黄色，肉黄白色，高 5～5.6 厘米，横径 3.5～4 厘米，单球重 30～32 克，具三道环节。品质好，肉质细，苦味少，有栗香。每 667 平方米产 750～1 000 千克。

4. 沈荡慈姑 产于浙江海盐沈荡。中熟偏晚，常作早稻后作。球茎扁圆，皮淡黄色，肉黄白色，单球重 33 克。质柔软，品质好。

5. 白肉慈姑 产于广州市郊区洋塘一带。抗逆性强，生长期 110～120 天。球茎卵圆形，皮肉均为雪白色，单球重 50 克左右。产量高，品质好，多作出口。

6. 梧州慈姑 产于广西梧州市郊区，南宁、桂林、玉林、苍梧等地都有。球茎扁圆形，纵径 4 厘米，横径 5 厘米，皮肉均白色。淀粉多，风味好。一般每 667 平方米产 1 500～2 000 千克，耐贮运。

（三）栽培技术

1. 育苗 用种子或球茎繁殖。用种子繁殖的，当年只形成小球茎。生产上都用球茎繁殖。选择肥大端正、顶芽粗短而稍弯曲的球茎作种，用整个球茎或取其顶芽播种。清明前后，将种球用蒲包包好，浸湿，置室内，经常洒水，温度保持 15℃以上，经 15～20 天可以出芽。然后，按 7 厘米见方距离，栽插秧田中，深度以芽长二分之一位于土下为宜。插芽后，水深保持 2～4 厘米，经 2～3 个月，即可定植。

2. 栽植 定植期依前作不同，差异很大。早的可在清明前后催芽，不经育苗而直接插栽到大田中；晚茬可以延迟到立夏育苗，夏至后再栽植。

栽植前耕翻土壤，施足基肥，灌浅水。苗带根掘出，摘去外围叶片，用手捏住顶芽基部，将根插入土中，深 9～12 厘米。栽植密度早茬 36～40 厘米见方，晚茬 30 厘米见方。

3. 管理 整个生育期应保持浅水层，热天生长旺盛时水层也不超过 13 厘米。慈姑以基肥为主，如果基肥不足，生长前期可轻施人粪尿，立秋后再施些草木灰。植株有 6～7 片叶时开始中耕，共约 3 次。结合中耕，将杂草和外围的黄脚叶摘除，埋入土中，加强通风透光。白露后停止下田，保护叶片和根系，为球茎膨大积累营养。

慈姑对钾肥反应良好。戴同广试验表明，施钾肥后不仅产量显著增加，而且质量提高，球茎大，皮青色带紫，无锈斑，无苦味，耐贮藏。施过钾肥的慈姑，贮藏 5～6 个月后，未见腐烂和软化，而未施钾肥的有 15%～20%发生软化，5%左右发生腐烂。施钾肥的经济效益也好，每千克氯化钾可增产 4 千克以上，高的达 17.9 千克，投入与产出比高达 1∶26.3。施肥时，一般每 667 平方米施 13 千克氯化钾较好。钾肥要早施，并与氮肥配合。

4. 收获与留种 霜后叶片枯黄时开始，至翌年发芽前均可采收。采收前排干田水，用铁叉掘收，每 667 平方米产 700～1 500 千克。

留种时应选匍匐茎短，结球集中，单株球茎数 10～13 个，肥大整齐的植株。收获后再选出个大，顶芽粗短而弯，有 3 道环节的球茎作种。这种球茎苏州群众称"短柄三道衣"，植株不疯长，产量高。种球选好后，从球茎上将顶芽带 1 环节切下，洗净切口黏液，晾干表面水分后贮藏。

（四）贮藏与加工

1. 贮藏 慈姑采收后到清明前为休眠期，生理代谢缓慢，

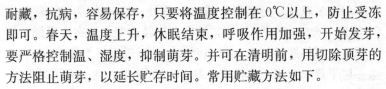

耐藏，抗病，容易保存，只要将温度控制在 0℃以上，防止受冻即可。春天，温度上升，休眠结束，呼吸作用加强，开始发芽，要严格控制温、湿度，抑制萌芽。并可在清明前，用切除顶芽的方法阻止萌芽，以延长贮存时间。常用贮藏方法如下。

（1）原地贮藏　冬季，冻土层不超过 10～15 厘米，气温在 −8～−7℃以上的地区，可用此法。霜降前后，慈姑充分成熟时，割除茎叶，在原地田间每隔 3～3.5 米，开一条宽、深各 30 厘米左右的沟。开沟挖出的泥土，均匀地覆盖到两旁的地面上。开沟能防止积水，防止腐烂；覆土可以防冻，慈姑根系未受损伤。贮藏后，可根据市场需要随时采收，慈姑品质好，而且产量还略有增加。

（2）泥藏　可以在室外露天贮藏，也可在室内贮藏。露地贮藏时，选地势高又背阴处，用砖砌成坑形，坑底铺一层经过日晒消毒的细软且潮湿的土壤，厚约 5 厘米。然后放入慈姑 3～4 层球茎高度，盖一层泥土，如此一层慈姑、一层泥土，堆至离坑口 10 厘米左右时覆土，使坑面呈馒头形，以利于雨雪天排水。为防止坑内积水，可在坑边开排水沟。如遇雨天，及时用油毛毡、芦席等遮盖，以免泥土流失。

室内泥藏法与室外基本相同，仅无须开沟排水。

（3）水控堆贮法　这是一种将慈姑堆积于仓库、场地或棚内，经常浇水，利用流水带走呼吸热，并保持较高湿度的贮藏方法。先将慈姑分堆，每堆 500 千克左右，中间放一通风筒，上盖草包或蒲包，浇水至湿润。以后，每隔 4～5 天浇一次水。温度达 15℃时，要多浇水。低于 0℃时，除去湿草包，换上干草包，以防受冻。另外，遮盖用的草包，要经常调换，防止生霉，引起慈姑腐烂。贮藏期间，堆内湿度要大，要稳定，严防积水和忽干忽湿。积水会引起水胖病，慈姑表皮产生水胖性黑色斑点，进而导致腐烂变质；过分干燥，会造成脱水、萎缩，降低品质；忽干忽湿，会减弱抗病力和耐藏性，引起腐烂。

（4）**窖藏法** 选高燥、排水良好处，挖一地窖，窖深45～60厘米，窖口直径60厘米，拍实窖底及四壁。先在窖底铺一层干稻草，再将慈姑与细土拌和倒入。贮至近窖口6厘米左右时，盖一层干草，再用干土覆严，厚20～30厘米，使土面呈馒头形，拍实，防止雨水渗入。

2. 泡慈姑的制作 选新鲜、个大、无病虫害的球茎1千克，淘净泥沙，去皮后放清水中浸泡。然后，用沸水烫一下，捞出晾干，装入泡菜坛或盆内。加水1升，食盐20克，红糖10克，白糖20克，白酒10克，醪糟汁20克，泡红辣椒100克，白菌10克，调匀，用盖盖住，约经1天即可食用。成品颜色白净，咸甜微辣，脆嫩鲜香。

（五）病虫害防治

1. 斑纹病 主要危害叶和叶柄，形成病斑。病斑褐灰色，圆形、椭圆形或不规则形，上稍呈同心圈状灰色霉层，直径1.5～15毫米，周围有绿黄色或绿褐色晕带。严重时全叶变黄干枯。叶柄上的病斑，呈褐色，线状。

该病由真菌慈姑尾孢菌引起。主要以菌丝块附着于病部越冬，翌年其上生孢子而传播。除慈姑外，还加害于泽泻科杂草。一般从8～9月份开始发生，直至收获。

防治方法：①注意氮磷钾肥料的配合施用，避免氮肥过多。②清除泽泻科杂草，收集病残组织烧毁。③用1∶1∶200～250倍波尔多液，65%代森锌可湿性粉剂400～500倍液，或50%乙基托布津500～1 000倍液防治。

2. 黑粉病 又叫泡泡病、火肿病，是慈姑的主要病害，发生普遍，而且严重。主要危害叶片和叶柄，也危害花和球茎。叶片上病斑最初为褪绿的圆形小黄点，逐渐发展成黄绿色不规则圆形泡状突起。泡状突起部分，表面粗糙，内部似海绵状；后期泡状突起枯黄破裂，散出许多黑色小粉粒状孢子团。叶柄上病斑初为褪绿圆形小点，发展成绿色椭圆形瘤状突起，上面有数条纵沟；后期，呈枯黄色，表皮破裂后也产生黑粉状孢子团。花器受害后，子房变成黑褐色。球茎上的病斑，多发生在植株基部与匍匐茎连接处，造成茎皮开裂。叶片和叶柄上的病斑，发展至呈隆起泡状时，可流出白色浆液。

该病由真菌慈姑虚球黑粉菌侵染引起。该菌以孢子团随病残组织留在土中，或附在种球上越冬。翌年春，月均温高于 15℃时，孢子团萌芽，产生担孢子，通过气流、雨水或田水传播，进行初侵染。然后，病部产生孢子，再进行重复侵染。小暑后，高温高湿时，容易流行。

防治方法：①用无病球茎作种。加强轮作。②摘除老黄病叶，集中烧毁。⑧及早用 15％三唑酮可湿性粉剂 1 000 倍液，或 80％抗菌剂 402 乳油 1 500 倍液，或 25％多菌灵可湿性粉剂 600 倍液加 75％百菌清可湿性粉剂 600 倍液，或 50％福美双可湿性粉剂 500 倍液，或 40％多硫悬浮剂 500 倍液，或 1∶1.5∶200～250 倍波尔多液，隔 10 天喷 1 次，连喷 2～3 次。

3. 钻心虫 又叫慈姑髓虫。一般在 7～9 月份发生，幼虫钻入叶柄蛀食，被害叶折断凋萎。除摘除凋萎叶片，埋入泥中外，每平方米放置一粒 5％杀虫双大粒剂防治。

4. 蚜虫 6 月份开始发生，主要为害嫩叶。可用 40％乐果乳油 1 500～2 000 倍液，或 50％敌敌畏乳油 1 000～1 500 倍液防治。

四、荸荠

荸荠又叫马蹄、地栗、鸟芋、黑三棱、芍、凫茈。原产于我国南部和印度。世界上用之作蔬菜栽培的仅东亚各国，而以我国为最多。我国栽培历史悠久，《尔雅》（公元前 300 年～前 200 年）中已有关于凫茈的记载。长江以南各省都有栽培，以广西桂林，浙江余杭，江苏高邮、苏州，福建福州等地最为著名，长江以北如山东、河北有少量栽培。朝鲜、日本、越南、印度、美国也有栽培。是我国的特产蔬菜，也是主要的出口食品。

荸荠以球茎供食用。每 100 克可食部中含水分 74.5 克，蛋白质 1.5 克，脂肪 0.1 克，碳水化合物 21.8 克，粗纤维 0.6 克，灰分 1.5 克，钙 5 毫克，磷 68 毫克，铁 0.5 毫克，钾 523 毫克，钠 19 毫克，镁 16 毫克，氯 110 毫克，胡萝卜素 0.01 毫克，硫胺素 0.04 毫克，核黄素 0.02 毫克，尼克酸 0.4 毫克，抗坏血酸 3.0 毫克，营养丰富。其肉质清脆多汁，颜色洁白，可作水果鲜食，有"土中红水果"之称。也可熟食，炒、焯、烧、煨、炸均可，久煮不烂，清脆可口，风味清香，如荸荠炒虾仁、炒鸡丁、烧鸡、荸荠狮子头、荸荠肉卷、糖醋荸荠等，均甚可口。荸荠还可做成马蹄冻、马蹄露、马蹄糕、果汁马蹄条、糖葫芦等，加工成的饴糖、淀粉、蜜饯、罐头可出口。我国的清水马蹄，每年销往我国港澳地区、日本、南洋及欧美等地达 2 万吨以上，在国际市场上占有重要地位。但荸荠性寒，脾胃虚寒、胃溃疡和血虚者忌服食。生食必须洗净，消毒，去皮，以免食入姜片虫卵。

荸荠以球茎及叶状茎（通天草）可作药用。性寒，味甘，入肺、胃经，有清热、利咽、化痰、止渴、开胃、消食、益气、明目等作用。鲜荸荠和生石膏煮汤代茶饮，可预防流行性脑膜炎。现代医学研究证明：荸荠中含有一种不耐热的抗菌成分——荸荠英，对金黄色葡萄球菌、大肠杆菌、产气杆菌及绿脓杆菌均有抑制作用。将荸荠洗净切开，涂擦患部可治寻常疣；去皮，切片，浸陈醋中，文火煮十余分钟，取出捣烂装瓶，涂患处，用纱布擦至局部发红，贴净纸，绷带绑好，可治牛皮癣。值得注意的是，荸荠还含有防癌成分。上海肿瘤防治研究协作组在筛选中药时发现，荸荠各种制剂在动物体内均有抑癌作用。新加坡中医学报报道，用荸荠 10 只，带皮放铜锅内煮，每日服食可治疗食道癌。

（一）生物学性状

1. 植物学特征　荸荠为单子叶莎草科多年生浅水草本植物。茎分球茎、主茎、叶状茎和匍匐茎四种。球茎由匍匐茎的先端膨大而成，扁圆形，栗褐色。春季发芽后先抽生一发芽茎，长约1.5厘米，发芽茎顶生主茎，极短。主茎上丛生多数绿色的叶状茎，细长直立，高60～100厘米，管状，内具多数横隔膜，基部环生膜质退化叶。主茎四周抽生匍匐茎，横行土中，顶芽向上能形成新株丛，向下可产生球茎。叶退化，呈膜片状着生于叶状茎基部及球茎上。根为须根，细而长，无根毛。花序穗状，着生于叶状茎先端，小花呈螺旋状贴生。种子小，难发芽，一般不用其繁殖（图43）。

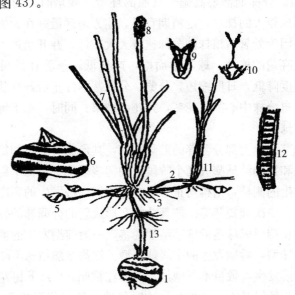

图43　荸荠的形态

1. 种球　2. 匍匐茎　3. 须根　4. 短缩茎

5. 刚形成的小球茎　6. 成熟的球茎　7. 叶状茎　8. 花序　9. 花纵剖面

10. 雌蕊和带逆刺的须毛　11. 分生幼苗　12. 叶状茎纵剖面　13. 发芽茎

2. 生育过程　立春后，地温达5℃时，越冬球茎顶芽开始萌动。清明至谷雨，球茎全部萌芽并抽生发芽茎，向上抽生叶状茎，有5～6根叶状茎时，向下生根。发芽适温为15～25℃，需20～30天。在20～25℃中催芽，2天可萌发，到苗高15～20厘米时，仅需15～20天。发芽茎先端在向上抽生叶状茎的同时，还向四周抽生匍匐茎。匍匐茎伸长10～15厘米后，顶端向上，产生叶状茎，形成新分株。之后，分株又生分株，直至生育后期。大暑到立秋间，气温达25～30℃，生长最快，每隔10～15天能产生一次分株。至白露前，共120～150天，一个种球可产生4～8次分株，共有50～60个，叶状茎多达300～400根。早期产生的分株，叶状茎多，晚期的少。每次分株，叶状茎数相差3～4根。分株期需要高温长日照的环境。栽培时，为使其在立秋前形成较大的株丛，定植期宜早。北方地区最好在大暑前定植完毕。因为处暑后植株的分株速度大大减低，并开始进入开花结球期。晚栽的植株，球茎小而嫩，产量低。荸荠在处暑至白露间，温度降低，日照缩短，分蘖、分株基本停止后，叶状茎绿色加深，自分株中心抽出花茎，开花、结果；同时，地下匍匐茎先端形成球茎。

球茎是地上部分营养的贮藏器官，其形成要经过匍匐茎的伸长生长和顶端结球膨大两个阶段。匍匐茎是位于植株基部地下茎节上发生的侧枝，结构与正常地上茎相似。按发生的顺序分一次匍匐茎、二次匍匐茎等。按其功能有形成新的分蘖株的分株型匍匐茎和顶端形成球茎的球茎型匍匐茎。一般前期发生的匍匐茎多属于分株型，后期发生的多属球茎型。匍匐茎随植株不断进行分蘖而陆续发生，数目不断增加。在浙江杭州，9月下旬左右，单株匍匐茎数目基本不再增加，这时每株的匍匐茎可达30条。球茎大量形成的时间是9月中下旬，至10月上旬，以后各时期也有新球茎的形成。单个球茎从开始膨大到停止膨大约经历70天，其中生长最快的时间为球茎开始膨大后20天左右和40～70天。

整个增大过程呈"S"形曲线，体积膨大约开始于定植后 40 天，至定植后 110 天。一般到寒露时节，球茎已形成，但地上茎中的同化养分还未全部转送到球茎中，所以球茎不充实，嫩而不甜，外皮呈白色。霜降后，叶状茎中的养分几乎全部贮藏到球茎中，地上部逐渐枯死，球茎逐渐转变成红褐色，进入成熟期。冬至小寒间，球茎内的糖分含量最高。结球期要求干燥冷凉的环境，平均气温以 10～20℃，水层保持 3～6 厘米较好。冬季地上部枯死，球茎在土中越冬。

（二）类型和品种

荸荠品种间植株形态颇相似，而球茎的大小、荠底和顶芽的形态区别较大。球茎的顶芽有尖与钝之分，荠底有凹脐与平脐之别。一般顶芽尖的脐平，球茎小，肉质粗老，渣多，含淀粉多。顶芽钝而粗的脐凹，含水分多，淀粉少，肉质甜嫩，渣少，宜生食，但不耐贮藏。接球茎淀粉含量的多少分为水马蹄和红马蹄两类；水马蹄为富含淀粉类型，球茎顶芽尖，脐平，肉质粗，适于熟食或加工淀粉，如苏荠、高邮荸荠、广州水马蹄等；红马蹄为少含淀粉类型，球茎顶芽钝，脐凹，含水多，肉质甜嫩，渣少，适于生食及加工罐头，如杭荠、桂林马蹄等。

1. 苏荠　产于江苏苏州。较晚熟。单株球茎 25～40 个，重 0.5 千克左右。球茎扁圆形，脐凹较深，顶芽短直，皮深红色，肉白而脆嫩，味甜多汁，品质中等，耐贮藏。

2. 高邮荠　产于江苏高邮、盐城一带。球茎扁圆形，皮红褐色，芽粗直，脐平，单球重约 20 克。皮厚，生食品质差，耐贮藏。

3. 余杭荠　产于浙江余杭，又叫杭荠或大红袍。球茎扁圆形，皮深红色，芽粗重，皮薄，肉白，质细，味甜汁多，生食渣少。加工、鲜食亦好，品质最优，是目前长江中下游地区推广的良种。

4. 桂林马蹄　产于广西各地，以桂林产的最为著名。球茎大，高 2.2 厘米，横径 3 厘米，重 15 克。扁圆形，皮深褐色，含淀粉少，糖分高，肉质爽脆，耐藏，熟粉黏性不大，宜生食。

5. 孝感荸荠　产于湖北孝感市的杨店、龙店、卧店、朋兴等地。球茎扁圆，红褐色，单球重约 25 克。顶芽短小，略倾斜，脐凹陷不明显，皮薄，味甜，质细，渣少，品质好。

6. 广州水马蹄　广州农家品种，球茎扁圆形，顶芽较尖长，皮红黑色，重 15 克。淀粉含量高，早熟，抗热，耐寒，耐浸，熟粉黏性大，100 千克可制粉 16 千克。

7. 会昌荸荠　又称贡荠，江西会昌筠门岭乡农家品种。球茎扁圆形，重 20～25 克，水分多，淀粉少，渣少，微甜，品质特优。

8. 祥谦尾梨　产于福建闽侯县。单球重 25 克，大的 42 克。皮金红色，有光泽。皮薄，肉白，无渣，脆嫩多汁，甜爽可口，商品率高。

（三）栽培要点

1. 栽培季节　无霜期宜长，最好达 210～240 天。定植期不严格，长江流域从清明到小暑间随时可以育苗移栽，最迟不晚于 8 月中下旬，使霜前有 100 多天生长期，丰产才有保证。早栽的，分蘖分株多，产量高。所以湖南衡南一带有句俗话："种荸荠，冒（没）得巧，水足，泥肥，田底好，提前育苗适时栽，高产优质才牢靠"。这个经验是十分值得借鉴的。

2. 整地　选择日照充足，表土疏松；底土较坚实，耕层 20 厘米左右，水源充足的沙壤土。这种土壤中，球茎入土浅，大小整齐，肉质嫩甜。重黏土中生长的，球茎小，不整齐。腐殖质过多的地中，肉粗汁少，皮厚色黑，不甜。忌连作，连作时球茎小，病害多。一般与席草、慈姑、菱白、水稻等实行 2～3 年的轮作。荸荠生长期短，为使其尽快分株发棵，基肥应以速效肥为主，肥量也要适当增加。早稻地种荸荠时，早稻收后水不要干，否则耕后变成年筋泥，影响生长。

地要整细，耕深 15 厘米，耙烂，泥土融活，弄成"奶浆"泥。

3. 育苗　育苗时先要根据用途选择适宜的品种。如生食鲜销，应选择桂林马蹄、孝感荸荠等球茎大、味甜、渣少的品种。加工制粉时，选择高邮荠、水马蹄等含淀粉多的品种；制罐时，则应选择球形整齐、脐平、出肉率高，削皮后无黄衣，又耐贮藏的品种，如余杭荠、苏荠等。

荸荠用球茎繁殖。田间越冬的种荠不宜过早挖取，早茬荠在惊蛰、春分间，晚茬荠在清明后挖出，堆在温暖屋角内，每推200 千克左右，用稻草围住，再封一薄层河泥，催芽。立夏前后萌芽后取出，选择皮色光滑鲜艳、个大、充实、未霉烂、未伤皮的育苗。种荠大小要匀称，1 千克 60 个左右的较好，每 667 平方米约 80 千克即可。在窖里贮藏的种球，取出后也要进行粒选，然后摊在阴凉透风处晾几天。当其外皮起皱后，装入筐中，放塘水中浸泡 2～3 天，待吸足水分后再放到阴凉透风处，每隔 8 小时淋一次水，出芽后再育苗。

选择排灌方便处做苗床，最好是沙壤土。将出芽的球茎按2～3 厘米的距离均匀插入泥中。排种后，若光照强、温度过高，应搭荫棚，出苗后再逐渐拆除。苗期要勤浇水。用分株法繁殖，催芽种球播种时，行距为 20～25 厘米，株距 15～20 厘米，约经40 天，当有 3～4 个分株时，将其挖出，把母株和分株苗分开，使每株有 3～5 根叶茎，然后栽植。

4. 栽植与管理　起苗时应同种荠一起拔出，如果已产生分株，可将其与母株分开栽植。苗挖下后，将叶状茎从 26 厘米处剪短。按（0.3～1）米×（0.24～0.4）米密度定植，深约 10 厘米。生长期间耕田除草 2～3 次。苗过密时可拔去弱苗。大暑前，若植株生长衰弱，可追施氮肥一次，立秋后追施草木灰 1～2 次。

水位一般保持在 3～7 厘米，定植后水位宜浅，分蘖期可以深些。遇风雨时，暂灌深水，防止叶状茎折断。

（四）采收与留种

早茬荸荠从立冬开始，晚茬从小雪后开始，直至翌年春分采收。大致当叶状茎先端色老转红时即示成熟，可以收获。过早采收的成熟度不足，皮薄，不耐贮藏。小雪到冬至间收的，含糖量高，品质好。此后，含糖量下降，表皮加厚，表皮与肉质间产生黄衣，脐部维管束明显，皮色呈黑褐色，品质降低。

为便于采收，收获前一天可排干田水，然后扒开泥，用手拣出球茎。收时严防破损。收后，当时不要洗去泥，洗湿了容易烂。应将泥晒干，这样耐藏。

留种时，荸荠最好不挖，就地越冬，到翌年立春后再挖。挖出后摊放到阴凉处，将泥晾干后再放入窖中贮藏，一直可保存到夏至前后，随时可以催芽播种。

（五）贮藏与加工

1. 贮藏　选择无破损及无病虫害的球茎，带泥摊晾，至附泥发白时收存。一般用沙藏：在室内挖一土坑，或用砖砌成池。坑底垫泥沙，厚约 6 厘米，铺 2～3 层荸荠，荸荠上再铺沙，层层相间，共厚约 1 米。最上面用稻草或麻袋盖严，保持湿润。每隔 10 天检查一次，若泥沙干燥变白时，喷洒清水。也可将荸荠与沙分层堆积后，四周用席围住，席外涂河泥，堆上盖土和稻草，涂泥封顶。还有一种窖藏法：挖一长、宽各 1 米，深 80～100 厘米，下部略大些的窖，将荸荠放入，每隔 20～25 厘米，撒一层细干土，吸收球茎散出的水分，至离窖口 20～25 厘米时铺细干土封口，窖口再用木板盖住。

2. 清水荸荠的加工　选择新鲜肥嫩、横径 3 厘米以上者，洗净，去根、蒂和外皮后，暂浸于清水中护色；按直径分为20～

24 毫米、24～28 毫米、28～32 毫米和 32 毫米以上的 4 级，分别倒入 0.4%柠檬酸液中煮沸 20 分钟，荸荠与酸液比例为 1∶1。每次煮后调节酸度，煮 3 次后调换预煮液。煮后用清水漂洗 1～2 小时脱酸。若要片装时，可切成厚 3～7 毫米的片。按级别分开装罐，8113 罐号，装 345～350 克；15173 罐号，装 1 970～2 008克，加满汤汁（先配成浓度为 1.5%～3%的糖液，加入 0.05%～0.07%柠檬酸，加热至 80℃以上）。装罐后放入排气箱中加热排气，罐中心温度达 75℃以上后在封罐机上封罐。在真空封罐机上封罐时，真空度应达 47.9～53.2 千帕。罐封好后放入杀菌锅中灭菌。8113 罐号，用 110℃杀菌 30 分钟；15173 罐号，用 108℃杀菌 75～80 分钟，冷却后包装。

3. 荸荠粉的加工　选择新鲜老荸荠，洗净泥沙，去蒂后置石臼或打浆机内捣碎，再加等量清水，用石磨或小钢磨磨成浆。之后将浆乳盛于布袋中，用清水冲洗，至荸荠渣中无白汁流出时，把浆液在清水中漂 1～2 天。每天搅拌 2 次，澄清后去掉浮面的荸荠渣和底部泥沙。取中间夹层的粉浆放于另一容器中，加清水搅混再沉淀一次。至其呈白色时倒掉上面的水，摊于布上。布下垫洗净干燥的新砖瓦，使之吸干水分。再将半干半湿的荸荠粉掰成小块，放于竹匾中，晒干即可。

4. 糖荸荠的加工　选择含糖量高，组织较硬，新鲜及大小均匀的荸荠，放清水中浸泡 25 分钟左右，洗净表皮泥沙，沥干。用小刀削去两端，剥去周边外皮。形状过大的切成两半，随即投入清水中浸泡护色。将清水煮沸，倒入刨皮后的荸荠煮熟，再放入清水中浸泡 12 小时，捞出沥干。另取砂糖 15 千克，加清水 35 升，置铝锅内加热溶解成糖液后，倒入浸泡过的荸荠 100 千克，渍 12 小时后捞出。沥出糖液，再加糖 10 千克，加热煮沸 20 分钟，使糖溶解后趁热倒入盛有荸荠的容器内继续浸渍。然后，按前法每隔 24 小时加四次砂糖，每次加 7.5 千克。最后将糖渍过的荸荠同糖液一起倒入铝锅内煮沸 10 分钟，加入剩余的

2.5千克砂糖，搅动。煮至糖液浓缩到滴入水中能结成团珠状时，沥去糖液，移入另一铝锅中，迅速翻动，促进水分散发，逐渐翻炒，即为成品。然后封装入塑料食品袋中。成品颜色透明微黄，含糖量约70%，味甜适口。

第七章
其他特产蔬菜

一、石刁柏

石刁柏俗称芦笋、龙须菜、野天门冬、松叶土当归、药鸡豆子、蚂蚁秆、狼尾巴根等。属百合科多年生草本植物。食用部分是刚从土中长出来的嫩茎，因像芦笋，拟叶细小，似针状，所以又叫芦笋、龙须菜。原产亚洲西部及欧洲，野生种分布很广。目前美国、法国、德国、日本栽培较多，是欧美消费者喜爱的蔬菜。近年来因其罐头制品在国际市场上非常畅销，每年需要量20万吨左右，而我国仅产1万余吨。

石刁柏的幼茎肥嫩细腻，清爽可口，气味芬芳，既能单独烹制，也可配荤配素，经凉拌、炒、煮、烧、烩做成多种菜式。除鲜食外还能大量制成罐头，或制成冻芦笋、芦笋汁饮料及芦笋药片等。

石刁柏的营养丰富，是名贵的保健食品。据分析，每100克鲜嫩幼茎含蛋白质1.6～3.0克，脂肪0.11～0.25克，灰分0.53～1.36克，还有大量特有的天门冬酰胺（又叫天门冬素）、芦丁、甘露聚糖和胆碱。经常食用，能健胃，提神，强心，利尿，对心脏症、水肿、肾炎、痛风、高血压、脑溢血、低钾病、宿醉、尼古丁中毒、湿疹、皮炎等都有一定的疗效。石刁柏中的天门冬酰胺酶有治疗白血病和抗癌的作用。由于石刁柏对人体健康有保健作用，所以消费量日趋增加，成为亟待发展的热门蔬菜。

石刁柏生性强健，适应性强，病虫害少，种植后能连续采收20年左右。而且容易栽培，管理简单，又可在4～5月份蔬菜淡季上市。所以除专供加工用的外，在寒冷地区，特别是城市远郊发展前景很广阔。

（一）生物学性状

石刁柏全株由根、地下茎、鳞芽群、地上茎、叶、花、果实和种子几部分构成（图44）。根着生于地下茎的节上，肉质，粗4～6毫米，长120～300厘米，分布幅度2～3米，大部分在地面下1米处，30厘米土层内的根占84%，根的寿命5～6年。因每年在嫩茎基部形成新根，根状茎向上生长，为使根不致外露，每年应在植株周围补培些土。地下茎的节间短，节上有鳞芽，鳞芽密集，形成鳞芽群。鳞芽向上生长形成地下茎，向下产生新的肉质根。地上茎高1～2米，圆形，善分枝，拟叶针状，丛生。真叶退化成膜质的小鳞片状，包于叶状枝的基部。雌雄异株。花

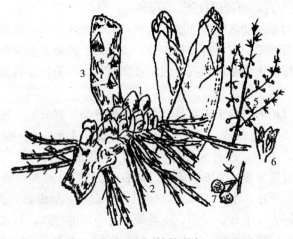

图44 石刁柏的形态

1. 鳞芽 2. 根 3. 残茎 4. 嫩茎 5. 绿枝 6. 花 7. 果实

单生于叶腋中。虫媒。浆果球形，直径7～8毫米，幼时浓绿色，成熟后红色。每果3室，各有2粒种子。种子大，黑色，千粒重约22克，每克40～50粒。种子寿命5～8年，陈种子发芽势弱。

石刁柏为宿根植物。每年春季从位于地面下约15厘米处的地下茎上产生许多嫩茎，到秋季时枯死。随着栽培时间的延长，植株不断扩大，到5～15年时为盛产期。

石刁柏一般用种子播种繁殖，但因其地下茎上有潜伏芽，当把茎切断或营养条件发生变化时能萌发生长，所以也可用分株法繁殖。

石刁柏为单子叶植物，子叶包藏并停留在种子中，不出土。发芽后先向下长根，接着向上长茎，按水平方向在土中伸展，并依次形成新的根和茎的原基，使株丛不断地扩大（图45）。地下茎很短，其上有许多节，节间短，节上着生鳞片状的变态叶，叶腋有芽。从地下茎先端发育成的壮芽相继萌生地上茎，并从节上向下生根。地下茎生长点的年生长量

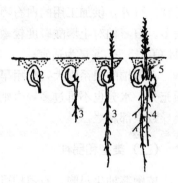

图45 石刁柏幼苗的形成
1. 种子 2. 幼根 3. 一次根
4. 二次根 5. 地下茎生长方向

为3～5厘米。随着地下茎向前伸展，抽出的地下茎和根逐渐增加，地上茎的高度和粗度也按发生顺序而增加。种子发芽后，除最初发生的一条为纤细根外，余均为肉质根。秋末冬初，从地下茎先端生长点附近发育成几个壮鳞芽，石刁柏的产量即取决于鳞芽的数量及其发育的好坏，而鳞芽的发育状况和地上茎发育的情况有关。因为由鳞芽发育成嫩芽所需要的营养完全依赖地上茎光合作用积累在肉质根的物质供给，因而上年地上茎的繁茂程度及其生长时期的长短就直接关系到翌年嫩茎的产量和质量。

石刁柏种子发芽的最适温度为 $25\sim30℃$，最低温度不应低于 $10℃$；嫩茎在 $5℃$ 时开始生长，$15\sim20℃$ 时生长最健壮；生长的最高温度为 $35\sim37℃$。采笋的最适气温为 $18\sim22℃$，15 厘米地温为 $16\sim22℃$。当地温高于 $25℃$ 时，不仅嫩茎顶部容易开张，而且嫩茎变细、变老，食用价值降低。

石刁柏的地下部甚耐寒，在 $-8℃$ 时不会受冻，适于寒冷地区种植，特别是生产带皮白头笋时更宜较冷地区种植。

石刁柏对土壤的选择性不严，但为使根系发育健壮，最好选择通气性好、保水、排水力强、耕层深的土壤，特别是冲积土最适宜。另外，供加工用的白石刁柏，因需培土，土壤中砂砾不可太多。石刁柏对土壤酸碱度较敏感，以微酸性至微碱性较好，以 pH 值 $6.5\sim7.5$ 最为适宜。

石刁柏的根系强大，颇耐旱。但为使幼茎肥嫩，土壤水分必须充分。水分也不可过多，否则氧气缺乏，妨碍根的生长，甚至会导致根部腐烂。

（二）类型和品种

按嫩茎抽生早晚，石刁柏可分早、中、晚三类。早熟类型嫩茎多而细，晚熟类嫩茎少而粗。我国栽培的品种，多从美国引进。主要有玛丽·华盛顿，玛丽·华盛顿 500 号，加州大学 309，加州大学 711，加州 800，泽西巨人及 Viola 等。泽西巨人是全雄杂种，长势强，耐旱、早熟、产量比玛丽·华盛顿高一倍。Viola 是具有纯正紫色的品种，含糖量达 20％ 以上，味较甜，是美国独一无二的应市四倍体品种，比普通二倍体体积大 25％，幼茎粗大，产量高。

（三）栽培技术

1. 育苗 石刁柏的种子有坚硬的革质外壳，蜡质也厚，吸水慢，必须进行催芽播种。将种子在 $20\sim30℃$ 的水中浸 24 小时，待其吸水膨胀，皮层略具线状裂纹后，再在 25～30℃中催芽，经 3～5 天即可出芽。催芽温度不可过高或过低。在 40℃中 17 天也不发芽；而在 20℃中 5 天，只有 2％的发芽率，17 天仅达 27％；温度低于 15℃时则不发芽。

石刁柏春秋均可播种，春播一般清明前后；秋播宜提前到夏季。这样，从播种到定植约有 1 年半的生长期，部分植株可以开花，对鉴别性别有利。

苗床要选择肥沃的壤土或沙壤土，尽早翻耕，晒透，整平，做成平畦。按行距 30 厘米、株距 3～7 厘米点播，覆土 3 厘米。每 667 平方米用种量 0.5 千克左右，可定植 0.67～1 公顷种植田。春季播种后到出苗前，用薄膜覆盖，保持土壤湿润。当 5 厘米处地温白天达到 15～30℃，夜间 15～18℃时，可根据天气情况揭去薄膜。秋季播种时，若多雨可将种子浸水膨胀后，趁墒开沟点播或条播。播种后用秸秆稍加覆盖，保持土壤湿润。石刁柏幼苗生长慢，要勤中勤除草。

2. 整地和定植　石刁柏是多年生植物，要选择向阳、土层深厚、通气良好的土壤，才能稳产、高产、延长寿命。

土壤必须深耕和重施基肥。地应整平，四周做好排水沟，以便雨后或灌后排除积水。地整好后按 1.3～1.6 米的行距，开深、宽各 30 厘米的沟，再在沟中施入厩肥，使其与土充分混合后，每隔 50 厘米单株或双株定植。

一般用一年生苗定植，若苗龄过大，起苗易伤根，栽后生长差。石刁柏的根柔嫩多汁，挖苗时尽量少伤根。苗挖出后将地上部的枯茎留高 10～15 厘米的桩剪去。为了便于栽植，对过长的根也可剪短，一般留 15～18 厘米即可。苗最好随挖随栽，不宜过夜，特别应避免任意堆积或日晒、雨淋，保证出芽部分及肉质根的完整。

苗应选大的，芽数多，肉质根发育健壮，根数达 10 条以上者。如果已经开花则要注意选择雄株栽。因为雄株的产量要比雌株高 25％以上。然而该作物一般播后到翌年才开花，开花前雌雄株又不易辨认；加之，二年生苗又不及一年生苗强健，故栽培者不愿将其留在苗床进行选择。据罗宾和琼耐研究认为，雄株比雌株开花期早，开花时植株较高，发出的茎数也多，采收初期产量高。这些性状可作为早期鉴别雄雌株的参考。

　　石刁柏在秋末冬初或早春 3～4 月间均可定植，但以前者较好。因秋末冬初栽的根系发育健壮，植株长势旺。栽苗时，将其排植于定植沟内，株距 30～40 厘米。为了便于以后培土，栽植时应使着生鳞芽群的一端顺沟朝同一方向。然后覆土，厚 5～6厘米，埋严根部，稍压实后灌水。缓苗后分次覆土，填平定植沟。定植密度白笋每 667 平方米 1 100～1 200 株、绿笋 1 800～2 200 株。为了便于掌握定植后的覆土和以后采笋时培土的厚度，可于定植时在畦上插培土标准尺：用长 15 厘米、宽 3 厘米的厚竹片，上刻标记，一端削尖，直插土中，使其 15 厘米处与苗的地下茎位置相平。则 30 厘米处为覆土厚度，40 厘米处为采笋时的培土厚度。

　　3. 田间管理　石刁柏生长年限长，栽植后特别是头 1～2 年要勤中耕，勤除草，勤灌水，使其发育健壮。并注意从幼茎抽生后开始，每隔半个月培土 1 次，每次培土厚 4～5 厘米，使地下茎埋在畦面下 15 厘米处。石刁柏对肥料三要素的需要量以氮最多，钾、磷次之，宜在春、夏、秋分次施入，特别是 6 月初采收完毕，耙去培土时大量施入对促进茎叶生长，增加产量作用更大。因为石刁柏产量的高低取决于根内贮藏物质的数量，而贮藏物质的多少与夏季地上嫩茎生长的强弱及生长期的长短有关。据浙江省农业科学院对杭州几个高产队的调查结果显示，其施肥特点是不仅施肥水平高，用量大，而且十分重视采收结束后的复壮肥。一般除 1 月底每 667 平方米施羊厩肥 1 500～2 000 千克，3月上旬施培土催芽肥 15 千克尿素，菜饼 50 千克，采笋期施追肥2～3 次，每次用尿素 7～10 千克外，采笋结束时还要施复壮肥

1 000千克，人粪尿或尿素 15 千克，8 月份施秋发肥人粪尿1 000～2 000 千克，加尿素 5 千克。该院认为每 667 平方米产500 千克笋，用氮 20～25 千克就可满足植株的需要。但必须注意，采收期追肥较恰当的时期是 5 月 20 日前后，这对提高后期产量和促进采后成茎的生长有双重作用。过早追肥效益不大。最后一次追肥的日期至少应在霜前 2 个月，以免不断发生新梢，妨碍养分积累。据报道，每 667 平方米年产嫩茎 400 千克时，植株需要吸收氮 6.96 千克，磷 1.8 千克，钾 6.2 千克。一般施肥对氮与钾的利用率约为 50%，磷约为 20%；此外，植株所需营养大约有 20% 已在土壤中，所以实际施肥量为氮 11.1 千克，磷7.2 千克，钾 9.9 千克，三要素的比例为 5：3：4。石刁柏定植后第一年植株小，施肥量为标准量的 50%，第二年施 70%，从第三年起按标准进行施肥。

　　培土是栽培供制罐头用的石刁柏的重要工作。一般是在春季，当地温达 10℃时嫩芽萌动后培土最好。过早地温不易上升，出笋慢；过晚，笋露出地面，笋尖呈紫色或绿色，失去制罐头的价值。以后随着植株生长，要结合中耕培土，逐渐将土培到株丛上，高 15～20 厘米。白石刁柏采收期间必须经常保持培土的厚度。采收结束后应及时将土垄耙掉，使畦面恢复到培土前的高度，保持地下茎在土面下 15 厘米处，防止地下茎向上发展，给以后培土带来困难。

　　培土时先用耕耘机将行间的土打碎，晒 2～3 天，再培。培的土要干燥、疏松，垄面不能压实，以免妨碍透气，不利于出笋。若培的土含水量过高会使笋产生锈斑。经过培土生成的嫩茎为白色，叫白石刁柏；未培土的为绿色，叫绿石刁柏。绿石刁柏的营养比白的高，栽培也容易，宜提倡。为了促进嫩茎生长，可将植株基部的土扒开，每株灌入 25 毫克/升的赤霉素 200 毫升。

　　用黑色塑料薄膜覆盖，除使畦面黑暗，产生白石刁柏外，还可提高土温，提早出笋。

适时灌水对提高产量，增进品质非常重要。栽培中应使土壤含水量达到最大持水量的 70～80%，否则容易使嫩茎纤维增加。停采后水分也不能缺少，否则嫩茎萌发迟，植株生长停滞，枝梢枯焦，光合作用难以顺利进行，影响营养累积。特别应注意冬前灌冻水，一定要灌足、灌透，这对提高来春嫩茎产量甚为重要。

石刁柏长大后茎秆细弱，容易倒伏，特别是秋季雨后更甚，宜设支架使之直立生长，保持通风透光，以便累积更多的养分。冬初地上部枯死后一般不割除，翌年春季天气转暖时再割。这样既可防寒保温，又可避免雨水、雪水从残桩侵入，伤害地下茎。

石刁柏栽后头 1～2 年植株尚小，可于行间套种毛豆、矮菜豆、甘蓝等较矮的作物。

石刁柏的主要病害是茎枯病。此外尚有褐斑病、根腐病、立枯病、菌核病、炭疽病和锈病。茎枯病，主要危害嫩茎，开始时出现乳白色的小斑点，扩大后成纺锤形的暗红褐色病斑，周缘呈水渍状。进而病斑中部凹陷，变成淡褐色至黄白色，其上着生多数黑色小粒点——分生孢子器。该病以分生孢子器过冬，翌年春季散出分生孢子继续侵害嫩茎。温暖多雨时蔓延快。防治茎枯病的主要措施是清除病茎、枯枝，及时排水，设立支架防止倒伏。发病初期喷 0.3%～0.4% 波尔多液或 50% 甲基硫菌灵可湿性粉剂 800～1 000 倍液，每 7～10 天 1 次，连喷 2～3 次。

主要的害虫为斜纹夜蛾，此外还有切根虫、种蝇和蓟马等。斜纹夜蛾的初孵幼虫常群集啃食，往往吃光拟叶，宜及时用 90% 敌百虫 1 000～1 500 倍液喷杀，每 10 天喷 1 次，共喷 2～3 次。

（四）采收

栽植后头 2 年，为使植株健壮，尽快进入盛产期，一般不采收。从第三年开始收获，可连续收 10～20 年。日本北海道曾有持续收 50 年的报道。不过一般在 12 年后因其根系密集，生长转

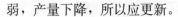

弱，产量下降，所以应更新。

每年采收期大致从 3 月下旬起至 6 月中旬。适当延长采收期是争取高产的一项重要措施。据浙江杭州进行的试验，6 月上旬的产量一般占到全期产量的 20%～24%。经验表明，开始采收到初冬下霜时，停采期应占近一半时间。到采笋后期，当发现其基部变细，组织变老时就应停止采收，否则会影响翌年产量。行培土软化者，应在嫩茎未冲破土堆时，将刀从土堆一侧与地面呈 50°～60°角插入，由基部割下嫩茎；如果嫩茎露出地面，顶部变成紫色或绿色，则影响商品价值。为了及时发现即将露出地面的嫩茎，要将土堆表面拍实、拍光，这样当嫩芽接近地表时会显出裂缝，沿此缝可找到嫩茎。石刁柏嫩茎生长甚快，当地温在 20～25℃时，一昼夜可生长 5～6 厘米。为做到及时采收，每天早晚各收一次，收后立即拿到黑暗处，防止见光变色。绿石刁柏一般是高 20～25 厘米时由基部割取。

石刁柏的嫩茎很娇嫩，怕热、怕风、怕干，不能久放。收后要将它暂时直立插入盛有 3～7 厘米深冷水的盆中，防止萎蔫；洗去泥土后按大小分级，捆成束，用油纸或塑料纸包好，装入衬湿苔的箱内运销。采收后处理要快，必须于 4 小时内送到厂内加工。工厂验收后的原料，亦应用淋浴式喷头不停地喷淋冷水。

石刁柏的嫩茎有发苦、硬化、空心和顶端鳞片松开者，这类嫩茎均为次品。发苦是因土壤黏重，地面板结，偏酸，缺磷，积水或过干；硬化是高温干旱和氮肥不足所致；空心与土壤缺磷和偏施氮肥有关；田间干旱后遇雨或灌水，嫩茎会开裂；种性不良，高温，干旱，植株衰老时鳞片容易松开。

（五）留母茎采笋栽培法

南方无霜区，石刁柏地上部周年生长不凋。为增加地下茎营养的积累，在采收期保留和培养一部分地上茎，使之进行光合作用，为多长嫩茎提供条件。这种方法叫母茎采笋栽培法。其特点是：①春季大量抽出嫩茎前，将田间老母茎全部割除后培土、施肥、灌溉，促使抽生壮芽。②出苗后选留几条健壮嫩茎长成母茎，其余均可采收。一般到 6 月份，春季选留的母茎已衰老，抽生的嫩茎变细，这时需施第二次肥，施肥后另选留母茎，将原留的母茎逐渐割除。夏季二茬母茎衰老，于 8 月份再更新 1 次母茎。高温期过后需第四次更新母茎。最后，把老茎全部割除，并在垄的两侧开沟施冬肥，然后将原培土扒下，覆盖在冬肥上，不再采收，为翌年产笋积累营养。

应特别注意，留母茎的数量和位置依株丛大小和生长情况而定。凡地下茎生长点处必须保留 1～2 条母茎，防止生长点萎缩。

据中国台湾省的经验，白芦笋 1～2 年生留母茎 2～3 枝，3～4 年生留 3～5 枝，5 年生以上留 4～6 枝。绿芦笋行株距较小，且嫩茎出土后能获得较多的日光，母茎可少留些，一般一二年生留 2 枝，3～4 年生留 2～3 枝，5 年生以上留 3～4 枝。全年母茎更新 2～3 次足够。夏季温度高，雨水多，更新茎宜择晴天，以免造成死亡或病害；冬季，母茎全部保留。留母茎的高度，在不倒伏的情况下，摘茎愈少，产量愈高。

（六）快速繁殖

如前所述，石刁柏可用种子及分株法繁殖，但较慢。现在最快的方法是茎尖培养法。该法不经诱导茎段产生愈伤组织的步骤，而直接从茎段上的芽长出丛生的小芽或植株。1 人 1 年工作200 天，可在试管内生产 7 万株，其方法是：从田间健株上切取带有若干侧芽的嫩枝，浸入 10％的克诺斯（Clorox）溶液中灭菌 15 分钟。在无菌条件下剥去侧芽外层鳞片后，将其切成带 1～2 个芽的短段，接种到含 0.05～1 毫克/升萘乙酸和 0.5 毫克/升激动素的培养基上。经 4～6 周，侧芽萌动伸长后，再将茎段分切成带有 1 个芽的小段。芽面朝上，另插接到含有萘乙酸和激动素的培养基上；在 27℃±1℃ 的温度中，每日用日光灯照射 16

小时,光照度1 300勒克斯。经10～12周,又可产生许多丛生小芽。再行分切培养,即可得到大量的原始母茎。将母株分植到含有0.1毫克/升萘乙酸的培养基上,约经4周即可发育成具有根的完整植株。把这些植株连根一起移栽到沙壤苗床中,3～4个月后再转入大田栽培。

二、香椿

香椿又叫香椿头或椿芽。属楝科多年生木本植物,以嫩芽和嫩叶供食。适应性强,特别适宜于房前屋后、渠旁、路边零星栽培。它生长快,寿命长,木材纹理直,质量好,是建筑和制造船舶、车辆、家具的好材料。香椿芽脆嫩甘美,香味浓郁,炒食、盐腌或凉拌,都能提味增色。原产于我国,自古就是我国人民喜爱的应时调味佳蔬,腌制品还远销东南亚各国,很受欢迎(图46)。

图46 香 椿

(一)生物学性状

1. 植物学特征 落叶乔木,高10余米,最高可达25米。树皮灰褐色至赭褐色,呈不规则的窄条状剥落。一年生枝条红褐色或灰绿色。偶数或奇数羽状复叶,互生,长25～50厘米。叶柄基部膨大,有浅沟。小叶10～22片,对生或近对生。叶痕大,倒心脏形。叶缘锯齿或近全缘。小叶柄短。嫩芽鲜绿色或带紫色,顶端淡褐色或带绿晕,叶柄绿色或淡褐红色,带绿晕。嫩茎绿色或基部褐紫红色，布满白色茸毛。圆锥花序，顶生，下垂，花小，白色，两性，钟状。花管短小，分裂。花瓣小，分离雄蕊生花盘上。花丝钻形，分离。花药丁字着生，花盘红色。子房圆锥形，5 室，每室胚珠 8 枚。花柱比子房短，蒴果，狭椭圆形，或近卵形，长 1.5～2.5 厘米。熟时红褐色，果皮革质，先端与瓣开裂成钟形。种子椭圆形，带有膜质长翅，每千克约 65 000 粒。花期 6 月份，果熟期 10～11 月份。种子含油量 38.5％，油可食用。

2. 分布及适生环境　香椿分布于暖温带及亚热带。分布区的北界与西界大致与当地年平均气温 10℃等温线相一致。从辽宁南部，到华北、西北、西南均有种植，其中心产区在黄河和长江流域之间，尤以山东、安徽、河南、河北、陕西、湖北、湖南、江苏等地栽培最多，但多为零星散生。甘肃省天水、平凉、定西、兰州，有少量栽培。香椿垂直分布的最高海拔高度为 1 600～1 800 米，大多在 1 500 米以下的山区和平原地区。耐寒性和耐旱性差，在年平均气温 7.9℃，最低气温－27.6℃的陕西榆林地区，地上部常被冻死。在较寒冷而又干旱的地区，早春幼树容易枯梢，树龄增大后，抗性加强。据青海省尖扎县苗圃试验，在极端最低气温－19.8℃，年平均气温 7.8℃，7 月份最高温度 34.5℃，年降水量 354 毫米，蒸发量 1 832 毫米，生长期 178 天处可以生长，但 4 年生的小树，冬季要培土防冻。

香椿喜深厚湿润的沙壤土，对酸碱度的要求不严格，酸性、中性、微碱性（pH 值 5.5～8）的土壤均可生长。喜光照，不耐阴。

（二）繁殖方法

1. 分株繁殖　有埋根和留根两种方法。埋根法方法简便，成活率高，成本低。采种根以一二年生苗为最好。3～4 月间采根，剪成长 15～20 厘米的小段，小头剪口要斜，随采随育。按行距 40 厘米开沟，将其斜插沟中，每 667 平方米 2 000～3 000 株。为使苗木生长整齐，应按根的粗细分级育苗。插根后不浇大小，干旱时于行间开沟渗灌。灌水后及时中耕。苗高 10 厘米时，及时除蘖。留根法是针对香椿在自然情况下，根部容易萌芽的特性，采带根苗株繁殖。可用断根促芽法：冬末春初，在树周围，挖 50～60 厘米深的沟，切断一部分侧根，然后将沟填平，促其发生不定芽，谓之留根育苗。

2. 播种育苗　香椿在 6 月上旬开花，10 月间果实成熟后，采收摊开晒干，将种子脱出，除去外壳及杂物，收藏于干燥处。翌年 3 月上中旬至 5 月下旬播种。播前用 30～45℃温水浸 10 小时，再用 0.5％高锰酸钾溶液浸泡半小时，之后捞出，用清水洗净，拌湿沙中，置 25～30℃温度中催芽，每天用温水冲洗 1～2 遍，每隔 2～3 天翻动 1 次。当有 25％的种子露芽后，按 25～30 厘米行距开沟，条播于阳畦中。阳畦土壤要疏松、肥沃、无病虫害。每 667 平方米播量 1.5 千克，覆土厚 1.5 厘米。播后 10 天左右出苗。出苗前后，搭荫棚，防止烈日暴晒伤苗。苗高 3 厘米时，除去荫棚，加强中耕，除草。当年冬，苗可高达 30 厘米许。翌年再按株距 18 厘米，行距 30 厘米，移栽 1 次。第二年冬，苗高 1～2 米时开始定植。

香椿种子有香气，容易招引蝼蛄等地下害虫为害，应注意防治。

（三）露地栽培

香椿一般栽在旱地或村庄周围，行株距 5～7 米。多数作为树木栽培，为使树干高大，栽后 2～3 年内一般不采椿芽。如专作菜树用，每 667 平方米密度可增加到 200～300 株。树高 1 米左右，春季顶芽生长到 10～15 厘米长时摘收。顶芽附近再萌发的 2～7 个侧芽，不再采收，留作骨干枝。翌年各骨干枝的顶芽萌发后再摘收。顶芽下重新萌发出的 2～3 个侧枝，继续保留，作为次级侧枝。以后，每年都这样进行。一般，每个椿芽重100～150克。定桩后，第一年只有一个顶芽，仅能采收100～150克。第二年可收500～700克，第三年500～1 500克，10～30年收15～25千克。

定植后4～5年，若田间枝条郁闭，可每隔4～6年用隔株、隔行方式进行间挖疏伐，使株行距逐渐扩大。20～25年后，部分植株衰老，宜于根颈上部锯断主干，并用镢头或锨顺植株基部两侧浅挖，切断根系，促其萌发新株，进行更新。

（四）保护地栽培

1. 育苗移栽 3月上旬将种子催芽后播种于阳畦内。出苗后按行距50厘米，株距2.5～5厘米间苗，每平方米留苗400～800株。约经2个月，具4～6片真叶时，按宽窄行定植于露地。宽行60～80厘米，窄行30～40厘米，株距15～20厘米，每667平方米栽植600～800株。7月上旬，苗高40余厘米时打顶。然后，浇水，追肥，促进侧枝生长。11月上中旬，苗高0.8～1.5米，主干直径2～3厘米，侧枝2～3个时移栽到大棚中。栽植密度宜大，株距15～20厘米，行距30厘米，每667平方米1万～1.5万株。大棚香椿多用单斜面大棚，11月中旬开始盖棚。棚后墙高1.5～1.7米，屋脊处高2～2.5米，南缘高0.6～0.8米，跨度5～7米，长20～30米，棚内用火炉管道加温。

2. 适时打顶 保护地栽培香椿，树要低，侧枝要多，芽要丰满，所以适时打顶是很重要的。7月中旬至8月上旬，是香椿旺盛生长期，为了有效的控制香椿树的高度，促进大量分枝，并使每个侧枝于冬前都能形成饱满的顶芽，打顶最好在7月上中旬，苗高40～50厘米时进行。如果打顶过早，侧枝生长过旺，不好控制；若再次摘心，则当年难以形成健壮的顶芽。反之，如延迟打顶，则植株生长已经过高，不仅达不到矮化的作用，而且打顶后虽可发生侧枝，但顶芽不健壮，翌年发芽迟，长势弱，产量低。

3. 平茬 香椿树的顶端生长优势很强，打顶后发出的侧芽，特别是距顶芽愈远的芽，萌芽和成枝力愈差。所以打顶摘心后，一般只有靠近顶芽的一个侧芽萌发，代替顶芽生长。若要打破顶端优势，必须对2年以上的苗木进行平茬。平茬最好在6月下旬进行，过早侧枝生长旺盛，平茬后不仅起不到矮化的目的，而且造成旺长郁闭，侧枝死亡多。如果再行摘心，则当年形不成健壮顶芽。过晚平茬，虽能控制株高，但芽不饱满或不能形成顶芽。平茬后一般能萌发5~8个侧芽，可以形成2~3个侧枝。

4. 打叶 打顶或平茬后，若因肥力充足，苗过高过旺时，可从植株底部向上打去1/3叶片。对有些长势过旺的植株还可打去1/2叶片，对心叶以下2~3片叶，每个叶片再截去1/3。限制生长，可以起到矮化、高产、优质的目的。

5. 矮化整形 一般单茬栽培或只栽培2~3年的，仅行摘心、平茬疏株即可。连续栽种3年以上的，必须进行矮化整形：6月中下旬，苗高30~40厘米时，于地面以上15~20厘米处短截，促发侧枝。翌年再将侧枝从10厘米处短截，促使生二次枝，逐渐形成头球式树形。对丛栽者，除行短截，形成圆球状树形外，为防止内膛郁闭，应进行选择留枝。另外，椿芽采收期，为防止多次采收，影响树势，应适当留些辅养枝，培养树形。香椿树顶端优势强，侧芽的萌发力和成枝力低。为迅速培养成多侧枝的树形，6月底采摘平茬苗及二年生播种苗的二茬顶芽时，伤口用50~100毫克/升甘油赤霉素处理，能促使顶芽以下连续4个侧芽形成侧枝。若能在采摘顶芽时，对二年生茎干进行环剥，伤口用50~100毫克/升赤霉素涂抹，效果更好。

6. 控制温度，打破休眠 香椿属落叶乔木，保护地栽培时，需要有一段时间保持1~5℃的低温条件，促进落叶，然后给予生长所需要的温度，打破休眠。因此，11月份香椿落叶，进入休眠期后移入大棚，将温度控制在1~5℃。12月份后，棚面夜间再加盖草帘，使白天温度保持23℃，夜间6℃，约经40天即可发芽。芽长25~30厘米，叶色呈红或褐色时用剪刀剪采。剪采时芽基部要留两片叶子，忌用手掰，防止损伤树体，影响再生力。采芽后及时追肥灌水，经20~30天，侧芽长大后又可采收，一般可收3~4次。7月底，最后一次采芽后，不再施肥，任其生长，养成顶芽。落叶后，施1次腐熟厩肥，并浇越冬水。

（五）水培瓶栽法

山东省临沂市农业科学研究所李锡志、李自强与山东农业大学蒋先明1987—1989年试验，12月至翌年1月中旬，将二年生已落叶，但未受冻的香椿树苗（或枝条），截成长20~25厘米的小段，立即插入盛有清水的普通罐头瓶中，直径2~2.5厘米的树枝，每瓶插4段。然后，置于温室、大棚、阳畦等的畦埂、过道、火道下方或两侧，也可吊挂在大棚或温室的后墙上，或摆放到暖气设备的向阳窗台上。室温白天18~10℃，隔3天补充1次水分。从插入瓶中起，约半个月开始发芽，45~50天后采收，1瓶可产鲜椿芽9.3~13.3克。一般1米长的距离内能摆放10瓶，从下向上隔30厘米放1层。一座长50米，宽7~8米，高1.5米的温室或大棚内，后墙上能挂放5层，约1 500瓶。连同畦埂和火道旁等处，共放置2 000瓶，除去成本外，增加收入约2 000元。

（六）采收、贮藏与加工

1. 采收 香椿芽以紫红色或略带绿色，柔嫩，无老梗，新鲜，富有香气的最好。所以应在谷雨前后，芽长10~15厘米时采收，尤以早采为宜。香椿树长大后，每年可收2次，第一次在谷雨前5~6天，这次收的香椿芽最肥嫩，无纤维，品质好；第二次在谷雨后6~7天，品质较差。棚栽者可采3~4次。采收宜在早晨和傍晚进行，采后，置于通风处，严防萎蔫。

2. 贮藏 椿芽采收后捆成小捆，一捆一捆平放筐内。筐内左右两筐壁相对，各打 2～4 个直径约 1 厘米的透气孔。或将其立放到苇席上，上盖树叶或塑料膜，可保存 3～4 天。也可装入塑料袋中，烙封好袋口，置于通风凉爽处，温度保持 5℃以下，可存放 10～20 天。用冰箱保存时，温度控制在 0～1℃间，勿使其受冻减味。大量长期保存时，可用恒温冷库贮荐。先将椿芽捆好，用 6-苄基腺嘌呤（BA）、大蒜素等保鲜剂喷洒或浸蘸，晾干后装入木条板箱或多孔塑料箱中，放在 0～1℃恒温库中，可保存几个月。装入塑料袋中扎紧口，放入恒温库中，每隔 10～15 天开袋换气 1 次，使袋内氧气含量不低于 2％，二氧化碳不超过 5％。也可将椿芽箱装入涂有硅氧烷混合液的尼龙纱布袋中，密封，可保鲜 60 天。

香椿贮藏中，不能洒水，并严防堆压生热。又极怕冻，温度低于 -2～-3℃时，即冻成暗绿色，半透明状，口味不佳，且不脆嫩，商品性降低，贮藏中应注意防冻。

3. 加工腌渍 香椿采收后，除去木质枝梗和杂叶，按大小分级后用清水把芽上的灰尘及沾染的污物冲洗干净，摊放于席垫上晾干，然后腌制：每 100 千克新鲜椿芽加盐 20～25 千克，然后一层椿芽，一层盐，每层椿芽厚 10～13 厘米，一直把缸填满为止。椿芽脆嫩，腌渍时不可搓揉，踩压，防止枝叶折断，影响美观。

腌渍后剩下的香椿碎段，弄碎，放锅内熬煮，去渣，留下的红色液体叫香椿油，加盐后可长期存放。用之作调味品，或腌渍萝卜条一类小菜，色泽鲜艳，别具风味。

椿芽腌渍 3～4 小时后，芽已湿润。这时，从椿芽基部拿起，芽尖有小水珠滴下时，及时翻缸：将腌渍的椿芽双手翻转到另一空缸中，使上下层椿芽交换位置；腌 5～6 个小时后，再进行第二次翻缸，共翻 5～6 次。一般是早晨腌渍，中午进行第一次翻缸，傍晚翻第二次；次日早、中、晚各翻 1 次；第三天中午，结合并缸再翻1次，经20～30天即可腌好。这时，将其取出，摊放于席垫上，晾1～2天，稍干燥后将缸底下积存的盐液洒在椿芽上，并加少量米醋，增加光泽和脆度。再晒至五六成干，不粘手时，贮藏。

腌制过程中经常翻缸，一方面防止发热，另一方面使盐分分布均匀，避免霉烂。翻缸时要勤搓揉，使盐分渗入组织内。腌制过程中，最忌油类和面粉。

腌晒好的椿芽，捆成小把，装入小口坛内，一层一层排好，压实，上盖碗并用石灰豆腐糊料纸（石灰0.5千克，豆腐1.5千克，搅成糊状，用手刷刷在纸上）贴封缸口。也可用筐藏，筐内用蒲包衬好，再放入香椿，筐外用绳捆牢，可保存2～3年不坏。运输时要避免重压、雨淋和受潮。贮藏时，仓位要高燥阴凉，下垫桩脚木。

此外，香椿还可加工成辣味香椿芽、香椿粉及香椿汁等。

三、百合

百合又叫蒜脑薯、夜合、千张、中篷花。原产于东亚，中国、日本、朝鲜半岛野生者分布甚广。北美和欧洲等温暖地区，中国是百合的分布中心，我国各地田野间都有生长，欧美各国将其当作花卉栽培，非常名贵。我国采收鳞茎作食用栽培，是我国传统出口的名贵珍稀蔬菜。目前苏、浙、闽、湘、赣、皖、川、粤、甘、晋、新等省（自治区）均有栽培，其中以江苏宜兴、吴江、南京，浙江湖州，甘肃兰州、平凉，山西平陆，山东莱阳，湖南邵阳、新邵和江西万载等地较为集中，是我国百合干出口外销的主要基地。

百合除含有蛋白质、脂肪、碳水化合物、维生素等外，还含有泛酸、β-胡萝卜素、水解秋水仙碱等。由于百合肉质细腻，色白、香糯、微带苦味，有较好的增振食欲，利于消化吸收。含糖量较高，具有一定量蛋白质，可称作佳肴，能产生较多能量。含有 17 种氨基酸，且含钾量及微量元素高，营养价值甚高，能加强肌肉兴奋，减少皱纹，改善脏器功能及抗衰延年的作用。含有水解秋水仙碱及多种生物碱，对机体多种功能，如安定神经、滋养脏腑组织等都有良好作用。应特别提出的是百合含有独特的百合贰 A 和百合贰 B，所以在江苏宜兴百合被誉为"太湖之参"和"中条参"，如同人参贰那样，对细胞功能和系统功能有一定补养作用。

百合有广阔的市场，鲜百合、百合干在我国各大城市及港澳地区销路极畅，在国际市场上颇受东南亚、东亚、非洲等地欢迎。随着食品工业的发展，国内外人民生活水平的提高，百合的需求量将与日俱增。

（一）生物学性状

1. 形态 属百合科百合属的多年生草本植物。茎有鳞茎和地上茎之分。鳞茎扁球形，埋在土中，由鳞片和短缩茎组成。短缩茎为圆锥状的盘状体，所以又叫茎底盘，位于鳞片下面，有贮藏养分、出生根系、着生和支持鳞片的作用。鳞片肉质，每个鳞片外面包一层膜状表皮。鳞片数目多，螺旋状排列，层层叠合，着生于茎底盘上，数十片抱合为 1 个鳞茎，称仔鳞茎，俗名"囊"。1 个大的母鳞茎一般有 3～10 个仔鳞茎。仔鳞茎由鳞片腋间茎底盘上的侧芽分化而成。母鳞茎外面无干膜包裹，特称无皮鳞茎。鳞茎能连续生长二至多年（图 47）。

地上茎由茎底盘的顶芽伸长而成，粗 1～2 厘米，高 100～130 厘米。不分枝，直立坚硬，绿紫色或深紫色，光滑或有白色茸毛。依品种不同，有的在地上茎的叶腋间，产生紫黑色圆珠形的气生鳞茎（珠芽，百合籽），有的在地上茎入土部分长出次生小鳞茎，俗称籽球。珠芽和籽球都可作种子，供繁殖用。

根分肉质根和纤维状根。前者丛状，着生于茎底盘之下，叫

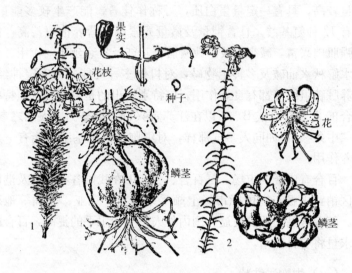

图 47 百 合
1. 兰州百合 2. 宜兴百合

底出根、种子根或下盘根，为须根，各条根的粗细相似，个别能分枝。主要分布在地表下 40～50 厘米深的土层中，隔年不死。纤维状根又叫不定根、茎出根或上盘根，位于鳞茎上部。出苗后半月，植株高 10 厘米以上时，陆续从地上茎入土部分长出，一般 4～5 层，自下而上分层螺旋式排列于茎的周围。长 7～13 厘米，分布于浅土层中，起支撑整个植株和吸收养分的作用。上盘根每年与茎干同时枯死。

叶全缘，无叶柄和托叶，绿色，互生至轮生。不同品种间叶形差异很大。

花多为总状排列，喇叭形、钟形或开放后向外翻卷。颜色有橘红、粉红、黄色、绿色和白色。花形、花色是区别品种的重要标志。果实为蒴果，近圆形或长椭圆形。种子数多，黄褐色，似榆树种子。

2. 生长发有的过程 生育过程因繁殖方法不同而异。兰州百合和龙牙百合用鳞片繁殖时，播后 1 个月左右，鳞片基部维管束表面形成愈伤组织，进而分化出不定芽和不定根，成为新的小鳞茎体。小鳞茎体在地下经月余，可生出 5～6 个鳞片，当直径达 1～2 厘米时，中心的 1～2 个鳞片的尖端延伸生长，穿出土面，形成如柳叶的基生叶。基生叶生长期短，1～2 个月便枯死，小鳞茎进入休眠期，此即一年生百合，鳞茎重 3～8 克。翌年从小鳞茎中心的芽长出地上茎，但植株小：高约 20 厘米，顶端着生 1 朵花或无花，地上茎入土部分能产生茎出根。后期，茎盘中心鳞片的腋间产生翌年地下茎的芽，秋季地上部枯死，鳞茎休眠，完成第二年生长。以后每年如此生长与二年生相同。经 4～6 年才能长成成品百合上市。兰州百合用鳞片播种后，第一年生长慢，第二年的生长量达第一年的 4.5 倍，第三年为第二年的 9 倍，以后各年增重比例小，但绝对值最高，所以栽培时后 3 年应加强管理。宜兴百合多用成品鳞茎作播种材料，即将仔鳞茎从母鳞茎上分开作种球栽植，好像种蒜一样。生长周期短，1 年 1 收，年产量大体相当于种球重量的 4 倍。

　　用百合地上茎生长的小仔球播种，生育过程与鳞片繁殖相似。

　　百合在 1 年中的生长过程，可分为以下 5 个时期。

　　(1) 播种越冬期　8 月下旬至 10 月中下旬均可播种。播后在土中越冬；翌年 3 月中下旬出苗。这一时期，在仔鳞茎的茎底盘着生处产生下盘根。仔鳞茎中心鳞片间的腋芽开始缓慢生长，并分化叶片，但不出土。

　　(2) 幼苗期　指出苗到鳞茎芽分化，时间在 3 月中下旬至 5 月上中旬。这一时期地上茎生长快，地下仔鳞茎的茎底盘着生处，即苗茎基部四周开始分化新的仔鳞茎芽。地上茎出土半个月，苗高 10 厘米左右时，地上茎入土部分长出上盘根。此时，下盘根、新分化的幼仔鳞茎、上盘根、地上茎同时生长。

　　(3) 珠芽期　5 月上中旬，苗高 30～40 厘米时开始产生珠芽，大约到 6 月中下旬即可成熟。珠芽成熟后，可自行脱落。这一时期地下新的仔鳞茎生长开始加快。

（4）现蕾开花期　一般在 6 月上旬到 7 月中下旬现蕾开花。打顶、摘除花蕾，可以减少养分消耗，有利于鳞茎肥大。

（5）成熟收获期　7～8 月份茎叶枯死后，可以开始收获作鲜食用。留种者应待立秋后，地下鳞茎充分成熟后再收。

3. 对环境条件的要求　百合喜土层深厚、肥沃、排水良好的沙壤土。在这种土壤中生长的鳞茎肥大快，色泽洁白。黏土地鳞茎紧密，个小、肥大慢。百合耐肥，要增施农家肥，土壤有机质应达 2.5％以上，速效磷 15 毫克/升以上，速效钾 100 毫克/升以上。土壤酸碱度以 pH 值 5.7～6.3 为最适宜。耐肥，尤喜磷、钾，在以氮肥为主的情况下，必须配施磷、钾肥。氮、磷、钾的比例为 1：0.8：1。肥料以农家肥为主，农家肥可占总施肥量的 60％以上。肥料要早施，基肥和出苗前的追肥，应占总施肥量的 70％以上。

地上茎不耐霜冻，但地下鳞茎能耐－10℃的低温。早春平均气温达 10℃时顶芽萌动，土温 14～16℃时出苗。地上茎生长适温为 20℃±4℃，低于 10℃时生长受抑制，3℃时叶片受冻。开花期日平均气温为 24～29℃。温度连续高于 33℃时植株枯黄，甚至枯死。百合感温性强，越冬期要求有一定的低温阶段，冷冻处理能提早出苗。

喜干燥，耐荫蔽。对空气湿度反应不敏感，空气相对湿度降至 47％～67％或高于 80％时均可生长。但怕积水，土壤湿度过大时鳞茎容易腐烂；高温高湿危害更大，所以栽培百合要选择排水良好的土地。雨多处要采用高畦，并注意排水。喜半阴条件，光照不足，会引起花蕾脱落。

（二）类型和品种

一般认为全世界的百合有 100 多种。1980 年《中国植物志》

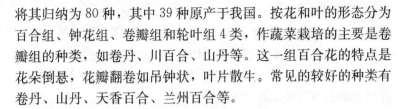

将其归纳为 80 种，其中 39 种原产于我国。按花和叶的形态分为百合组、钟花组、卷瓣组和轮叶组 4 类，作蔬菜栽培的主要是卷瓣组的种类，如卷丹、川百合、山丹等。这一组百合花的特点是花朵倒悬，花瓣翻卷如吊钟状，叶片散生。常见的较好的种类有卷丹、山丹、天香百合、兰州百合等。

（三）繁殖方法

1. 鳞片繁殖　用利刀将鳞片自基部切下，插入苗床中。插后 15～20 天，于鳞片下端切口处发生小鳞茎，其下生根，并开始长出叶。一般 1 个鳞片可生长小鳞茎 1～2 个，培育成种球需 2～3 年。现采用气培法可大大缩短长成鳞茎的时间。方法是：将鳞片置于温度 20～25℃，空气相对湿度 80%～90% 的温室中，适当进行光照，10 天后产生愈伤组织，分化成小鳞茎体，15 天后长出根，30 天后长茎生叶，过 50～80 天，即可获得直径 1 厘米的小仔球。

2. 小鳞茎繁殖　凡能产生次生小鳞茎，即有仔球的品种，挖取大鳞茎时，收集土中的小鳞茎进行播种，培育 1 年可达到种球标准。

3. 仔鳞茎繁殖　甘肃兰州、山西平陆、江苏宜兴百合的栽培，都是在采收时选择根系发达、苞口好，一般有 3～5 个仔鳞茎，大小均匀而清楚的母鳞茎作种。栽种前把仔鳞茎分开，使每个仔鳞茎都带有茎底盘。9～11 月份栽植，行距 25～28 厘米，株距 17～20 厘米，开沟种植，把仔鳞茎底朝下，盖土 7 厘米厚，翌年春季出苗。江苏宜兴秋季收获成品百合，甘肃兰州、山西平陆一般经 2～3 年才收获成品百合。

4. 珠芽繁殖　凡能产生珠芽的品种，于 6 月份珠芽成熟时，采收、沙藏；8～9 月份播于苗床。采用条播，行距 15～20 厘米，株距 3～7 厘米，栽深 3～5 厘米，盖沙厚约 0.8 厘米，再盖草一层。翌年秋季即长成 1 年生鳞茎。再连续生长 2～3 年，即可作种球使用。

5. 茎段和叶片扦插 茎段插入水中。叶片，特别是上部叶片，插入湿珍珠岩中，在其基部切口处即可长出小鳞茎。

6. 其他方法 除以上各种繁殖方法外，还可用组织培养法，仔鳞茎的心芽繁殖法及种子繁殖法。

（四）栽培要点

1. 选地播种 选择土层较厚、松软透气性强的中性或微酸性沙质土壤。春季 3 月上旬或秋季 9～11 月份地冻以前，用仔鳞茎作种播种，行距 35 厘米，株距 15～20 厘米，每 667 平方米留苗 1 万～1.5 万株。

2. 除草追肥 追肥以农家肥和磷肥、钾肥为主，一般追肥 1～2 次。结合中耕除草，每 667 平方米追农家肥 2 500～4 000 千克，氮素化肥 15～25 千克。

3. 摘花 当花茎长到 3 厘米时，应及时摘去，阻止其开花，以免消耗养分。

4. 培土 百合母仔缺乏，为加速繁殖母仔，应增加土壤厚度。方法是：在栽百合后第二年，冬季地冻后，将地塄土铲撒到地里，或从田外拉熟土撒在行上，增加土层厚度，使地上茎入土处产生小鳞茎。

5. 病虫害防治 立枯病、腐烂病、蛴螬、地老虎等是百合的主要病虫害。防治时应实行高畦栽培，轮作倒茬，加强开沟排水。发病初期用代森锌进行防治。如果发现根被咬断，鳞茎残缺不全时，用辛硫磷进行开沟喷洒，也可以在早晨或傍晚人工扑杀或配毒饵诱杀害虫。

（五）贮藏

采收后去净茎秆、泥土和须根，及时运入室内。切勿暴晒，防止鳞叶干燥。

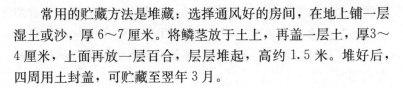

常用的贮藏方法是堆藏：选择通风好的房间，在地上铺一层湿土或沙，厚6～7厘米。将鳞茎放于土上，再盖一层土，厚3～4厘米，上面再放一层百合，层层堆起，高约1.5米。堆好后，四周用土封盖，可贮藏至翌年3月。

（六）加工

1. 百合干

（1）剥皮清洗　人工剥开鳞片，去掉外围枯老鳞片和茎底盘。将鲜瓣按外中内3层的颜色、大小、老嫩，分别淘洗干净。

（2）烫漂晾干　锅里盛水50升，用旺火烧沸后投入15千克鳞片，稍作搅动，猛火烧开后小火煮5～8分钟。等瓣片呈米黄色，用嘴咬试，瓣尖不生、脆，或用手指甲刮瓣皮起粉状时捞起鳞片，迅速用冷水进行冷却，摊开晾干表面水分。烫煮时，一定要掌握住火候。过生，干燥时因氧化使颜色变褐；烫煮过度，干后鳞片容易破碎。

（3）晒（烘）干　烫漂晾干后，立即摊放到竹帘或苇席上晒干，或置于烤房中于32～42℃温度下烘干。干制率为2.6～3.3∶1。

（4）分级包装　鳞片干燥后要进行回软。方法是将干品放入室内，堆置几天，即可自然达到干湿平衡。之后，经人工选片，先选择洁白、完整、大而肥厚的作一级百合干，取出小片和碎叶为三级，其余为二级。分级包装，然后放到阴凉通风处，防止吸湿返潮、虫蛀和霉变，以便食用或销售。

2. 百合粉　将鲜百合加水擦磨成粉浆，去渣，沉淀后晒干。一般出粉率为10%～13%。

（七）食用方法

百合干可做药用。食用时先用清水泡软，再放沸水中煮5分钟，然后烹饪。鲜百合应选个大，瓣匀，肉质厚，色白或呈

淡黄色的，叶不苦的，可剥片煮汤或干蒸，主做甜食。百合甜
食的种类很多，如八宝百合、蜜汁百合、百合桃、干蒸百合
等。也可加肉炒食或和米、豆、枣等一起煮成稀饭，加糖当甜
食食用。

四、朝鲜蓟

朝鲜蓟别名法国百合、荷花百合、洋百合、洋蓟、刺菜蓟、
菊蓟、菜蓟。为菊科菜蓟属中以花蕾供食用的多年生草本植物。
原产于地中海沿岸，由名叫卡罗顿的菜蓟演变而成，南欧及中亚
细亚有野生种。2000 年前，古罗马人已食用，法国栽培最多。
1446 年从拿波利引入意大利的佛罗伦萨，16 世纪初传入法国，
1507—1547 年传到英国，1806 年西班牙人带入美国，明治初期
引入日本，当时称为"漏芦"，但因日本气候不太合适其生长，
故种植极少。19 世纪由法国传入我国上海，云南有栽培，浙江、
山东、湖南、湖北、北京、陕西已开始试种，在 2008 年陕西宁
强县与天津天士力集团合作种植 270 公顷，初见成效。花蕾中的
总苞及花托为食用部位，每 100 克可食部分含蛋白质 2.8 克，脂
肪 0.2 克，糖类 2.3 克，维生素 A 160 单位，维生素 B_1 0.06 毫
克，维生素 B_2 0.08 毫克，维生素 C 11 毫克，钙 53 毫克，磷 80
毫克，铁 1.5 毫克。G. Saliman 指出，埃及产的菜蓟花托内含有
β-谷甾醇，蒲公英甾醇和豆甾醇等甾类物质。含热量很低，因
其大部分碳水化合物是以不为人体吸收的菊糖形式存在，被认为
有利尿，降低血糖的作用。为高档蔬菜，可炒食、油炸、盐渍、
做汤或加工成罐头。叶柄经软化栽培后，可煮食，味清香，为西
方民众喜食的一种佳肴。朝鲜蓟叶片中含有菜蓟素绿原酸、咖啡
酸及以木犀素为主体的黄酮类及黄酮类化合物，如木犀草素糖
甙，木犀草素鼠李糖甙等，不但有开胃调胃功能，还能缩短凝血
时间，增强毛细血管壁的韧性，使之更具抗力。近年来罗马尼

亚、意大利用其治疗肝病，菜蓟叶的水浸液有利胆、利尿和促进胆固醇代谢等作用，我国上海医药工业研究所将鲜叶提取液浓缩制成冲剂，临床验证对迁延性和活动性慢性肝炎有一定疗效。另外，上述物质能清除人体内新陈代谢产生的有毒物质，对治疗慢性肝炎和降低胆固醇有一定作用，现已利用叶片浸出液开发出开胃药新产品。朝鲜蓟的生产已逐步兴起，其罐头制品在国际上大受欢迎。

（一）生物学性状

朝鲜蓟为直根系，圆锥形，褐色，肉质族生，主根上有侧根3～5条。根上多数长有瘤疤，质脆。茎直立，高100～160厘米，开展度140厘米，茎上有纵条纹，多分枝。6～7月份分枝先端着生花苞，以主茎花苞最大，称王蕾。叶大，肥厚，互生披针形，长30～80厘米，宽15～40厘米，羽状深裂，绿色，叶面密生白色茸毛，叶缘齿尖有刺。初生真片全缘，以后叶片渐有浅裂，至9～10叶，始有深裂。地上部二年生的枝叶逐渐衰老死亡，自茎部抽出分蘖芽，长出侧枝而更新。头状花序。单株着花序3～6个直径约10～20厘米。以主茎上的花序最大，依次为2、3、4侧枝，单株有效花序即有食用价值者为1～3个。花托大，约10厘米，肉质。总苞片卵状长椭圆形，基部厚，先端极尖或刺状，革质，端部稍带紫色，苞片聚复瓦状排列。花蕾外层有80～120张苞片，60%以上的外层苞片木质化，内层40%的苞片较嫩。苞片基部内侧白色，略肥厚，苞片着生在花托上，花托肥厚多肉质，食用部分为花托和总苞。一个花蕾的可食部分重15～50克。花盘上长有管状花，紫色，两性。雄蕊5枚，聚药。萼片退化，形成冠毛。子房1室，下位，花柱2裂，柱头长于花冠。花盘外有总苞包围。瘦果卵圆形，长0.5厘米，果皮灰或白色，并密布褐色斑纹。种子千粒重44克（图48）。

朝鲜蓟生长发育经历营养生长和生殖生长两个阶段。营养生

苗　　花　　花苞

图 48　朝鲜蓟

长期从出苗到抽薹前为止，而生殖生长则自开始抽薹至种子成熟为止。在营养生长期中又可分发芽期、幼苗期、伸长期、休眠期、发育期。之后才进入生殖生长期。发芽期，从 3 月上旬至 3 月中旬，历时 10～15 天。幼苗期，从 3 月中下旬至 5 月下旬，从子叶展开到羽状深裂叶出现，此期生真叶 8～9 片，主根伸长，侧根陆续发生，生长量小，历时约 70 天。伸长期，从 6 月上旬至 11 月上旬，羽状深裂叶出现到越冬前，营养生长加速，植株伸长，形成大量叶片，根系不断加粗、扩展，历时约 160 天。休眠期，从 11 月中下旬到翌年 3 月下旬，叶片停止生长，地下茎越冬，长达 120 天左右。发育期，从翌年 3 月下旬至 4 月下旬，植株地上部长出新叶，形成生殖器官至显蕾前，同时进行营养生长与生殖生长，时间约 30 天。显蕾期，从 5 月上旬至 6 月上旬，花蕾露出叶丛，主花茎伸长并陆续抽出花茎分枝，次级花枝花蕾相继出现，且花蕾迅速膨大，生殖生长旺盛，历时 25～30 天。开花结实期，从 6 月中旬至 7 月下旬，从主枝到分枝陆续开花，花谢后 40～50 天，子房形成瘦果。植株地上部二年生枝叶逐渐衰老死亡，自茎基抽出分蘖芽，开始新的周期生长。

朝鲜蓟一年生植株可高达 60～100 厘米，茎长 8～9 厘米，地上部生长叶 80 余片，生长期中保持可见叶 20 片左右，越冬前单株鲜重达 3.5～8.5 千克。越冬后第二年恢复生长期，深裂叶 20 片左右，抽茎后主茎高 80～100 厘米，有 1～3 级花枝，每个小花枝上有 1～4 片浅裂叶。主花枝显蕾后相隔 3～5 天，有 1～3 个次级花枝的花蕾出现，单个大花苞重达 300 克以上，单株嫩苞采收量 600 克左右。每株通常结出花蕾 3～8 个，紫色或绿色。显蕾到开花 30～40 天，花盘直径 7～12 厘米，总苞有数十至百余片，开花后 7～8 天花谢。

朝鲜蓟喜温暖气候，种子发芽适温 20℃，生长适温 10～20℃，耐干热和抗寒力均不强，高于 34℃生长受抑制，低于 3～4℃时停止生长。幼苗期耐寒性较成株差。温度稳定通过 10℃仍不能露地定植，须到 18～19℃方可免受冷害。成株叶片能在 5～28℃甚至更高温度下生长，但当温度超过 25℃时，叶片衰老加快。秋季气温在 18～13℃时，叶重迅速增大。耐轻霜，在 -3℃的低温中持续数天，地上部即冻死干枯，更不能忍受低于 -7℃的短期低温。要求强光，尤其在抽生花茎时，天气晴朗，形成宽大肥厚的叶，花蕾肥大，茎粗而多。忌湿，生长旺季，畦沟积水易引起烂根死亡。朝鲜蓟越冬后，外界温度回升时抽生花葶，通过春化阶段表现为低温感应型。一般在 11 月中旬至翌年 3 月中旬，以草秸和薄土覆盖假茎越冬；12 月份至翌年 1～2 月份，在表土有覆盖条件下，15 厘米地温为 4～6℃；翌年 4 月上旬恢复生长，5 月上旬显蕾。如果 11 月中旬至翌年 3 月中旬在日光温室内月均气温为 5～8℃，植株可缓慢生长，翌年 3 月下旬显蕾。若在冬季将其贮存于凉房，温度保持 5℃左右，或贮存于地窖，温度保持 8～10℃，4 月上旬回植露地，5 月中下旬显蕾。株龄长短或植株大小不同，通过春化后的表现也不同，越冬前株龄长的显蕾早。如果越冬方式和株龄相同，植株大小即使差异较大，但越冬后显蕾时间差别不大。一定株龄的植株通过春化阶段后，

15℃左右时开始显蕾。20～25℃时显蕾的花枝伸长的速度加快。最高气温高于30℃时,总苞片开张快,可食部分质地变劣。

朝鲜蓟开花不结实的现象严重,主要是因雌蕊柱头二裂程度小,几呈针状,且远高于雄蕊,防碍花粉着落。雌蕊先于雄蕊,一旦成熟,免于自花授粉。

(二)类型和品种

我国曾先后引入 *Cynara cardunculus* L. 和 *Cynara scolymus* L. 两个种,均名朝鲜蓟。前者多刺,花序小,作蔬菜食用的多由后者中选出,其中分有刺、少刺和无刺三种。上海百年前引入的品种为无刺,通常称绿球(Green globemproved)。据云南昆明市农技站报道,目前,大面积栽培品种以 YAND1-5、YAND1-4、YAND1-7 为宜,长势均匀整齐,丰产性、商品性较好,若鲜销则 YAND1-4 最佳。现将主要品种简介如下:

1. 上海朝鲜蓟 引自法国,经多年选出。株高 1～1.3 米,叶大,较肥厚,叶缘深裂,先端刺状,叶上密生茸毛。花紫色,每株结花蕾 15～20 个,每个重约 250 克。不耐霜冻,天气过于炎热也会使花开放,降低食用价值。

2. 绿球 为鲜食代表品种,自美国引进。株高 80～100 厘米,茎基部粗 5～8 厘米,上部开花茎粗 1.5～2.5 厘米,有 1～3 级花枝。叶深裂。每株花蕾 5～8 个,最大花蕾重 300 克以上,每株花蕾重 600 克左右。

3. 公鹿(Artichoke Harts) 为制罐品种,花蕾较小,分枝、分蘖稍多于绿球品种。

(三)栽培技术

1. 种苗的繁殖

(1) 种子繁殖 朝鲜蓟无论春播,还是秋植,都须经过一个低温春化阶段,才能抽生长茎,形成产品器官,其栽培需跨两年。南方温暖处可于 9 月播种，10 月苗高约 10 厘米以上，有 4～6 片真叶时定植，至翌年春季现蕾收获。如苗期采用黑膜遮光处理，当年初秋能抽薹采收。云南昆明四季如春，周年均可播种，但以秋冬播种移栽较好。陕西西安、宁强多于 7～9 月播种。也可春播夏收，3 月将种子低温处理后播种，当年 6～7 月可抽薹现蕾。播前，将种子浸泡在 21～25℃的温水中，经 12 小时捞出催芽，选择破嘴露白的种子，在 3 月下旬到 4 月上旬，以 7 厘米×7 厘米距离最好用 72 孔穴盘，点播或均匀撒播于阳畦中，用细沙土或蛭石盖种。苗床温度保持 25℃左右，幼苗 3～5 片真叶时可用黑膜适当覆盖。经 40～45 天的生长，有 5～6 片真叶时，即可定植。秋播育苗可使花苞采收前的营养生长期缩短，有利于产值的提高。

春播夏收需经春化处理，方法是播前 25～35 天，先将种子浸泡 12 小时后，置 20～25℃及湿润条件下催芽。经 5～6 天，芽长 1 厘米时，将种子移入 0～1℃的冰箱，冰柜或冰窖中，保持一定湿度，15～20 天后取出播种，秧苗 4～5 片真叶时定植。

（2）分蘖繁殖　无性繁殖的部位，主要集中在植株基部20～60 个茎节，各茎节分化的腋芽，均可萌发生长成苗。不切离母株形成的植株，1 月份萌动的，可全部分化花芽，3 月上旬萌动的腋芽株，尚有 16％的分化花芽。切离母株进行分株繁殖，有抑制花芽分化的作用。被抑制了花芽分化的植株，需再经低温过程才能分化花芽。为培育好分株繁殖苗，在 10 月上旬，选择健壮的母株掘取分蘖，把大的分蘖苗，连根直接定植于大田；把小分蘖苗按 15 厘米见方栽于苗床培育，冬前用塑料薄膜棚覆盖防冻，翌年 3 月下旬，带土掘取定植于大田。

2. 选地整地　朝鲜蓟较耐旱，不耐湿，生长过程中要求地块排水良好，防止积水烂根。整地要求深耕，结合施足基肥，每 667 平方米撒施有机肥 2 000 千克左右，耕翻耙平后，做 1.7～2 米宽（连沟）的高畦，每畦栽一行，株距 100～130 厘米；可按行距1米，顶宽40厘米，高15厘米筑成高畦。

3. 定植　春季在3月下旬，秋季在10月下旬定植，一般每畦栽一行，株距100～130厘米。定植时，要边起苗，边浇水，但浇水不能过多，以免发生烂叶烂根。定植后用细土盖严膜孔，切忌埋心。

4. 田间管理　苗成活后，适当施些稀粪水，中耕松土2次，使根系向下伸扎。发苗期，每667平方米施人粪尿2 000千克，在距植株30厘米处环施，促进叶茂，花茎多而粗壮。第二次在5月上旬追肥，每667平方米施硫酸铵25千克，使花蕾肥大。5月上中旬前后就要采收花蕾，采收期约1个月，每收1次要追肥1次。进入高温期后，植株生长慢，应勤除草和防治病虫害。另外要勤浇水，使花茎粗大，如多雨，要及时排水，防止烂根。朝鲜蓟植株，特别是叶子不能忍受低温，入冬后要采取保护措施：初霜后，平均气温降到3～5℃时，割去植株中上部叶片，仅留叶柄以下的外露茎埋土，并在四周和顶部覆秸草15～20厘米，顶部再加上一层，呈堆状。

春季随着气温的回升，3月上旬清除顶部覆土，适当扒开植株四周的秸草，直到断霜清除顶部秸草，并进行松土。4月份在植株两侧施复合肥，每667平方米施25～30千克，并行浇水，促进分枝萌生。当分枝长到15～20厘米时，选留健壮、分布均匀的分枝3～4个，以后将陆续萌生的分枝定期删除。

在整枝过程中，可在多余的分枝中挑选长度15～20厘米的健壮枝，贴茎切离母茎作为插穗，扦插于沙壤土的高畦中，1周左右发根成活，可以培育成苗。

5. 采收　花蕾外部苞片无污斑，而且紧密抱合的未熟花蕾最为理想。苞片张开者显示老化或萎凋。挺拔的花蕾轻压或彼此互相磨擦时能吱吱作响，苞片受冻后变色，但不减损烹调品质。花蕾大小不能决定品质，只能决定其用途。但小花蕾容易萎凋。商品朝鲜蓟花苞产量，以定植后3年生的植株最多，每株产量

1 300～3 600 克，一般于 5 月中旬至 6 月中旬采收。显蕾后 7～
10 天，可采收 50～100 克重的花苞，供制罐头用。15 天左右，
花苞 200～350 克，采收后供鲜销用。采收标准是花苞长足，总
苞紧密抱合时，质地鲜嫩，有香味。一旦总苞外苞片松弛开张
时，花苞质地变粗变老。因花蕾在不同植株间及同一株上不同的
分枝间在时间上有差异，宜分期分批采收。通常 3 天采 1 次为
好。每 3～4 千克可加工成 1 千克可食部分。食用时，先将花苞
用沸水煮 25～45 分钟，至萼片易于剥落时取出，用橄榄油、柠
檬汁、大蒜、辣椒、盐等调味，有独特风味。采完后，立即将表
土挖开，在距土表 10 厘米处切断，然后将土盖平，再用割下的
茎叶覆盖土表，降低地温，以利于老根萌发粗壮蘖芽，每株可连
续收获 4 年。供制酒用的茎叶的采收，温暖处一年可收两季，上
半年 4 月下旬至 5 月下旬，可收 3 次，下半年 10 月至 12 月上旬
采收一次。以上半年产量最高，平均每 667 平方米产量 1 500 千
克，最高 2 500 千克。

　　朝鲜蓟采后需立即冷却至 5℃ 以下，并给予 95% 的相对湿
度，然后贮藏于 0℃，相对湿度 95% 以上环境中。保鲜的关键是
采后迅速降温。为了减少失水，可将花蕾球装于有孔的塑料薄膜
袋中，每 100 平方厘米薄膜面积上打有 5 个直径 6 毫米的孔，将
塑料袋置于 4℃ 流动的冷却水中。

（四）病虫害防治

　　5～7 月份要及时防治地老虎为害，用 90% 敌百虫 800～
1 000 倍液，或 50% 辛硫磷乳油 800～1 000 倍液喷雾防治，也可
用敌敌畏毒杀。发现蚜虫为害幼叶时，以 40% 乐果乳油 1 500 倍
液，或 2.5% 溴氰菊酯乳油 3 000 倍液喷雾防治。根腐病主要症
状是根部腐烂变黑，继而植株萎蔫倒伏。防治措施是在 7～9 月
份雨后，适时中耕松土，如发现病株茎髓开始腐烂，要及时平
茬，覆混合生石灰的干土。也可用刀切去腐烂的部分，用农用硫

酸链霉素涂抹后再用松土垫塞在切面处；或 50％多菌灵可湿性粉剂 800 倍液加 2.5％溴氰菊酯乳油 2 000 倍液进行根处理。花苞黑心腐烂用 25％甲霜灵可湿性粉剂 800～1 000 倍液，或 50％甲基硫菌灵可湿性粉剂 600～900 倍液，喷雾防治，同时采用补钙措施，叶面喷施 1‰普钙溶液。有病毒病时，主要是防治蚜虫传播，在高温干旱期，及时灌水。也可用盐酸吗啉胍·铜（病毒A）、病毒 K 等防治。

五、罗勒

罗勒俗称毛罗勒、九层塔、零陵香、气香草、兰香、矮糠、光明子、西王母菜、假苏、二矮糠、西王菜、金不换等，为唇形花科罗勒属植物。罗勒属植物大约有 60 多个种，包括具有芳香气味的矮灌木和草本植物，原产非洲和亚洲热带地区，现广泛分布于亚洲、欧洲、非洲及美洲的热带地区，目前在欧美是一种很常见的香辛调味蔬菜。罗勒在我国栽培、利用也有着悠久的历史，北魏《齐民要术》就有其栽培和加工方法的记载，并认为食后有消暑、解毒、健胃之功效，主产于河北、陕西、河南、安徽及华东、华中等地。但目前利用较少，开发利用的范围和深度远远不及欧美国家（图 49）。

食用嫩梢，叶片可调制凉菜，或作汤，略带薄荷味，甜中带辣。营养相当丰富，其中含钾很高，还有微量元素，硒也较高，并含芳香挥发油，内有茴香醚，罗勒烯，芳樟醇，甲基胡椒酚，丁香油酚，丁香油酚甲醚，

图 49 罗 勒

α-蒎烯、柠檬烯、糠醛等成分。全草入药，味香辛，性温，具有发汗解表、祛风利湿，消食，散瘀止痛，清利头目，透疹利咽的功效，可治风寒、感冒、头痛、胃腹胀满，消化不良，胃痛，肠炎腹泻，月经不调，跌打损伤，蛇虫咬伤等症。开花时直接剪下制成乾燥花，有趋赶蚊蝇的功效。浸出液可抗菌、助消化。叶片具有特殊的香味，被称为"香草之王"。用于调料，切碎后直接放入凉拌菜或沙拉中；也可将茎尖与肉类同炖。罗勒还可用于调味醋、油和酱汁等，精油可为调味品。在初花期将植株除木质茎外部分剪下，可提炼芳香油、丹宁及其他附属产物。作为传统的民间草药，一般将叶片捣烂后用开水浸泡，饭后饮用可起到促进食欲、帮助消化的作用。罗勒的某些品种如绿罗勒、密生罗勒能够形成大量的枝叶，植株十分繁密，而且其明快翠绿的叶色、鲜艳的花族和芳香的气味，在欧美是一种应用较广泛的绿叶庭院草本园艺植物。不同品种的罗勒具有略有差异的芳香油成分，有的为樟脑气味，有的具有玫瑰与麝香石竹混合的香气，目前欧美一些国家将罗勒中提取的芳香油用于香水的制造。

近代研究发现，罗勒茎叶提取物在动物体内能消除自由基，有助于染色体的损伤修复，能有效防止射线引起的染色体畸变。人体肿瘤的发生与体内补体的数量呈线性关系，补体数量增多，人体容易发生肿瘤。罗勒基叶中有明显的补体抑制功能，是一种天然的补体抑制剂，开发罗勒的抗癌新药，已引起人们的注意。Sarker 和 Pant 发现罗勒的叶和种子能够降低血压，Aguiyi 等证明罗勒具有降低血糖的作用。

（一）生物学特性

罗勒全株被稀疏柔毛，不同种、变种或品种在植物学特征上略有差异，一般株高 20～100 厘米。茎紫色或青色，四棱形，多分枝；叶对生，卵圆形；花分层轮生，每层有苞叶 2 枚，花 6 朵，形成轮伞花序；每一花茎一般有轮伞花序 6～10 层。花萼筒状，宿萼，花冠唇形，白色、淡紫色或紫色，雄蕊 4 枚，柱头 1 枚；每花能形成小坚果 4 枚，坚果黑褐色，椭圆形，遇水后种子表面形成黏液物质，千粒重 1.25～2 克左右，发芽年限可保持 8 年。温室鸡心瓶中 40 个月发芽率可达 81%。喜温暖、湿润的生长环境，耐热、耐旱，对土壤要求不严格，宜在土层深厚、疏松、富含有机质的壤土中生长。发芽的温度范围为 15～30℃，最适 25～30℃，生长适温 25～28℃，低于 18℃生长缓慢，低于 10℃，停止生长。在适温和长日照下采收期长，产量高。低温和短日照下极易抽薹。

（二）品种类型

罗勒属变种及品种繁多，现对一些进行介绍：

1. 甜罗勒　以幼嫩茎叶为食用的一年生草本植物。矮生，形成紧实的植株丛，株高 25～30 厘米。叶片亮绿色，长 2.5～2.7 厘米。花白色，花茎较长，分层较多。

2. 大叶紫罗勒　株高及其他特性同甜罗勒。茎叶深紫色至棕色，花紫色。

3. 莴苣叶形罗勒　叶片较大，卷曲、波状，5～10 厘米长，矮生。花密生，花期略晚。

4. 茴芹香味罗勒　茎深色，叶脉紫色，叶片具有强烈的芳香气味，接近茴芹的味道。

5. 矮生罗勒　植株较矮小，密生，分枝状况比甜罗勒多。叶片小，花白色。

6. 绿罗勒　植株绿色，比较适合种植在花盆中，因其鲜嫩，明快的翠绿色和特殊的芳香气味很受人们的欢迎。花季多簇生，花数量很大，形成很小的花簇，花色由玫瑰色至白色。

7. 密生罗勒　能够形成大量枝条，整个植株十分繁密，外形为一个密密的、翠绿色的圆球状植株体。

8. 紫罗勒　全株为深紫色，花淡紫色至白色。植株密生，矮小。

9. 东印度罗勒 从植株底部分枝，全株形似金字塔。株高50～60厘米，开展度30～40厘米。叶片长椭圆形，先端尖，具锯齿。花淡紫色，在植株顶端形成不规则的穗状花序。具有很浓的柠檬香气，因其喜温，一般种植较晚。

目前，在欧洲栽培较多的有甜罗勒，紫色罗勒，柠檬罗勒，荷力罗勒，肉桂罗勒等。

（三）栽培技术

整地前667米施2 000千克腐熟有机肥，深翻耕平，做成长7～10米，宽1.2～1.5米的高畦或平畦。罗勒为一年生或多年生植物，3～4月播种，6月开花，7～8月采种。露地应在无霜季节栽培，菜用多以春季最适宜。用种子繁殖及扦插繁殖。通常采用播种育苗，低温期生长缓慢。多撒播，也可育苗移栽，苗高5厘米左右时移栽，株行距50厘米×35厘米，单株定植。

应及时浇水并进行中耕除草。每次采收后结合浇水追施氮肥。播后45～60天，苗高6～7厘米时，即可间拔幼苗供食，主茎高20～30厘米左右可采摘幼嫩茎叶食用，陆续采收一直到8月下旬，一般间隔10～20天右采收一次。

盆栽的罗勒，可用1份菜园砂壤加1份落叶和鸡粪堆沤成的有机混合肥，盆底施放豆腐渣或少许膨化鸡粪作基肥，种植后浇透水，置半阴处1～2天后移阳光下。保持湿润，缓苗长梢后见干才浇水。每次采后可酌补给肥料，肥后浇水，至开花后叶片变老，不再收嫩梢，任其开花结实。

（四）采收与加工

播种后45～60天即可采收，到秋天为止，可收多次。第一次收顶端4对叶片的嫩茎叶，以后再采侧枝的嫩茎叶，每次采收留基部1～2节，促使生新芽。一般每周收一次，直至抽穗开花。

采收可用剪刀等工具或用手直接摘取。手摘时控制在节的上部摘取，可促使侧芽很快长出。嫩稍可生食或熟食。食用前需先以水清洗，将叶放入水中轻扫一下，即可捞起，浸入太久或太用力清洗，香味易流失。采后直接利用或等水分稍干，装在塑料袋内，温度在5℃中预冷后再放在2℃中可保存一周。烘干会使香气逸失。罗勒成长快，产量高，3～4株的产量可达到2千克左右。留种可打顶促发侧枝，不采收嫩茎叶。供药用的于7～8月割取全草，晒干。留种时，8～9月花穗变黄褐色时，及时刈割，晒干，包装备用。

（五）病虫害的防治

罗勒病虫害很少，一般无需防治，但在保护地内，常有菌核病危害，尤以幼嫩株受害重。菌核病主要危害地上部分，全生育期均可发生。最初多由子囊孢子引起，通常幼苗或成株中下部叶片开始染病，造成嫩茎、嫩叶腐烂，产生絮状白霉，最后变成黑色菌核。老叶染病，初呈水浸状坏死，形成灰褐至黑褐色不规则坏死斑，随病害发展，病斑上产生较稀疏白色霉状菌丝层，最后形成小型菌核。空气潮湿，病害发展迅速，短时间可使许多茎叶坏死腐烂。可用40％菌核净500倍液，或50％速克灵或农扫利可湿性粉剂1 500倍液喷洒。

六、马齿苋

马齿苋别名荷兰菜、长命菜、马齿菜、马蛇子菜、蚂蚱菜、长命菜、长寿菜、马勺菜、地马子菜、酸米菜、五行草、酸苋、马蛇子草、瓜子菜等，因叶似马齿，而性滑利似苋，故名马齿苋。又因其叶青，梗赤，花黄，根白，子黑故名五行草（图50）。属马齿苋科马齿苋属一年肉质草本植物。起源印度，后传至世界各地，现今世界各温带和热带地区，广泛分布有野生种。

马齿苋中含有多种生物活性成分和微量元素，每 100 克茎叶含有蛋白质 2.3 克、且蛋白质组成中含有人体所需的 18 种氨基酸；包括人体必须的全部 8 种氨基酸，占总量的 47%。马齿苋中含脂肪 0.5 克、糖 3.0 克、纤维素 0.7 克，灰分 1.3 克，钾 1 000 毫克，钙 85 毫克，磷 56 毫克，铁 1.5 毫克，胡萝卜素 2.23 毫克，硫胺素 0.03 毫克，核黄素 0.11 毫克，尼克酸 0.7 毫克，维生素 C 23 毫克、热量 108.78 千

图 50 马齿苋

焦、去甲肾上腺素 250 毫克。此外，尚含二羟基苯乙胺、二羟基苯丙氨酸、柠檬酸、苯甲酸、谷氨酸、天冬氨酸、丙氨酸以及生物碱、香豆精类、黄酮类、强心甙和蒽醌甙。

据现代医学发现，马齿苋含有提高人体免疫力、防治心脏病、高血压、糖尿病和癌症等。马齿苋对费氏痢疾杆菌、伤寒杆菌、大肠杆菌及金黄葡萄球菌均有抑制作用；对子宫有明显的兴奋作用，能收缩子宫、抑制子宫出血。祖国传统医学记载，马齿苋可"益气、消暑热、宽中下气、润肠、消积滞、杀虫、疗疮红肿疼痛"。《食疗本草》曰马齿苋可"延年益寿，明目。……可细切煮粥，止痢，治腹痛"。马齿苋全草入药，性寒、味酸、无毒。具有清热、解毒、益气、润肠散血、消肿、止痢，防治多种疾病等功效。主治肠炎、菌痢、恶疮、丹毒、蛇虫咬伤、痔疮肿毒、湿疹、急性和亚急性皮炎等多种疾病。马齿苋中含有大量 W - 3 脂肪酸，能增强心肌活力，防治心血管疾病；去甲肾上腺素能促进胰岛分泌胰岛素，调整人体体内的糖代谢，降低血糖等。

马齿苋食用方法很多，可以生食，也可熟食。嫩茎叶，开水烫后，轻轻挤出汁水，加调料拌食或炒食，滑嫩可口。作为生菜沙拉时，有一种适口的核果仁果味，质地清脆，有点像黄豆芽。可凉拌、炒食、作汤、作馅。民间把马齿苋蒸熟晒干后冬季作馅或炖食，味道颇佳。它具有清热解毒、止血、止痢的功效。还可腌制成调味品，其粘液可使汤变稠，用之代替黄秋葵。

现在马齿苋还可加工成马齿苋饮料，消渴保健茶饮料，马齿苋脯，酸辣马齿苋，马齿苋菜罐头，纸型马齿苋，马齿苋粉等。最近有人用马齿苋提取物对棉蚜、枸杞蚜虫，禾谷缢管蚜虫，菜粉蝶，黄瓜霜霉病、灰霉病等进行了研究，取得可喜效果。

（一）生物学特性

马齿苋茎平卧或斜向上，多分枝，全株光滑无毛，肉质多汁，株高 30～35 厘米；叶互生，深绿色，倒卵形，长 1～3 厘米，宽 5～14 厘米。先端圆钝或平截，有时微凹，叶腋有腋芽 2 个，叶柄极短；花黄色，无梗，通常 4～6 朵集中在顶端数叶的中心；蒴果；种子多而细小，黑色。野生广泛分布于田间地头、河岸边、池塘边、沟渠旁、山坡草地以及路旁和住宅附近。

最近福建省农科院闽台园艺研究所中心赖正锋等人报导，还有一种白花马齿苋，花杯状呈白色、无柄，在南方一般只开花不结种子，主靠扦插繁殖，从健壮枝条上剪取老熟枝条，剪成 7～10 厘米的茎段，按 20 厘米株行距插入深度 3～5 厘米，1 周可成活。

马齿苋对气候、土壤等环境条件适应性很强，种子在 pH 值为 4.0～8.0 的范围内均可萌发，在较干旱的环境下可以萌发。马齿苋种子耐盐性较强，当氯化钠浓度为 160 毫摩尔/升时，种子萌发率仍高达 53.33％，但土层深度的增加会严重抑制萌芽生长。该种子具有广泛的土壤适应性，河沙土最为适宜；0.3％硝酸钾和高锰酸钾浸种 12 小时能显著提高种子的发芽率。因其茎可储存大量水分，再生力很强，几乎在任何土壤中都能生长，抗旱能力特强，失水 3～4 天后遇水即能复活，而且相当耐荫，在遮荫和有少量散射光的条件下，也能很好生长。生育期需施用氮肥和钾肥。发芽适宜温度 18℃，最适生长温度 20～30℃，当温度超过 20℃时可分期播种，陆续上市。生产中要选择青茎品种种植，在春季晚霜后露地直播、移栽，也可利用保护地进行周年生产，或冬季在阳畦内加扣小拱棚，夏季加盖遮阳网的方式栽培。

（二）栽培技术

栽培地应选择生态环境好、土壤肥沃无污染、湿度适宜、通风良好、排灌水方便，并具有保持可持续生产和发展能力的区域。马齿苋反季栽培技术的关键是提供适宜的温湿度，合适的栽培设施。刘跃钧等认为，简易棚的搭建要灵活实用、因地制宜，一般规格为长 30 米，宽 5 米，高 2.2 米，材料可选用毛竹，但从长远考虑，宜用钢架建棚，因为钢架牢固耐用，且年成本与竹棚不相上下。

种植地深耕 20 厘米左右，施入适量腐熟有机肥，耕耙均匀，然后按 1 米左右宽度做畦，浇足底水。

分秋播和春播，可采用直播和育苗移栽方式。秋播在 10 月中下旬；春播在 4 月中下旬。种子可先用 0.15％天然芸薹素内脂乳油 2 000 倍液浸种 8～10 小时，然后沥干、洗净，并同 3 倍于种子的细沙均匀拌和后播种；亦可用 25～30℃的温水浸种 30分钟，再用清水浸泡 10～12 小时；播种量应控制在 160 克左右。播后覆盖一层细土并立即浇水，温度较低时可覆盖地膜，并闭棚保湿；播后 12～45 小时出苗，苗高 5～7 厘米，可移栽。

反季节栽培的，从播种到采收需要 100 天左右。以此为标准，并结合最佳鲜销时间，推算出具体的播种时间。一般情况下，每年的 11、12 月及次年的 1、2 月适宜反季节栽培。

马齿苋植株的地上部分都能作为扦插材料，长的枝条可以截成多节扦插，具 5 对真叶、枝长 12～15 厘米的顶端枝条成活率最高。马齿苋喜湿不耐涝，要选择靠近水源、排灌方便的田块。扦插密度为 4 万株/667 平方米左右，株行距 13 厘米×13 厘米。夏季扦插，大棚要覆盖遮阳网遮荫，插后及时浇水。在适温条件下，一般 3 天后扦插苗长出新根，1 周左右便可揭去遮阳网，揭网最好在下午 4:00 以后进行。

马齿苋适应性很强，但在水肥充足时生长更好，具有鲜、嫩、绿的商品特性，因此在营养生长期要及时补充水分和肥分。定植 10 天追一次肥，用稀人粪尿或 0.5% 的尿素液浇施，以后每采收一次浇一次，生育期间保持土壤湿润，防止受渍；幼苗期及时浇水，成株后少浇水，遇雨季排除积水，以免引起病害；大棚种植的还要根据天气情况，做好通风降温工作，一般选择中午通风，时间 1～3 小时，出现病害要及时开棚降温降湿。种子发芽和苗木生长期间，夜间应闭棚保温。马齿苋为一年生植物，每年 6 月开始现蕾开花。为保持产量和品质，应及时摘除顶端现蕾部分，促进新枝的抽生。

马齿苋性强健，病虫害较少。害虫主要是蜗牛、甜菜夜蛾、斜纹夜蛾和马齿苋野螟。蜗牛喜阴湿的环境，干旱时白天潜伏，夜间活动，爬过的地方留下粘液的痕迹。可用生石灰防治，一般用生石灰 5～10 千克/667 平方米，撒在植株附近，或夜间喷施 70～100 倍的氨水毒杀。甜菜夜蛾、斜纹夜蛾及马齿苋野螟可用 10% 杀灭菊酯 2 000～3 000 倍液喷雾防治。主要病害有白锈病、白粉病、立枯病和猝倒病。白锈病主要危害叶片，感病叶片上先出现黄色斑块，边缘不明显，叶背面长出白色小疱斑，破裂后散出白色粉末，可在发病初期用 25% 甲霜灵 800 倍液或 64% 杀毒矾 500 倍液或 58% 瑞毒霉锰锌 500 倍液喷雾防治。白粉病可用 70% 甲基托布津 800～1 000 倍液或 25% 粉锈宁 2 000 倍液或 50% 多菌灵 600～800 倍喷雾防治。立枯病和猝倒病要在低温时做好预防工作：①确保大棚的温度稳定在 10℃以上；②遇病害时应及时防治，以生物防治为主，化学防治为辅，化学防治时要选用低毒低残留的农药；③苗期可经常喷洒小苏打溶液，不仅能防病还可促进马齿苋的生长，提高产量。

马齿苋可一次性采收，也可分批采收。采前 30 天不施药。采收标准为开花前 15 厘米长的嫩枝。早春现蕾前可采收全部茎叶，现蕾后应及时不断地摘除顶端，促进营养生长，可连续采收新长出的嫩茎叶。如采收过迟，不仅嫩枝变老，食用价值差，而且会影响下一次分枝的生长和产量。分批采收要采大留小，延长营养生长，提高产量。马齿苋开花后酸味加重，通常不再采收，但可做饲料。

马齿苋开花后 15～20 天种子成熟，为了防止马齿苋种子成熟时自然开裂，种子散落，应在开花后 10 天左右，即蒴果呈黄色时采种。采收时将马齿苋整株割下，装在密封塑料袋内。采回的植株及时摊晒 5～7 天，将种子分次抖落，然后扬净，干后贮藏备用。